国家中等职业教育改革发展示范院校教材

# 林下经济植物栽培

王邦富　主编

中国林业出版社

# 内 容 简 介

本书选择适宜南方地区林下栽培的经济植物66种，以林下经济植物栽培的基本理论和栽培模式为基础，对药用植物、食用植物、观赏植物的形态特征、生态习性、用途、林下栽培技术、采收、加工及贮藏作了较为详细的介绍。

编写中注重科学性、实践性、知识性、实用性，不仅可作为中等职业学校或高等职业技术学校林业专业或相关专业的教材，亦可作为广大农林业从业者发展林下经济植物栽培参考用书。

**图书在版编目（CIP）数据**

林下经济植物栽培 / 王邦富主编. —北京：中国林业出版社，2014.6（2018.5重印）
国家中等职业教育改革发展示范校教材
ISBN 978-7-5038-7468-0

Ⅰ．①林…　Ⅱ．①王…　Ⅲ．①经济植物－栽培技术－中等专业学校－教材
Ⅳ．①S56

中国版本图书馆 CIP 数据核字（2014）第 088908 号

**中国林业出版社·教材出版中心**
责任编辑：康红梅
电　　话：83143551　　传真：83143561

出版发行：中国林业出版社（100009　北京西城区德内大街刘海胡同 7 号）
　　　　　E-mail：jiaocaipublic@163.com　　电话：（010）83143550
　　　　　http://lycb.forestry.gov.cn
经　　销：新华书店
印　　刷：北京中科印刷有限公司
版　　次：2014 年 6 月第 1 版
印　　次：2018 年 5 月第 3 次印刷
开　　本：787mm×960mm　1/16
印　　张：13.75　彩插：1
字　　数：273 千字
定　　价：34.00 元

# 教材编审委员会

主　任：黄云鹏

副主任：聂荣晶　范繁荣

成　员：陈基传　曾凡地　赖晓红　曾文水

　　　　李永武　丁莉萍　沈琼桃　刘春华

　　　　裘晓雯　黄清平

# 编写人员

主　　编：王邦富

副 主 编：范繁荣　黄云鹏

编写人员：（按姓氏拼音排序）

范繁荣（福建三明林业学校）

高上格（福建省大田职业中专学校）

黄云鹏（福建三明林业学校）

林凤璘（福建省大田职业中专学校）

潘标志（福建省林业调查规划院）

宋纬文（福建万家药业有限公司）

王邦富（福建三明林业学校）

王金盾（福建省三明市林业科技推广中心）

张　鹏（福建省宁化牙梳山省级自然保护区
　　　　管理处）

张海龙（福建省宁化县林业总公司）

郑世忠（福建省顺昌县九龙山国有林业采育场）

郑大兴（福建省大田职业中专学校）

# 前言

　　林下经济，主要是指以林地资源和森林生态环境为依托发展起来的林下种植业、养殖业、采集业和森林旅游业，既包括林下产业，也包括林中产业，还包括林上产业；是实现资源共享、优势互补、循环相生、协调发展的生态农业模式。林下经济是在集体林权制度改革后，集体林地承包到户，山区群众充分利用林地和科学经营林地，实现不砍树也能致富而在农林业生产领域涌现的新生事物。各地多年的实践证明，发展林下经济在提高林地产出、增加农民收入方面已经取得明显成效，得到社会各界的普遍认可。在各级政府、主管部门、科研人员和广大农林业从业者等多方力量的推动下，林下经济在全国范围内得以迅速发展，成为与传统林业和现代农业并存的林业发展形式。

　　发展林下经济，对缩短林业经济周期，增加林业附加值，促进林业可持续发展，开辟农民增收渠道，发展循环经济，巩固生态建设成果，都具有重要意义。可以说，发展林下经济让大地增绿、农民增收、企业增效、财政增源。相对漫长的林木生产周期，对林业发展以及对集体林权制度改革后农民致富是一个重要的制约因素；只有让林地早点下"金蛋"，才能更好地促进林业生态建设及产业发展，才能更好地以良好的经济效益巩固林改成果，在兴林中富民，在富民中兴林。

　　森林资源传统的利用方式主要是木材，林下经济植物的开发利用和栽培常常不被重视，如中药材、山野菜、观赏植物等。事实上，林下经济植物的综合利用价值是潜在的、巨大的，具有投入少、见效快、易操作、潜力大等诸多优势；不但为山区群众提供多种渠道的经济来源、就业机会以及食物和药材保障；同时，在改善生态环境和促进林业可持续发展等方面都具有显著的作用。

　　林下经济植物栽培是发展林下经济的一项重要内容，它主要是利用林地和森林的特殊自然环境，根据各地的不同条件，因地制宜选择适宜的经济植物进行科学栽培，以短养长，使林业产业从单纯的利用木材资源转向林产品及林地资源结合利用,特别是对部分濒临灭绝的珍稀物种是一种最好的保护性栽培。林下经济植物栽培是生态、经济和社会效益的综合体现,具有广阔的发展前景。

本书主要包括林下经济植物栽培的基本理论、栽培模式与栽培技术三大内容,涉及适宜南方部分地区林下栽培的经济植物品种 66 种。本书不仅可作为林业或相关专业的教材,亦可作为广大农林业从业者的参考用书。

本书在编写过程中,得到福建省林业厅、福建三明林业学校的高度重视和大力支持,同时还得到三明市林业局、三明市生物医药及生物产业工作办公室、宁化县林业局、宁化牙梳山省级自然保护区管理处、福建万家药业有限公司的大力支持和帮助,福建中医药大学杨成梓、范世明两位老师为本书提供了部分植物图片资料,借此一并表示衷心的感谢。

本书涉及面广,实践性强,由于时间仓促,作者水平有限,错误和不足之处在所难免,敬请广大同行和读者批评、指正。

编　者

2014 年 3 月

# 目录

# 绪　论

随着新农村建设的发展，为了使更多农民因地制宜、更快更好地富裕起来，人们将更多目光放到了蕴藏着大量未开发财富的林地资源上。林地面积广阔，林下经济所依托的特殊空间环境也已经形成。

所谓林下经济，主要是指以林地资源和森林生态环境为依托发展起来的林下种植业、养殖业、采集业和森林旅游业，既包括林下产业，也包括林中产业，还包括林上产业。

发展林下经济使林地既是生态保护带又是综合经济带，使林业资源优势转变为经济优势，使林地的长、中、短期效益有机结合，种植、养殖、采集、森林旅游协调发展，缩短林业经济周期，极大地增加林地附加值，从而获得良好的生态、经济和社会效益。林下经济是一种崭新的林业生产方式和经济现象，它转变了林业增长方式，符合山区新农村建设的客观要求。所以发展林下经济是大势所趋，已成为各省（自治区、直辖市）林业建设中新的经济增长点，对未来林业发展举足轻重，前景十分可观。

## 1. 林下经济植物资源的特点

林下经济资源是再生性的自然资源。因此，它除了与一般资源资产具有的共同特点（获利性、占有性、变现性、可比性）外，还具备以下特点：

（1）经营的永续性

林下经济植物资源属于可再生的资源性资产，其消耗可以根据森林生长规律和再生能力的特点，通过合理的经营，采用科学的经营利用措施而得到补偿。因而林下经济植物资源在没有受到自然灾害和人为破坏时，在科学、合理的经营下是不发生折旧问题的；而且每年都出售部分资产（林产品），其资源资产的总量保持不变，或略有增长，可长期永续地实现其保值增值的目的。

（2）生产周期相对较短

在一块林地上造林，一般林木至少要 10 年才可成材利用，回收投资。而林下经济植物生产周期短，少则 1～2 年、多则 3～5 年即可收获，回收投资。

（3）分布的辽阔性

林下经济植物生长在林地上，由于分布辽阔，使某一地域的森林资源资产与另一地域的森林资源资产在结构内涵与功效发挥上都各具特色，如道地药材、地理标志产品等。

（4）功能的多样性

林下经济植物资源除了有价值可以交换的商品属性外，还具有一些价值难以估量的生态公益效能。这些效能通常自动外溢，受益者无须付费，即可得益。

（5）管理的艰巨性

与其他资源资产相比，林下经济植物资源的安全管理任务十分艰巨。林下经济植物资源漫山遍野地分布在广阔的林地上，既不能仓储，又难以封闭，使其安全保卫十分困难。火灾、虫灾、偷盗等自然灾害或人为破坏很难控制；也就是说林下经济植物资源容易流失，增加了风险损失的可能性。林下经济植物资源的经营必须引入风险机制，才能使其适应社会主义市场经济的发展。

## 2. 发展林下经济植物栽培的意义

（1）经济效益

林下经济植物栽培培育了林区新的经济增长点，调整了经济结构，增加了经济收入。改变了过去仅靠大量砍伐木材、牺牲资源为代价的经济发展模式。是农村经济新的增长点，是林区及山林、经济林承包者增收致富的新渠道。

① 有利于林业综合效益的提高　林木生长周期长、短期收入跟不上的问题成为制约林业发展的不利因素。林下经济是一种循环经济，有林菌、林草、林药、林粮、林牧等多种形式。它以林地资源为依托，以科技为支撑，充分利用林下自然条件，选择适合林下生长的植物和动物种类，进行合理种植、养殖，使林业产业从单纯利用林产资源转向林产资源与林地资源结合利用，起到近期得利、长期得林、远近结合、以短补长、协调发展的产业化效

应，大大延伸了林业产业化的内涵，使林业综合效益得到不断提高。

②　有利于促进农民增收　当前，我国农村人才、技术、资金条件比较落后，农民对土地的依赖程度仍然较高，短期内不可能依赖高新技术来实现农民增收，在林下发展种植业和养殖业，农民容易接受，也容易掌握。首先，通过发展林下种植、养殖，提高单位面积土地的产出，不仅可以使农民的腰包鼓起来，也解决了林下大面积闲置土地造成的资源浪费问题。其次，农民承包山地、林地后，可以在相对较短的时间内获得收益，避免了由于林木生长周期长而长期得不到收益的问题。最后，林下环境具有空气新鲜、清洁卫生的独特优势，林下种养是一种贴近自然的生产经营方式，林下产品具有绿色、环保、健康的特点，具有广阔的市场前景。充分利用林下独特的生态环境条件，林木、林下立体发展，把单一林业引向复合林业，转变林业经济增长方式，提高林地综合利用效率和经营效益，推动林业产业快速发展，实现农民增收和企业增效，使农民从林业经营中真正得到实惠。

（2）社会效益

发展林下经济，一是拓宽了就业渠道，分流了富余劳动力，为劳动力提供就业岗位，促进山区、林区的社会稳定，有利于推进社会主义新农村建设；二是促使农村农、林、牧各业相互促进、协调发展，必将有效带动加工、运输、物流、信息服务等相关产业发展，吸纳农村剩余劳动力就业，促进农业生产发展；三是可以改变传统家庭养殖业污染居住环境、影响村容整洁的问题，促进农民生活质量的不断提高。林下经济的迅速发展，还将引导和带动更多的农民更加重视学习，掌握和应用科技知识、经营管理本领，这样必将产生更多的农民技术员和农民企业家，他们将成为社会主义新农村建设的强劲推动力。

（3）生态效益

林下经济的发展加速了森林的新陈代谢，提高树木的生长和林分质量，可以构建稳定的生态系统，培育保护林木资源，增加林地生物多样性，具有良好的生态效益，是巩固生态建设成果的新举措。

### 3.　林下经济植物栽培的原则

林下经济发展一定要注意与生态环境协调，以生态为基础，以"适宜、适当、适度、适用"为原则，确保林地可持续发展、永续利用，成为生态高效现代农业发展模式之一。

（1）根据林相结构选择适宜的林下种植模式

根据林木各生长期的不同林相结构特点，合理布局林下经济模式。在幼林中，一般以林下套种较喜光的中药材、食用植物为主；在林分郁闭后，茂密的树林提供了极为理想的生态环境，可以套种较耐阴的中药材、食用植物、花卉和食用菌等，经济效益比较可观。

（2）根据林地布局选择适当的林下经济植物种植规模

根据林地的布局确定林下经济植物的种植规模，一些规模化的林地可以种植一些需求量大、生产周期相对较长的品种，而一些小面积的片林，可选择种植一些需求量较小、生产周期相对较短的品种。

（3）根据生态环境评价确定适度的林下经济植物开发程度

林下经济植物栽培需要有相关的科学数据来指导，应结合环境生态评价结果，确立林下高效种植技术体系，防止片面追求经济效益而忽略生态效益的现象发生。

（4）根据林下经济植物产业发展寻求适用技术支撑

林下经济植物栽培是一种生态的、可持续的、有利于食品安全的生产模式，探索才刚刚起步，许多适用技术需要研究，许多技术体系和产业链需要完善。

## 4．林下经济植物栽培应注意的问题

发展林下经济植物栽培，必须坚持科学发展观，遵循林业发展规律和市场经济规律，对林地的整体特征、面积、自然条件等各方面因素进行科学统筹与分析，制定出一个适合该地发展的林下经济模式和发展规划，选择最为适宜的发展模式，最大限度地提高林地利用率和生产力。

（1）林下经济植物的栽培品种选择需谨慎，不能与林业本身冲突

林下一般缺少阳光，通风也不理想，因此并不适合大多数作物的生长。发展林下经济植物栽培，引入外来植物时，一定要慎重，不能盲目引进外来物种。要经过科学论证和严格试验，才能确定是否适宜大面积推广。否则，很可能会造成外来有害物种入侵，破坏森林。林下种植不是简单地将大田作物移到林下，而是选择适应林下生态环境条件、市场稀缺的经济植物。选定的经济植物品种必须适应当地的土壤、气候条件等，同时，还必须因地制宜考虑海拔、坡向、土壤、湿度、树龄大小、树木种类等因素。因此，在考虑品种时，首先应选择以收获茎、叶、花、果等地上部分为主，一年种植可多年受益的；其次，因林地租赁成本较低，可选择种植收获地下根茎为主的多年生品种种植，减少生产投入。

（2）林下经济植物栽培要符合国家林业政策，坚持科学种植，不能毁掉林下植被

林下种植的目的是利用林下及林中空旷闲地资源，实现农民增收，进而更好地保护林地，不可"舍本求末"或"本末倒置"。林下杂草、灌木等植

被对于水源涵养、水土保持、生物多样性维护非常重要，发展林下经济要有科学观念，注意保护生态环境，不能毁掉林下植被改种植经济作物等。

（3）发展林下经济植物要实行集约经营

基层农民常说："给钱用一时，给技术用一生。"对大多数常规种粮、种菜的农民来说，林下种植还缺乏相应的技术与经验。因此，发展林下种植必须建立相应的技术服务体系。一是从种到收，都要为农民提供全程技术指导；二是在生产中一旦遇到问题，能够及时发现，并快捷、有效地提供技术指导，解决实际问题。以求尽量减少失败，降低损失。

（4）发展林下经济植物栽培要密切关注市场变化

林下种植时，一定要在种类选择、种植布局、栽培技术、收获加工、包装储运等方面按市场要求运作，既要发挥地方优势，又要注重市场变化。要防止不问市场、盲目发展，也要防止脱离实际"跟风攀价"。

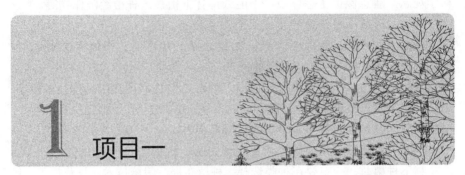

# 项目一

## 林下经济植物栽培模式——林药模式

林药模式即在林下套种较为耐阴的药用经济植物（见彩图 1-1）。主要套种忌高温、怕强光的药用经济植物。

# 任务 1　草本类药用植物栽培

## 1. 七叶一枝花

### 1）形态特征（见彩图 1-2）

七叶一枝花（*Paris polyphylla* Smith）又名重楼、蚤休等，为百合科多年生宿根草本。植株高 35～100cm，无毛。根状茎粗厚，直径达 1～2.5cm，外面棕褐色，密生多数环节和许多须根。茎通常带紫红色，直径（0.8～）1～1.5cm，基部有灰白色干膜质的鞘 1～3 枚。叶（5～）7～10 枚，矩圆形、椭圆形或倒卵状披针形，长 7～15cm，宽 2.5～5cm，先端短尖或渐尖，基部圆形或宽楔形；叶柄明显，长 2～6cm，带紫红色。头状花序顶生，花梗长 5～16（～30）cm；外轮花被片绿色，（3～）4～6 枚，狭卵状披针形，长（3～）4.5～7cm；内轮花被片狭条形，通常比外轮长；雄蕊 8～12 枚，花药短，长 5～8mm，与花丝近等长或稍长，药隔突出部分长 0.5～1（～2）mm；子房近球形，具棱，顶端具一盘状花柱基，花柱粗短，具（4～）5 分支。蒴果紫色，直径 1.5～2.5cm，3～6 瓣裂开。种子多数，具鲜红色多浆汁的外种皮。花期 4～7 月，果期 8～11 月。

**2）生态习性**

七叶一枝花一般野生于海拔 300～1000m 山地林荫下、山谷、溪涧边、林缘、山边、林道边等。属耐阴植物，喜斜射或散光、凉爽、阴湿、水分适度的环境，既怕干旱又怕积水。植株较耐寒，2 月下旬至 3 月上旬气温 5℃时（最低气温 2℃）亦能出芽生长，气温在-2～1℃时对芽头不产生冻害。适宜在腐殖质含量丰富的壤土或肥沃的砂壤土上生长。

**3）药用部位及功效**（见彩图 1-3）

以根茎入药。性寒、味苦，有小毒；具有清热解毒、消肿止痛等功效；可用于治疗流行性腮腺炎、扁桃体炎、咽喉肿痛、乳腺炎、跌打损伤、毒蛇咬伤、疮痈肿痛、肿瘤等病症。

**4）栽培技术**

（1）繁殖技术

① 种子繁殖　七叶一枝花种子具有明显的后熟作用，胚需要休眠完成后熟才能萌发。在自然条件下经过两个冬天才能出土成苗，且出苗率较低。其种子大多在 9～10 月成熟，为增进种子萌发力，待蒴果开裂后种皮变成酱红色时采收。把采收后的果实洗去果肉，稍晾水分，采用湿沙或土层积催芽。具体方法是：种子与沙（土）的比例为 1∶5，再拌入多菌灵可湿性粉剂，用量为种子重量的 1%，装入催苗框中，置于室内，催芽温度保持在 18～22℃，每 15d 检查一次，保持沙子的湿度在 30%～40%。第二年 5～8 月有超过 50% 的种子胚根萌发时便可播种，将处理好的种子按 5cm×5cm 的株行距播于整好的苗床上，苗床宽 1.2m，高 25～30cm，沟宽 30cm。种子播后覆盖腐殖土或草木灰，覆土厚约 1.5cm，再在苗床面上盖一层碎草，厚度以不露土为宜，浇透水，保持湿润。到第三年 2～3 月出苗后在圃地培育 2 年，形成明显根茎时方可进行移栽。

② 根茎繁殖　分为带顶芽切块和不带顶芽切块两种方法，目前在生产上主要以带顶芽切块繁殖为主。繁殖方法：七叶一枝花倒苗后，取根茎，按垂直于根茎主轴方向，以带顶芽部分节长 3～4cm 处切割，伤口蘸草木灰或生石灰，植于苗圃后翌年春季便可出苗。

（2）选地整地

选择长坡中下部的毛竹林、杉木林、阔叶林、针阔混交林的中龄林、近熟林及盛产期经济林进行套种，郁闭度以 0.3～0.5 为宜，要求地势平坦、腐殖质层较厚、有机质含量较高、疏松肥沃的壤土或轻壤土，忌选择贫瘠易板结的土壤种植。选好种植地后进行林地清理，伐除部分影响七叶一枝花生长的杂灌杂草等，采用水平条带状堆积，并依地形地势走向，按行距 30cm 开挖深约 15cm，宽约 20cm 的水平种植沟。

（3）栽植技术

① 栽植时间　于 10 月中旬至 11 月上旬移栽，此时的七叶一枝花根系生长较快，花、叶等器官在芽鞘内发育完全，出苗后生长旺盛。

② 栽植密度　在水平沟内按株距 30cm 进行移栽，亩*植 4000～6000 株。

③ 栽植方法　选择顶芽饱满、无病虫害和机械损伤的种苗栽植。栽植时，将种苗按上述密度放置在水平种植沟内，顶芽朝上，用开第二沟的土覆盖前一沟，如此类推。栽后用碎土覆盖，厚度以露芽眼为宜；碎土上再盖碎草、树叶等，起到保温、保湿和防杂草的作用。

（4）管理技术

① 除草、松土　移栽后，适时除草。先用手拔除植株周围杂草，或用专用小锄轻轻除去其他杂草。锄草时不能伤及地上部分和须根。一般是中耕除草和松土结合进行。

② 追肥　七叶一枝花的施肥以有机肥为主，辅以复合肥和各种微量元素肥料。有机肥包括充分腐熟的农家肥、草木灰、作物秸秆等，禁止施用未腐熟的人粪尿。有机肥在施用前应堆沤 3 个月以上（可拌过磷酸钙），以充分腐熟。有机肥于 5 月中旬和 8 月下旬各追施 1 次，每亩每次追肥 1500kg。在施用有机肥的同时，应根据植株的生长情况配合施用化肥，施肥比例一般为 N：P：K＝1：0.5：1.2，化肥用量按苗龄和植株大小每次 25～50g/株。施肥方法采用撒施或兑水浇施，撒施选择在下雨前。七叶一枝花的叶面积较大，在生长旺盛期（7～8 月）可进行叶面施肥促进植株生长，用 0.5%尿素或 0.2%磷酸二氢钾喷施，每 15d 喷 1 次，共 3 次，喷施时间选择在晴天傍晚进行。

③ 摘除果实　不用作采种的七叶一枝花应在其花萼片展开后摘去果实，让养分集中在营养生长上，促进地下块茎的生长。

④ 越冬管理　七叶一枝花较耐寒，在南方地区，植株地上部分枯萎后，只要覆盖一层杂草、树叶等即可在常温下越冬。

（5）病虫害防治

① 黑斑病　病害从叶尖或叶基开始，产生圆形或近圆形病斑，有时病害蔓延至花轴，形成叶枯和茎枯。防治措施：注意排水降湿，降低空气湿度，减轻发病；并在发病初期喷洒 1%菌毒清水剂 300～500 倍液，或 50%甲基硫菌灵悬浮剂 1500～2000 倍液，或 50%扑海因可湿性粉剂 1000～1500 倍液。

---

\* 　1 亩=666.7m$^2$。

② 茎腐病　此病在高温多雨季节感病严重。病害首先在茎基部产生黄褐色病斑，病斑扩大后，叶尖失水下垂，严重时茎基腐烂倒苗。防治措施：移栽前喷 50%多菌灵可湿性粉剂 1000 倍液，作为"送嫁药"，并剔除病苗。

③ 金龟子　以成虫危害叶片，以幼虫咬食根茎，影响植株生长。防治措施：晚间火把诱杀成虫，或用鲜菜叶喷敌百虫诱杀幼虫；人工诱杀等。

**5）采收、加工及贮藏**

（1）采收

种子苗在移栽 6 年后采收，根茎苗在移栽 4 年后采收。于 10～11 月地上茎枯萎后选择晴天采挖。采挖时，用锄头按根茎的生长顺序刨挖，尽量避免损伤根茎。

（2）加工及贮藏

将挖取的七叶一枝花根茎去净泥土和茎叶，把带顶芽的芽头部分切下留作种苗，其余部分晾晒干燥或烘干。以个大、坚实、断面白、粉性足者为佳。采用干燥、清洁、无异味以及不影响品质的材料包装药材，并及时贮存在清洁、干燥、阴凉、通风、无异味的专用仓库中，注意定期检查，防止霉变、鼠害、虫害等。

## 2. 金线兰

**1）形态特征**（见彩图 1-4）

金线兰［*Anoectochilus roxburghii*（Wall.）Lindl.］又名花叶开唇兰、金线莲、金草等，为兰科多年生草本植物。高 10～18cm。根状茎匍匐，伸长。茎下部具 2～4 枚叶。叶具柄，卵椭圆形，长 1.5～3.5cm，宽 1～3cm，急尖，上面黑紫色有金黄色的脉网，下面带淡紫红色。花期 10～11 月，总状花序具 2～6 朵疏散的花，花序轴被柔毛；花苞片淡紫色，卵披针形，为子房的一半长；萼片淡紫色，外面被短柔毛，中萼片卵形，向内凹陷，长 6mm，顶端钝；侧萼片矩圆状椭圆形，稍偏斜，较长而稍狭，顶端稍尖；花瓣近镰刀形，白色，短于萼片并和中萼片呈兜；唇瓣 2 裂，裂片舌状条形，顶端钝，长 6mm，宽 1.5mm，具爪，爪长 5mm，每侧具 6 条流苏，基部具距，距长 6～7mm，指向唇瓣，胼胝体生于距的中部。

**2）生态习性**

金线兰一般野生于海拔 300～1000m 的林荫下。性喜阴凉、潮湿，尤喜生长在人迹罕至处于原始生态的常绿阔叶林的沟边、石壁、土质松散、地被植物较稀地带。要求温度 18～25℃，光照约为正常日照的 1/3，最忌阳光直射。

**3）药用部位及功效**

全草入药。性平、味甘；具有清热凉血、除湿解毒、平衡阴阳、扶正固本、阴阳互补、生津养颜、调和气血、润五脏、养寿延年等功效；可用于治疗肺热咳嗽、肺结核咯血、尿血、小儿惊风、破伤风、肾炎水肿、风湿痹痛、跌打损伤、毒蛇咬伤、支气管炎、膀胱炎、糖尿病、血尿、急慢性肝炎、风湿性关节炎、肿瘤等病症。

**4）栽培技术**

（1）繁殖技术

野生金线兰自然繁殖率低。目前，金线兰主要采用人工组培繁殖，技术已非常成熟，可大量供应生产种植需要。

① 外植体的建立

**取材**　于 5～10 月采集长势良好、无病虫害的金线兰为外植体，取回后置于阴凉大棚内培养 7d 左右，以减少其所带的杂菌。

**预处理**　将金线兰从大棚中取出，用流水将植株洗净后去掉根、叶，再用小刀把叶鞘及顶芽外叶削掉，整个过程不要伤及腋芽。用棉花蘸肥皂水擦洗植株并浸泡 10s 后用纱布包起，移至超净工作台上。

**消毒**　用 75%酒精振荡 10～15min 后，再用 0.1%的升汞水灭菌 3s，无菌水冲洗 2 遍。最后用 12%漂白粉澄清液灭菌 10s，无菌水冲洗 5 遍后即可进行接种。

**接种**　将消毒好的材料切成带 1～2 个腋芽的茎段，接到诱导培养基上。诱导培养基为 1/2MS（大量元素减半，其他成分不变）＋6-BA 5mg/L＋NAA 1mg/L＋0.65%琼脂粉＋3%蔗糖，pH 5.8。培养温度（25±3）℃，诱导过程中无光照或低光照（500～600 lx）。

② 继代增殖培养　接种 15d 后开始萌动。观察发现，顶芽较腋芽更容易萌动，腋芽以丛生生长为主，顶芽则以伸长生长为主。再培养 30d 后将诱导出的芽切成带 1～2 个腋芽的茎段，接到增殖培养基 MS＋6-BA 3mg/L＋KT 2mg/L＋NAA 0.3mg/L＋0.65%琼脂＋3%蔗糖。继代培养前期低光照，随后可适当增强光照（1000～1200lx）。

③ 生根培养　取茎段粗壮、长势好的金线兰幼苗接到生根培养基 MS＋IBA 1mg/L＋KT 0.2mg/L＋NAA 4mg/L＋0.65%琼脂＋3%蔗糖＋0.3%活性炭，每天光照 10h，光照度 1500～1200lx。培养 10d 后开始生根；培养 50d 左右，植株长至 8cm 时可进行室外移栽。

（2）选地整地

根据金线兰的生长要求，选择海拔 350m 以上，有山涧、小溪的山坡阔叶林进行套种，郁闭度以 0.4～0.6 为宜，以保证阴凉空气湿度。要求地势平坦、腐殖质层较厚、有机质含量较高、疏松肥沃、中性或微酸性的壤土或轻壤土。选好种植地后进行林地清理，伐除部分杂灌杂草，水平条带状堆积，整畦或按行距 30cm 开挖深 10～15cm、宽 15～20cm 的水平种植沟。

（3）栽植技术

在整好的畦面或种植沟内先施少量钙镁磷肥，再按株行距 5cm×5cm 放入种苗，盖细土，栽后地表盖碎草或树叶保温保湿。

（4）管理技术

① 施肥。半月施肥 1 次，最好使用农家液态肥或沼气液，稀释至 1000 倍液。

② 注意调节改善林内通风透光条件，降低环境湿度，提高金线兰生长质量。

③ 越冬管理。金线兰对温度的适应性较强，在林下可在 0～5℃的低温下越冬。

（5）病虫害防治

主要防治猝倒病，喷施多菌灵或托布津 1000 倍液防治。其次，要防止虫、鼠、鸟等危害。

**5）采收、加工及贮藏**

采收适期的确定与栽培时间的长短有密切关系，必须在出瓶栽培 6 个月以上采收；当金线兰株高长到 8cm 以上，鲜重达 1g/株以上即可收获。全草晒干或烘干密封贮藏。

## 3．铁皮石斛

**1）形态特征**（见彩图 1-5）

铁皮石斛（*Dendrobium officinale* Kimura et Migo.）又名黑节草、枫斗、铁皮斗等，为兰科多年生攀缘性附生草本植物。茎圆柱形，长 9～35cm，粗 2～4mm，不分枝，具多节，节间长 1.3～1.7cm，常在中部以上互生 3～5 枚叶。叶二列，纸质，长圆状披针形，长 3～4（～7）cm，宽 9～11（～15）mm，先端钝并且多少钩转，基部下延为抱茎的鞘，边缘和中肋常带淡紫色；叶鞘常具紫斑，老时其上缘与茎松离而张开，并且与节留下 1 个环状铁青的间隙。总状花序常从落了叶的老茎上部发出，具 2～3 朵花；花序柄长 5～10mm，基部具 2～3 枚短鞘；花序轴回折状弯曲，长 2～4cm；花苞片干膜质，浅白色，卵形，长 5～7mm，先端稍钝；花梗和子房长 2～2.5cm；萼片和花瓣黄绿色，近相似，长圆状披针形，长约 1.8cm，宽 4～5mm，先端锐尖，具 5 条脉；侧萼片基部较宽阔，宽约 1cm；萼囊圆锥形，长约 5mm，末端圆形；唇瓣白色，基部具 1 个绿色或黄色的胼胝体，卵状披针形，比萼片稍短，中部反折，先端急尖，不裂或不明显 3 裂，中部以下两侧具紫红色条纹，边缘多少波状；唇盘密布细乳突状的毛，并且在中部以上具 1 个紫红色斑块；蕊柱黄绿色，长约 3mm，先端两侧各具 1 个紫点；蕊柱足黄绿色带紫红色条纹，疏生毛；药帽白色，长卵状三角形，长约 2.3mm，顶端近锐尖并且 2 裂。花期 3～6 月。

**2）生态习性**

铁皮石斛一般野生于海拔 600～1200m 的阴凉高湿阴坡、半阴坡微酸性岩层峭壁上。呈群聚分布，要求上有林木侧方遮阴、下有溪沟水源的林地生长环境，以其密集的须根系附着于人迹罕至的悬崖峭壁之上和崖缝中间，吸收岩层水分和养料，裸露空中的须根则从空气中的雾气、露水吸收水分，依靠自身叶绿素进行光合作用。因此，铁皮石斛受小气候环境中水分，尤其是空气湿度的严格限制，分布地域极为狭窄。铁皮石斛冬春季节稍耐干旱，但严重缺水时常叶片落尽，裸茎渡过不良环境，到温暖季节重新萌发枝叶；常与地衣、苔藓、抱石莲、伏石蕨、卷柏、石豆兰等植物混生。

**3）药用部位及功效**

铁皮石斛全草入药。性微寒，味甘；具有养阴清热、益胃生津等功效；可用于口干烦渴、食少干呕、病后虚热、目暗不明、阴伤津亏等病症。

**4）栽培技术**

（1）繁殖技术

铁皮石斛的种子极小，无胚乳，自然条件下很难繁殖；同时，由于铁皮石斛具有较强的群体生长效应，种植时切忌将株丛拆分单株栽植，否则将导致植株生长严重恶化。生产上主要采用扦插和组织培养繁殖。

① 扦插繁殖

**插穗剪取及处理** 剪取时，下切口应在节下或叶柄下 0.2～0.5cm 处，向上要保留 12 个芽节平截，切口要平滑，伤口要尽量小，插条带部分叶。最好阴天或清晨剪取插穗，枝条含水量充分，插后伤口易愈合，易生根，成活率较高。插穗部位直接影响成苗，顶部插穗成苗率高，向下依次递减。插条剪截成 7～10cm 长的茎段并扎成小捆，用 0.05%～0.1% 的高锰酸钾进行消毒处置，浸泡 10～15min，取出后清水洗净，然后在 100mg/L 生根剂溶液中浸泡切口 10s，不能浸到插条腋芽，以免抑制发芽。

**扦插基质** 选择竹锯屑作为扦插基，因其含糖量较高，有利于种苗生长，但较木锯屑易于板结，竹锯屑供应量也有限，因此，采用两者混合效果更佳，混合比例为竹锯屑 30%、木锯屑 70%。

**扦插时间及方法**　最适宜的扦插时间是 3～4 月。扦插时，插条芽眼朝上，略带倾斜度插入厢面，深度为插穗的 1/2～2/3，扦插密度为 400～1000 株/m²。

**插后管理**　插后立即浇透水 1 次，用薄膜或遮阴网降温保湿，一般插穗生根的气温以 20～25℃为宜，若气温超过 30℃，中午要通风换气，并喷水降温。扦插基质的含水量应保持在 60%左右，相对湿度坚持在 80%～90%。15d 左右愈伤组织形成后，浇水量逐渐减少，以利生根，且每天通风 12h。插后及时喷施 50%多菌灵 800 倍液或 65%代森锰锌，每 5d 一次，尤其是雨后要及时补喷，插穗生根后可适当减少喷药次数。愈伤组织形成后，每周喷施 1 次叶面追肥，后期用 0.2%～0.5%尿素和磷酸二氢钾混合喷雾。

② 组织培养　目前对于铁皮石斛的组织培养技术已经较为完善，能有效解决石斛的种苗供应问题，为进一步开展人工大规模推广应用提供条件。

**培养方法**　其培养基以 MS 为基础培养基，添加琼脂 7g/L，3%蔗糖，激素配比随着各个培养阶段有所不同。切开灭菌过的种荚，将里面的种子撒播到无菌播种培养基 1/2MS＋BA 2.0mg/L＋NAA 0.2mg/L 蔗糖，约 30d 后，形成黄绿色原球茎，继续生长 30d 后形成子叶，真叶出现。将分化的原球茎转入壮苗生长培养基上继续培养，此阶段培养基 MS＋BA 3.0mg/L＋NAA 1.0mg/L＋KT 1.0mg/L＋3%香蕉，转接大约 60d 后，石斛苗较高、粗壮且叶色浓绿。然后进入诱导生根阶段。将 3～4cm 高的无根实生苗转入生根培养基 1/2MS＋NAA 0.5mg/L＋3%香蕉＋0.5%活性炭有较好的生根效果。

**炼苗移栽**　铁皮石斛人工繁育的核心技术是组培苗移到野外栽培的技术，驯化移栽的成活率是关键。当根系长到 2cm 左右时可移栽出瓶。移栽前将瓶口敞开，敞开程度可逐渐加大，置于室温下炼苗 4～6d，让其适应自然的温湿度条件。然后将带有培养基的幼苗用镊子取出，置于清水中清洗，以免琼脂发霉引起烂根。清洗干净的幼苗根部含水量较高，很脆弱，容易受伤感染病菌，因此需在茎叶保湿的情况下，先阴晾 3～4d，以便根系脱水，再移栽到疏松基质中，在阴凉通风处保湿培养。洗苗时应根据幼苗的大小和健壮程度进行分级，以便栽培管理，提高成活率。在移栽的初期，温室的温度不低于 15℃，若低于这一温度会影响成活率。移栽后约 1 周，叶片和茎的颜色变为浓绿色时，这样的瓶苗表示基本成活。由于野生状态的石斛的根部生长在腐殖质中，单一的基质很难达到这种既保水又透气的效果。因此，基质的选择对石斛移栽的成活率、长势和产量影响很大，移栽前基质的选择至关重要；采用河沙、松鳞混合作为栽种基质效果最好；栽时将根埋在基质中，茎上部要露出基质表面，栽后要浇定根水，基质保持 75%水分。

（2）选地整地

选择海拔 600～1200m 的阴凉高湿阴坡或半阴坡林分的活立木进行栽植。

（3）栽植技术

① 活立木附生种植　以林内活立木作为附主，利用树木枝叶进行遮阳保湿，形成类似于铁皮石斛野生环境的方法。选择树干粗大、树冠茂盛、树皮疏松、有纵裂沟的常绿树种为附主。种植前对林分进行局部清理，伐除林下藤灌木，并对附主树种进行适当疏枝，保证林内上午 10 点前有直射阳光，其余时间林下透光度达 25%～50%。林分密度过大则透光度小，铁皮石斛茎条生长发育差。林分密度过小则阳光强烈，不能遮阳保湿。种植时，石斛种苗根部包裹 2～3cm 消毒并浸泡过的甘蔗渣或苔藓，沿树体自上而下用塑料薄膜条呈螺旋状缠绕种苗，根部固定在树上，露出茎根结合处，同时可以把部分茎条贴树皮捆紧，以利丛生茎发芽抽梢并成为新的植株。

② 林下仿生种植　在适宜铁皮石斛生长的林地作为种植基地，先移栽易成活的阔叶树种，按株行距 1m×15m 栽植，留干 3～4m，与地面成 45°～60° 斜角，注意浇水管护。树木移栽成活后等铁皮石斛种苗发芽时种植。种植时间最好为 4～7 月，种植时从树两侧自上而下，用塑料薄膜条呈螺旋状缠绕种苗根部并固定在树体上，种苗每丛间隔 15～25cm，根据树的大小放入石斛苗 20～50 株（丛），最下面种苗距离地面 50cm 左右。

③ 贴石种植　选择有腐殖质的潮湿遮阴的林下石缝或石槽，将分成小丛的铁皮石斛种苗的根部，用配制好的基质包裹，塞入岩石缝或石槽内，塞时应力求稳固，以免掉落。若是在砾石上栽培，则将铁皮石斛种苗放在砾石上，然后用石块压住种苗中下部，种苗根部包裹基质、甘蔗渣等，注意保持湿度。

（4）管理技术

① 遮阴　遮阴是铁皮石斛栽培中必备条件之一，其中最为理想的是常绿和落叶阔叶树混交林遮阴，其次是常绿阔叶树遮阴，最差的是竹类遮阴。因此，在生长中应选择适宜林分或先栽遮阴树，再种铁皮石斛。如果发展区域内遮阴树不能及时栽种可先采用遮阳网遮阴。

② 培植苔藓　苔藓也是铁皮石斛栽培中必备的，最为理想的是梭衣苔藓，其次是浮萍状苔藓、平绒状苔藓，较差的是块状苔藓。因此，在生长中应选择适宜林分或先栽遮阴树，培植苔藓，为铁皮石斛生长创造良好的微环

境条件。如选择林下石缝或石槽种植铁皮石斛，应先将已经培植好的苔藓上按照规划所确定的行窝距将苔藓挖洞，铁皮石斛定植好后，再将挖下的苔藓贴回原处。

③ 施肥　当株丛抽发蘖芽且叶片转绿后，需要添加基料以包裹暴露于空气中的须根。植株生长期间，每周喷施 1 次磷酸二氢钾和有机养分浸出液叶面肥。

④ 摘除花芽　铁皮石斛茎条生长满 1 年以上即具备开花结果能力。应及时抹除 2～3 月显露于茎段中上部具明显缺刻的花芽，否则因开花结果消耗大量养分而导致株丛不萌发侧芽或根菟芽，顶芽的拔节伸长及新叶抽发也将受到影响，尤其是严重降低茎条中多糖等内含物质，最终影响采收茎条产量和药效。

⑤ 越冬管理　铁皮石斛在长期生长进化过程中，形成了对气候环境条件同步适应的特点。其株丛萌发蘖芽和茎干拔节伸长一般在每年的 3～10 月。进入秋冬季后随着气温和空气湿度降低，植株停止生长；此后至翌年 2 月采收前，基质和植株应停止喷水，以增加药效成分积累，提高药材品质，并促使其进入休眠状态越冬。

（5）病虫害防治

① 病害防治

**白绢病**

病症及危害：在近地面的茎基部发病，上边生有多数白色绢丝状物，后期生出许多白色小米至茶色油菜子大小的小粒，植株很快引起腐烂和死亡。在夏季高温多雨时或土壤偏酸及不注意轮作的地块易得此病。

防治方法：第一，拔除病株，病穴消毒，撒石灰粉，与禾本科植物轮作 5～6 年。第二，增施磷、钾肥，增强植物抗病性。第三，发病初期用甲基托布津加 800 倍液防治。

**炭疽病**

病症及危害：此病主要危害叶子，也可危害茎部。幼苗、成株均可得病。症状有两种：一种是在叶子中部长出淡褐色或灰白色，而边缘则呈紫褐色或暗褐色的近圆形病斑。此斑常发生于叶缘和叶尖，其上长有黑色小点，即病菌分生孢子盘，严重时，使大半叶子枯黑，是铁皮石斛常见的病害。另一种是茎上产生圆形或近圆形的病斑，呈淡褐色，边缘稍厚、色深、中间较薄、发脆、易穿孔，其上长黑色小点。在多雨、湿度大时易发生，闷热气候成株易得病。

防治方法：清除病叶及时烧毁，发病初期喷 50%多菌灵 500～600 倍液，或用 70%甲基托布津 800～1200 倍液喷雾。

### 黑斑病

病症及危害：病菌寄生于铁皮石斛叶之上，起初叶背出现淡黄棕色麻点，以后在叶面上形成深褐色斑点，有暗灰色瘤状被膜，一般有黑色边缘，又称为"疮伽病"，黑斑一旦产生，就不再消失，严重时造成全叶枯死。

防治方法：第一，保持铁皮石斛种植场地通风良好，防止种植基质过湿。第二，发病期间，用甲基托布津 1000～1500 倍液药剂防治，5～10 月间每隔 7～10d 喷洒一次；或用硫酸铜半量式（硫酸铜、生石水、水的比例为 0.5：1：100）的波尔多液预防，每 15～30d 喷洒一次，最好与甲基托布津交替使用；或用升汞加 100 倍水的药液洗叶。第三，病斑初发时，及时剪去患病部分的叶片，当即烧毁，可防止传染蔓延。

### 褐锈病

病症及危害：该病由病菌寄生于叶片之上引起，最初叶表面出现淡褐色或橙黄褐色细斑点，病势逐渐发展，变为黑色的斑块，以至全叶枯萎。土壤过湿，或突然遭到寒冷空气侵袭，往往发生此病。

防治方法：第一，及时清理病株、病叶，集中烧毁，减少翌年病菌来源。第二，加强栽培管理，使植株通风透光；地下水位高处，应注意开排水沟，降低土壤湿度。第三，药剂防治，方法同黑斑病。

### 菌核病（又名烂根、烂茎病）

病症及危害：根、茎、叶都可以得病；病后发软变烂，扯起死苗嗅之有恶臭味。湿度大时，上边会产生许多棉花样的白绒毛，后期开成多数黑色屎粪状或不定形的粒状疙瘩（菌核），有的长在根、茎内，有的长在根、茎外或基质中。产生原因是土壤湿度过大，温度低。

防治方法：第一，基质使用前经过严格消毒；控制土壤湿度，避免过分潮湿；保持场地通风良好。第二，拔除病株后，用 1：4 的草木灰、石灰粉消毒病穴；喷洒甲基托布律或波尔多液预防。

② 虫害防治

### 介壳虫

习性及危害：雌虫体表附有蜡质介壳或丝状物，固定寄生于铁皮石斛叶的中脉、叶背、叶鞘和假鳞茎之上。成虫以蜡质介壳为保护，用刺吸口器穿入气孔内吮吸铁皮石斛体液，致使叶片发生黄斑，逐渐扩大以至枯死。

防治方法：第一，保持场地通风良好，随时消除场地内的落叶、杂草和枯黄叶片，局部危害可剪去有虫株、叶等，防止传染。第二，药剂防治，可用 50%辛硫磷 1500～2500 倍液喷雾或用 40%的乐果乳油 1000～2000 倍液喷雾。此外，还可用葱或大蒜捣烂，加少量水浸取汁液刷生虫处。

**蚜虫**

习性及危害：主要是棉蚜，越冬前均系雌性，分无翅和有翅两种，体积小，初淡黄，后为黑色；繁殖力极强，多聚集在叶茎顶部柔嫩多汁的地方吸食，造成植株及生长点蜷缩，停止生长，叶子也常变黄水干。

防治方法：用 50%乳油马拉硫磷 1500～2500 倍液喷雾或 40%乳油的乐果 1000～2000 倍液喷雾。

**蚂蚁**

习性及危害：蚂蚁虽小，由于基质中有大量碎木片及甘蔗渣等，会招来大量的蚂蚁聚集，在基质挖洞穴、伤根等。

防治方法：可采用诱杀、堵穴、捣巢，设置"防御线"等方法来防治蚂蚁。堵穴和捣巢时，可跟踪蚂蚁来找巢穴，由于蚂蚁对香、甜、腥等十分嗜好，可用鱼、肉、骨头、糖等食物进行诱杀。此外，还可在基质四周挖沟放水，或在种植场四周用氯丹粉 50g、黏土 25g 以水调成糊状蘸涂或画线，来防止蚂蚁侵入。

**蛞蝓**

习性及危害：蛞蝓喜庇荫潮湿的环境，在种植铁皮石斛的场地极易繁殖，且生长迅速，白天躲藏，夜间活动，咬食铁皮石斛的叶芽、花芽、花朵、新叶和暴露的根。蛞蝓爬行时在地上留下的白色胶质比蜗牛更为明显。

防治方法：第一，人工捕捉，以晚间和清晨为好。第二，用 6%蜗牛净颗粒剂配成含有效成分 4%左右的豆饼粉或玉米粉毒饵，撒在蛞蝓经常出没的地方，或在种植场四周撒石灰，在水架上涂上饱和盐水，用菜叶诱集而杀之。

**5）采收、加工及贮藏**

铁皮石斛种植后第 3 年开始收获，于秋季采收，鲜铁皮石斛以色黄绿、肥满多汁、嚼之发黏者为佳。经晒干加工扭卷成螺旋弹簧状，称为"枫斗"，出售或贮藏；干石斛均以色金黄、有光泽、质柔韧者为佳。

## 4．多花黄精

**1）形态特征**（见彩图 1-6）

多花黄精（*Polygonatum cyrtonema* Hua.）又名野生姜、山生姜、黄精姜等，为百合科多年生宿根草本植物。根茎横生，肥大肉质，近圆柱形，节处较膨大，直径约 1.5（～2.0）cm。茎圆柱形，高 40～80（～150）cm，光滑无毛，有时散生锈褐色斑点。叶无柄，互生；叶片革质，椭圆形，有时为长圆状或卵状椭圆形，长 8～14cm，宽 3～6cm，先端钝尖，两面均光滑无毛，叶脉 5～7 条。花腋生，总花梗下垂，长约 2cm，通常着花 3～5 朵或更多，略呈伞形；小花梗长约 1cm；花被绿白色，筒状，长约 2cm，先端 6 齿裂；雄蕊 6，花丝上有柔毛或小乳突；雌蕊 1，与雄蕊等长。浆果球形，成熟时暗紫色，直径 1～1.5cm。种子圆球形。花期 4～5 月，果期 6～10 月。

**2）生态习性**

多花黄精一般野生于海拔 300～1000m 地带林荫下、山谷、溪涧边、林缘、山边、林道边等。属耐阴植物，喜斜射或散光、凉爽、阴湿、水分适度的环境，既怕干旱又怕积水；在土层较深厚、疏松肥沃、排水和保水性能较好的壤土上生长良好；在贫瘠干旱及黏重的地块不适宜植株生长。

**3）药用部位及功效**（见彩图 1-7）

根茎入药。性平、味甘；具有补气养阴、健脾、润肺、益肾、降血压、降血糖、降血脂、防止动脉粥样硬化、延缓衰老、抗菌等功效；可用于治疗阴虚劳嗽、肺燥咳嗽、脾虚乏力、食少口干、消渴、肾亏、腰膝酸软、阳痿遗精、耳鸣目暗、须发早白、体虚羸瘦、风癞癣疾等病症。

**4）栽培技术**

（1）繁殖技术

① 种子繁殖  种子繁殖应选择生长健壮、无病虫害的成年植株，于夏季增施磷、钾肥，促进植株生长发育健壮和籽粒饱满；当 10～11 月浆果变软呈青黑色成熟时采集，采后堆沤至外种皮软化时洗去外种皮，得纯净种子，立即进行湿沙层积处理待播。翌年按常规方法进行播种及苗期管理。

② 根茎繁殖  一般选健壮、无病虫害成年植株，在收获时挖取根状茎，选先端幼嫩部分，截成数段，每段须具 2～3 节，待切口稍晾干收浆后，立即栽种。春栽于 2 月下旬，秋栽在 10 月上旬。栽时，在整好的畦面上按行距 25～30cm 开横沟，沟深 7～10cm，将种根芽眼向上，每隔 10～15cm 平放入 1 段，覆盖拌有火土灰的细肥土厚 5～7cm，再盖细土与畦面齐平，畦面盖草保温保湿。出苗后，进行除草、松土、施肥等。

③ 组织培养  以多花黄精根状茎形成的不定芽为外植体，选用 MS＋6-BA 1.0mg/L＋2,4-D 0.5mg/L；MS＋6-BA 2.0mg/L＋NAA 1.0mg/L；MS＋TDZ 1.5mg/L＋2,4-D 1.0mg/L 等培养基，诱导和培养出颗粒状愈伤组织和诱导芽的再生，并在培养基中逐渐增殖，形成颗粒团之后发生根，形成叶和再生植株，通过炼苗后移栽。

（2）选地整地

选择毛竹林、杉木林、针阔混交林的中龄林、近熟林及盛产期经济林进行套种，郁闭度以 0.3～0.5 为宜，要求地势平坦、腐殖质层较厚、有机质含量较高、疏松肥沃的壤土或轻壤土，切忌选择贫瘠易板结的土壤种植。选好种植地后进行林地清理，伐除部分杂灌杂草，水平条带状堆积。按行距 30cm 开挖宽 20cm、深 10～15cm 的水平种植沟。

（3）栽植技术

于 2 月下旬或 10 月上旬栽植。栽植时，先在种植沟中撒入少量钙镁磷肥，再按株距 20cm 放入种苗。要求种根芽眼朝上，再用林地细碎表土覆盖 5～7cm，与地表齐平，畦面盖树叶或草保温保湿。

（4）管理技术

① 除草、松土、施肥　多花黄精栽种第一年强调锄草、松土宜浅，以免伤黄精根茎。第 2～3 年因根状茎串根，地上茎生长较密，可拔除杂草。定植后头两年，每年施肥 2～3 次，分别于 2～3 月和 6～7 月进行，除施磷钾肥外适当增施氮肥；秋季用客土进行培土，促进根系生长，保证高产稳产。

② 疏花摘蕾　不作为采种用的植株，开花后进行疏花摘蕾，减少养分的消耗促进养分下移，促使新茎粗大肥厚，提高产量。

③ 越冬管理　秋末冬初在畦面覆盖一层堆肥、圈肥或稻草，以保暖越冬；翌年出苗前应立即将粪块打碎、搂平或撤掉稻草，保持土壤湿润，利于出苗。

（5）病虫害防治

① 主要病害为叶斑病，发生于夏、秋两季；危害叶片，叶部产生不规则的黄褐色斑，边缘紫红色，之后病斑蔓延，叶片枯黄。防治方法：发病前或初期喷 1∶1∶120 波尔多液或选用 50% 多菌灵 1000 倍液，每 7～10d 喷施 1 次，连续 2～3 次。

② 主要虫害为地老虎、蛴螬，咬食幼苗及根茎。防治方法：用 90% 的敌百虫 1000 倍液浇灌，或用 50% 辛硫磷乳油 0.5kg 拌成毒饵诱杀。

**5）采收、加工及贮藏**

每隔 3～4 年采挖根茎 1 次。于秋季枯萎后采挖根茎，根茎去土后，洗净，及时蒸透、晒干、加工、贮藏和销售，以防霉烂。

## 5．玉竹

**1）形态特征**（见彩图 1-8）

玉竹［*Polygonatum odoratum*（Mill.）Druce］又名女萎、萎蕤、葳蕤等，为百合科多年生宿根草本植物。根状茎圆柱形，直径 5～14mm。茎高 20～50cm，具 7～12 叶。叶互生，椭圆形至卵状矩圆形，长 5～12cm，宽 3～6cm，先端尖，下面带灰白色，下面脉上平滑至呈乳头状粗糙。花序具 1～4 花（在栽培情况下，可至 8 朵），总花梗（单花时为花梗）长 1～1.5cm，无苞片或有条状披针形苞片；花被黄绿色至白色，全长 13～20mm，花被筒较直，裂片长约 3mm；花丝丝状，近平滑至具乳头状突起，花药长约 4mm；子房长 3～4mm，花柱长 10～14mm。浆果蓝黑色，直径 7～10mm，具 7～9 颗种子。花期 5～6 月，果期 7～9 月。

**2）生态习性**

玉竹一般野生于山谷河流阴湿处、林下、灌木丛中及山野路旁。喜凉爽、潮湿、庇荫环境，耐寒。对土壤要求不严格，适宜在微酸性土壤上生长，荒山坡亦可种植。忌连作，否则会出现病虫害增加，产量下降等现象。

**3）药用部位及功效**（见彩图 1-9）

以根茎入药。性微寒，味甘；具有养阴润燥、生津止渴、滋补强壮等功效；可用于治疗热病伤阴、口燥咽干、干咳少痰、阴虚劳咳、虚劳发热等病症。

**4）栽培技术**

（1）繁殖技术

① 播种繁殖　种子采收后用水浸泡，搓掉果肉，漂去杂质，按 1∶3 的比例将种子与干净的河沙拌均匀，沙子湿度为用手握成团，松开手不散为宜，拌好的种子装入编织袋内，放在通风湿润处，温度保持在 25℃左右，5～7d 翻倒一次，发现缺水及时喷水混拌，80～100d 后移室外冷藏 1 个月左右，然后移至室温下或直接播种。于 4 月下旬，在林下规划的播种小区畦上条播，行距 15～20cm，沟深 4cm，宽 3cm；种子间距 2～3cm，覆土 4cm 左右，稍加镇压，畦面用稻草、玉米秸、细碎杂草、树叶等覆盖保湿，如干旱及时喷水，每亩用种 17～20kg。玉竹播种当年只长根不出苗，翌年春出苗后及时除草，保持畦面无杂草，第三年秋天或第四年春天可起苗移栽。

② 根茎繁殖　选用当年生、芽端整齐、略向内凹的粗壮分枝进行繁殖，瘦弱细小和芽端尖锐向外突出的分枝及老的分枝不能发芽，不宜留种，否则营养不足，生活力不强，影响后代，品质差、产量低。把分枝按节间截成数段，排列于苗床，覆土 5cm 并盖草保湿。

（2）选地整地

选择海拔 100～1200m 的毛竹林、杉木林、阔叶林的中龄林、近熟林及盛产期经济林进行栽植，要求郁闭度在 0.3 以下，坡度小于 25℃，背风凉爽、土层深厚、排水良好、疏松肥沃及富含腐殖质的中性或微酸性砂质土壤。排水不良、湿度过大的地方及地势高燥的地方不宜种植。选好种植地后进行林地清理，伐除部分影响玉竹生长的杂灌杂草，水平条带状堆积。依地形地势走向，因地制宜，随机确定栽培小区，选用种子进行播种栽植的小区为 50m²，小区之间留 50cm 宽作业道；选用根茎苗栽培的小区实行免耕栽培，不破坏腐殖质层，杂草、树根腐烂后为土壤增加有机肥，还能防治水土流失。

（3）栽植技术

选择健壮无病虫害、无外伤、无麻点、色黄白，顶芽饱满、须根多、粗大的优质玉竹种苗栽培。秋季栽植在10月至封冻前，春季栽植在3月下旬至4月上旬。在林下准备好栽培小区，按等高线水平带状开沟，沟深6cm，沟宽10cm，沟间距30～35cm，把选好的种苗蘸上钙镁磷肥后栽植，顺山排放，芽头朝上，不得踩实。株距10～13cm。覆土4～5cm。一般每亩栽1.5万～2万株。

（4）管理技术

① 除草　一年四季均可进行除草，要坚持"除早、除小、除了"的原则。人工除草切忌用锄头，应该用手拔除，以免伤苗死苗。同时要严防人畜入内，以免踩伤嫩苗。

② 施肥　合理施肥对玉竹的产量至关重要，特别是钾肥，但氮肥过多会使其秆叶太嫩，易患病虫害。整个生产周期2年至少要施肥2次：第一次是栽植时，在种苗和覆盖的杂草层的中间层每亩施入畜粪肥1500～2000kg，（肥料与种苗间隔薄土，以免灼烧种苗，必要时每亩增施复合肥50～150kg；第二次是翌年8～9月枯苗后，砍除枯苗，去除杂草，每亩再施入猪牛粪肥1000～1500kg，并加稻草和新草覆盖。有条件的地方，可于每年清明节苗高达5cm后增施农家肥或复合肥，同时清沟沥水，防止沤根。

③ 排水防涝　玉竹特别怕涝，一旦被涝则易出现叶黄、倒株、烂根、产量下降，甚至整株、整片死亡，造成绝收，因此，雨季要注意排水防涝。

④ 越冬管理　玉竹较耐寒，在南方地区，植株地上部分枯萎后，只要覆盖一层杂草、树叶等即可在常温下越冬。

（5）病虫害防治

林下玉竹一般虫害较少，主要是真菌性病害，常见病害有褐斑病、锈病、灰霉病、烂根病等。一般7～8月高温高湿季节是发病的高峰期。防治措施：发病初期，喷1：1：（100～160）的波尔多液或70%甲基托布津1500～2000倍液，一般7～10d喷1次，立秋后可停止用药。

**5）采收、加工及贮藏**

一般在栽植3年后收获，于秋季地上部分枯萎后或在春季萌动前选择晴天、土壤较干燥时采挖；挖出根茎，抖去泥土防止折断，同时选出优良根茎取顶芽作种苗，并单独堆放，及时栽到地里。将采挖的根茎按长、短、粗、细挑选分等，再分别摊晒，晒2～3d根茎柔软不易折断时，放入筛子内揉搓后，筛掉须根和泥土，再放在水泥地面、木板上搓揉。搓揉时要先慢后快，从轻到重至粗皮去净、内无硬心、色泽金黄、呈半透明、手感有糖汁黏附时为止，再晒干即成商品玉竹。也可将鲜玉竹用蒸笼蒸透，随后边晒边揉，反复多次，直至软而透明时，再晒干既可。

## 6．虎杖

### 1）形态特征（见彩图 1-10）

虎杖（*Reynoutria japonica* Houtt.）又名酸桐杆、花斑竹等，为蓼科多年生灌木状草本。根状茎粗壮，横走。茎直立，高 1～2m，粗壮，空心，具明显的纵棱，具小突起，无毛，散生红色或紫红斑点。叶宽卵形或卵状椭圆形，长 5～12cm，宽 4～9cm，近革质，顶端渐尖，基部宽楔形、截形或近圆形，边缘全缘，疏生小突起，两面无毛，沿叶脉具小突起；叶柄长 1～2cm，具小突起；托叶鞘膜质，偏斜，长 3～5mm，褐色，具纵脉，无毛，顶端截形，无缘毛，常破裂，早落。花单性，雌雄异株，花序圆锥状，长 3～8cm，腋生；苞片漏斗状，长 1.5～2mm，顶端渐尖，无缘毛，每苞内具 2～4 朵花；花梗长 2～4mm，中下部具关节；花被 5 深裂，淡绿色，雄花花被片具绿色中脉，无翅，雄蕊 8，比花被长；雌花花被片外面 3 片背部具翅，果时增大，翅扩展下延，花柱 3，柱头流苏状。瘦果卵形，具 3 棱，长 4～5mm，黑褐色，有光泽，包于宿存花被内。花期 8～9 月，果期 9～10 月。

### 2）生态习性

野生虎杖主要生长在山边、路边、水边及林荫下等地。虎杖喜温暖湿润气候，耐寒、耐涝；对土壤要求不严，但以疏松肥沃的土壤生长较好。

### 3）药用部位及功效（见彩图 1-11）

以根茎入药。性平，味微苦；具有清热解毒、利胆褪黄、祛风利湿、散瘀定痛、止咳化痰等功效；可用于治疗关节痹痛、湿热黄疸，经闭、癥瘕、咳嗽痰多、水火烫伤、跌打损伤、痈肿疮毒等病症。

### 4）栽培技术

（1）繁殖技术

① 播种育苗 秋冬深翻整地，进行土壤消毒，施基肥，三犁三耙。床面宽 1m，高 25～30cm，沟宽 30～35cm，床面平整不积水。9 月下旬至 10月中旬采集种子，随采随播或翌年 2 月下旬至 3 月上旬播种。播种方法采用撒播或条播。条播行距 20cm，开浅沟约 1cm，每隔 5cm 播 1 粒并覆土，播种量 0.75g/m²；撒播按 0.75～0.90g/m² 的播种量进行播种。播种时要求床面种子分布均匀，同时施入少量钙镁磷肥。苗期管理：及时间苗、补苗，使幼

苗分布均匀，补苗后及时浇水；生长期进行除草、松土、追肥、防旱排涝等。低温季节要盖膜保温保湿；高温季节要遮阴、定时浇水降温。秋播在翌年 4 月中旬可封垄。

② 种根繁殖　圃地整理后，于春季在畦面上按株行距 40cm×50cm 边挖穴边种植，种根入穴后均匀撒施 50g 钙镁磷肥，种根芽朝上，根系舒展，覆土 3～5cm，栽植后浇透定根水。管理措施：进行除草、松土、追肥、防旱排涝等。

③ 分株繁殖　圃地整理后，于春、夏季将丛生虎杖植株分掰成若干植株，地下根茎留 10～15cm，春季移植留茎 2～3 节、留叶 2～3 片，夏季移植留茎 3～5 节、留侧枝 2～3 轮、每轮侧枝留叶 3～5 片，按株行距 40cm×50cm 开沟种植，每穴 1 株。定植后每穴均匀撒施 50g 钙镁磷肥，浇透定根水。管理措施：进行除草、松土、追肥、防旱排涝等。

（2）选地整地

选择长坡中下部的毛竹林、杉木林、阔叶林、针阔混交林的中龄林、近熟林及盛产期经济林进行套种，郁闭度以 0.3～0.5 为宜，要求地势平坦、腐殖质层较厚、有机质含量较高、疏松肥沃的壤土或轻壤土，切忌选择贫瘠易板结的土壤种植。选好种植地后进行林地清理，伐除部分影响虎杖生长的杂灌杂草，水平条带状堆积。按株行距 0.5m×1.0m 开挖长×宽×深为 40cm×40cm×30cm 的种植穴。

（3）栽植技术

栽植时间：春季最佳。栽植时，每穴 1 株。栽植方法：将种根蘸上钙镁磷肥后栽植，栽植深度约 15cm，要求苗正、根舒、浅栽、芽朝上，覆土高出地面 5cm，不得踩实。

（4）管理技术

① 除草、松土　每年 3～8 月人工松土除草 1～2 次，深度 8～10cm，培土 8～10cm。

② 施肥　结合人工锄草施肥 1～2 次，以复合肥为主，用量每亩 50～70kg。林地栽培采用放射状沟施或雨后撒施。虎杖休眠期施绿肥或腐熟有机肥，每亩 1000～1500kg。

③ 越冬管理　虎杖较耐寒，在南方冬季可在常温下越冬。

（5）病虫害防治

虎杖林下套种病害少，主要是虫害。

① 金龟子、叶甲

**危害特征**　5 月上旬至 7 月下旬，主要取食幼嫩顶梢和叶片，局部危害。严重时整株叶片吃光，危害时间短、速度快。

**防治方法** 第一，利用金龟子、叶甲的假死性，振落地上人工捕杀或利用金龟子、叶甲的趋光性进行黑光灯诱捕杀灭。第二，施放"林丹"烟剂，用药量每亩 1.5～2.5kg。

② 蛾类

**危害特征** 5 月上旬至 9 月下旬，幼虫取食幼嫩植株上的叶片和嫩梢，影响茎叶生长和产量。

**防治方法** 第一，在傍晚或清晨，叶面露水未干时，施放白僵菌烟雾剂每亩 2～3 枚。第二，人工捕杀，把毛虫振落地上杀死。

③ 蚜虫

**危害特征** 5 月上旬至虎杖落叶前，危害嫩叶、嫩梢，抑制生长。

**防治方法** 第一，在傍晚或清晨，叶面露水未干时，施放白僵菌烟雾剂每亩 2～3 枚。第二，利用瓢虫、草蛉等天敌进行防治。

**5）采收、加工及贮藏**

每隔 2～3 年采挖根茎 1 次。根茎去土后，及时加工利用，否则应晒干，置于通风透气的室内贮藏。

### 7. 孩儿参

**1）形态特征**（见彩图 1-12）

孩儿参 [*Pseudostellaria heterophylla*（Miq.）Pax] 又名太子参、异叶假繁缕、米参等，为石竹科多年生宿根草本植物。高 15～20cm。块根长纺锤形，白色，稍带灰黄。茎直立，单生，被 2 列短毛。茎下部叶常 1～2 对，叶片倒披针形，顶端钝尖，基部渐狭呈长柄状，上部叶 2～3 对，叶片宽卵形或菱状卵形，长 3～6cm，宽 2～17（～20）mm，顶端渐尖，基部渐狭，上面无毛，下面沿脉疏生柔毛。开花受精花 1～3 朵，腋生或呈聚伞花序；花梗长 1～2cm，有时长达 4cm，被短柔毛；萼片 5，狭披针形，长约 5mm，顶端渐尖，外面及边缘疏生柔毛；花瓣 5，白色，长圆形或倒卵形，长 7～8mm，顶端 2 浅裂；雄蕊 10，短于花瓣；子房卵形，花柱 3，微长于雄蕊，柱头头状。闭花受精花具短梗；萼片疏生多细胞毛。蒴果宽卵形，含少数种子，顶端不裂或 3 瓣裂。种子褐色，扁圆形，长约 1.5mm，具疣状凸起。花期 4～7 月，果期 7～8 月。

**2）生态习性**

野生的太子参常生长于阴湿山坡的岩石缝隙和枯枝蚪层中，多在疏松含有腐殖质的土壤上生长。喜湿润气候，适应性较强，冬季能耐-17℃以下低温，怕强光，喜肥、怕涝。生育期 120d 左右，平均气温 10～20℃时生长旺盛，气温高达 30℃时植株长势渐弱，继而停止生长。10 月栽种后，气温下降至 10℃以下，地温 10℃时慢发芽、发根；气温继续下降时即停止生长。
生长旺盛阶段：早春出苗后，茎叶生长较快，根的数量和长度也不断增加。
3～4 月地上部分生长旺盛，现蕾、开花，根的生长也随之加快。6 月气温升，
种子成熟，地上部分生长停止，根部膨大达到高峰，并得到充实。7 月以后
地上部分枯萎，新根形成独立分株，进入休眠阶段。

**3）药用部位及功效**（见彩图 1-13）

以根茎入药。性微温，味甘；具有滋养、补气生津、健胃、健脾等功效；
可用于治疗小儿夏季久热不退、饮食不振、肺虚咳嗽、心悸等病症。

**4）栽培技术**

（1）繁殖技术

① 块根繁殖　孩儿参多以块根繁殖，收获时，按种苗标准边挖边选种，
将留作种苗的参根放置于背阴或凉爽处。上铺 9～12cm 湿沙，放一层参根，
连续排放 4～5 层参根和湿沙。天旱时每隔 4～5d 喷洒 1 次水，下雨时要盖
席，每隔 20～30d 翻动 1 次。

② 播种繁殖　孩儿参蒴果易开裂，种子不易收集，因此往往利用自然
散落的种子，原地育苗。在原栽培地收获后，用耙楼平，施 1 次肥，种 1 茬
萝卜、白菜，收获后再搂平。翌春已落地的种子发芽出苗，长出 3～4 片叶
子时即可移栽或到秋季作种栽之用。种子繁殖，当年仅形成 1 个圆锥根，产
区多不采用。

③ 扦插繁殖　于生长旺盛时，剪取地上枝条长 5～6cm，每条具有 2～
3 个节间，将节间全部扦入地里，顶端叶片露出地面。扦后 7～10d 生根，
产区也多不采用。

（2）选地整地

选择山坡地未郁闭的果园进行套种，要求郁闭度以 0.3 以下，地势平坦、
土壤腐殖质层较厚、有机质含量较高、疏松肥沃的壤土或轻壤土，切忌选择
贫瘠易板结的土壤种植。忌连作，前茬作物以甘薯、蔬菜等为好，坡地以向
阳、向东最为适宜。秋季整地时，结合耕地施入基肥，作 1m 宽、15～20cm
高的畦，畦长依地形而定，可做成龟背形。

（3）栽植技术

栽种时间一般在霜降前后，过迟顶芽已膨大，须根长出，栽时易受损伤。
在已整好的畦面上，沿畦纵向开平底沟，深 5～6cm；将种苗斜摆在沟的一
侧边，芽头位置一致，距地表 6cm，俗称"上齐下不齐"。按行距 12～15cm
再开新沟，将挖出的土覆在已摆好种栽的沟内，新沟内再行摆种，依次栽种，
最后将畦面整成龟背形。每亩用种 30～40kg，此法称作斜栽或竖栽。也可

将种苗平放在沟内，使之头尾相连，行距同前，覆土 6cm，称作平栽或睡栽。种根覆土厚度相当重要，以 5～6cm 为宜。过深参根大、数量少、产量低，过浅参根小、质量差。此法产量高，生产上多采用。

（4）管理技术

① 锄草　幼苗出土后，浅锄松土 1 次，其余时间进行拔草。立夏封行后，只拔除大草，不能进行锄草松土，以免伤根影响生长。

② 追肥　根据植株生长情况决定追肥的次数，浇淋掺水的稀人粪尿（1:5）或在下雨前撒施复合肥，每亩施 50kg，以促进生长。

③ 培土　早春出苗后，边整畦沟边将土撒至畦面上，或用客土进行培土，培土厚度 1.5cm 以下，促进发根。

④ 排灌　太子参怕涝，一旦积水，易发生腐烂，所以雨后畦沟应排水畅通。在干旱少雨季节，应注意灌溉，保持土壤湿润，利于植株生长。要防止踩踏，以免脚窝积水造成参根腐烂死亡。

⑤ 越冬管理　孩儿参耐寒，在南方地区地上部分枯萎后，畦面盖些杂草、树叶，冬季可在常温下越冬。

（5）病虫害防治

① 根腐病　高温高湿的闷热天气，容易发生此病。防治方法：第一，选择排水良好和通风的地块，可减少此病的发生。第二，病株用 50%多菌灵或甲基硫菌灵 1000 倍液浇灌。

② 叶斑病　春季多雨易发生此病，严重时植株枯萎死亡。防治方法：于发病前期用 1:1:100 倍波尔多液喷雾防治，或用 65%代森锌可湿性粉剂 800 倍液喷雾，每隔 7～10d 喷 1 次，连喷 2～3 次。

③ 花叶病　由一种病毒引起，受害植株叶片呈花叶状，植株萎蔫，块根变小，产量下降。防治方法：注意防治传播病毒的蚜虫等害虫，选无病植株留种，轮作换茬。

④ 地老虎　用炒香麦麸 5kg 加 90%敌百虫晶体 100g 制成毒饵诱杀，或 90%敌百虫晶体 1000 倍液下午浇穴毒杀。

⑤ 蛴螬　可选用 2.5%高效氯氟菊酯 600 倍液喷雾或 150g 拌适量细土施用，或 5%辛硫磷颗粒 1～1.5kg 加 15～30kg 细土撒于床土上，栽种后覆土。严重的选用 50%辛硫磷 1000 倍液，或 80%敌百虫 800 倍液，或 25%甲萘威 800 倍液，每株灌根 150～250mL。

⑥ 蝼蛄　炒香麦麸 5kg 加 90%敌百虫 30 倍液拌匀，加水拌潮，每亩施毒饵 2kg。

⑦ 金针虫　播种前每亩用 3%氯唑磷颗粒 2～6kg 混干细土 50kg 撒于地

表，深耕 20cm。

⑧ 白蚁　用白蚁诱杀剂，每亩 20 包。

**5）采收、加工及贮藏**

（1）采收

孩儿参生育期从出苗到枯苗，全生育期 130d 左右。6 月下旬（夏至）前后，植株倒苗，块根生长停止，参根饱满、呈黄色时，即可收获。过早或过晚采收粉质少、折干率低、质量差，延期收获还常因雨水过多造成腐烂。收获时宜选晴天采收，采收时可用锄头深挖 13cm 以上，翻土，拣出；要细心翻土，不宜过浅，以免损伤块根，按行距细心依次采收。

（2）加工

① 烫制晒干　将挖起的鲜参，放在通风屋内摊晾 1～2d，使根部失水发软，用清水洗净装入箩筐内，稍经沥水，放入开水锅中浸烫 2～5min，随即摊放在水泥晒场或芦席上暴晒至干脆。干燥后把参根装入箩筐，轻轻振摇，撞去参须，即成商品。这样加工的参习称烫参，参面光、色泽好，呈淡黄白色，质地较柔软。

② 自然晒干　将收获的鲜参用清水洗净后，薄摊于晒场或芦席上，在日光下暴晒至六七成干时，堆起稍回潮，在木板上搓，再晒，再搓，至参根光滑无毛再晒干，称生晒参，其光泽较烫参差，质稍硬，唯味较烫参浓厚。装入编织袋置于通风干燥的室内贮藏。

## 8．石蒜

**1）形态特征**（见彩图 1-14）

石蒜 [*Lycoris radiata*（L′Hér.）Herb.] 又名野蒜、龙爪花、蟑螂花等，为石蒜科多年生宿根草本。鳞茎近球形，直径 1～3cm。秋季出叶，叶狭带状，长约 15cm，宽约 0.5cm，顶端钝，深绿色，中间有粉绿色带。花茎高约 30cm；总苞片 2 枚，披针形，长约 3.0cm，宽约 0.5cm；伞形花序有花 4～7 朵，花鲜红色；花被裂片狭倒披针形，长约 3cm，宽约 0.5cm，强度皱缩和反卷，花被筒绿色，长约 0.5cm；雄蕊显著伸出于花被外，比花被长 1 倍左右。花期 9～10 月，果期 10 月。

**2）生态习性**

石蒜一般野生于林荫下。喜温暖的气候，耐寒，喜阴，也耐干旱，对气候的适应性强，能忍受的高温极限为日平均温度 24℃；冬季日平均气温 8℃以上，最低气温 1℃，不影响石蒜生长；土壤要求偏酸性，以疏松、肥沃的腐殖质土最好。茎叶秋季抽出，常绿越冬，翌年 4～5 月枯萎，有夏季休眠习性。

**3）药用部位及功效**（见彩图 1-15）

根茎入药。性辛、温，味甘；具有祛痰、催吐、消肿止痛、利尿等功效；可用于治疗淋巴结结核、疔疮疖肿、风湿关节痛、蛇咬伤、水肿、灭蛆、灭鼠等病症。全草有大毒，宜慎用。

**4）栽培技术**

（1）繁殖技术

用分球、播种、鳞块基底切割和组织培养等方法繁殖，以分球法为主。分球在休眠期或开花后将植株挖起，将母球附近附生的子球取下种植，1～2 年便可开花。

（2）选地整地

选择长坡中下部的毛竹林、杉木林、阔叶林、针阔混交林的中龄林、近熟林及盛产期经济林进行套种，郁闭度以 0.3～0.5 为宜，要求地势平坦、腐殖质层较厚、有机质含量较高、疏松肥沃的壤土或轻壤土，切忌选择贫瘠易板结的土壤种植。选好种植地后进行林地清理，伐除部分杂灌杂草，水平条带状堆积。依地形地势走向，按株行距 0.5m×0.5m 开挖长×宽×深为 40cm×30cm×30cm 的种植穴。

（3）栽植技术

栽植时间为 5～8 月。栽植时，在种植穴内撒入少量钙镁磷肥后栽植，栽植深度约 10cm，要求苗正、根舒、芽朝上，覆土高出地面 5cm，不得踩实。

（4）管理技术

① 除草、松土、施肥、排涝　栽植施钙镁磷肥 50g/株，一般每年施肥 2～4 次，第 1 次在落叶后至开花前，可使用有机肥或复合肥；作切花的，在花蕾含苞待放前追施。第 2 次在 9～11 月开花后生长期前，采花之后继续供水供肥，但要减施氮肥，增施磷、钾肥，使鳞茎健壮充实；秋后应停止施肥，使其逐步休眠。生长季节适时除草、培蔸，排除穴内积水，以防球根腐烂。

② 越冬管理　石蒜耐寒、耐旱，在林下可露天常绿越冬。

（5）病虫害防治

① 炭疽病和细菌性软腐病　第一，鳞茎栽植前用 0.3%硫酸铜液浸泡 30min，用水洗净晾干后种植。第二，每隔半月喷 50%多菌灵可湿性粉剂 500 倍液防治，或发病初期用 50%苯莱特 2500 倍液喷洒。

② 斜纹夜盗蛾　主要以幼虫危害叶子、花蕾、果实，啃食叶肉，咬蛀花葶、种子，一般在春末到 11 月危害，可用 5%锐劲特悬浮剂 2500 倍液或万灵 1000 倍液防治。

③ 石蒜夜蛾　其幼虫入侵的植株，通常叶片被掏空，且可以直接蛀食鳞茎内部，受害处通常会留下大量的绿色或褐色粪粒。防治方法：第一，要经常注意叶背有无排列整齐的虫卵，发现即刻清除，并可结合冬季或早春翻地，挖除越冬虫蛹，减少虫口基数。第二，发生时，喷施药剂乐斯本 1500 倍液或辛硫磷乳油 800 倍液，选择在早晨或傍晚幼虫出来活动取食时喷雾，防治效果比较好。

④ 蓟马　通体红色，主要在球茎发叶处吸食营养，导致叶片失绿，尤其是果实成熟后发现较多，可以用 25%吡虫啉 3000 倍液、70%艾美乐 6000～10 000 倍液轮换喷雾防治。

⑤ 蛴螬　发现后应及时采用辛硫磷或敌百虫等药物进行防治。

**5）采收、加工及贮藏**

5～8 月休眠期选晴天采挖球茎，土干时挖起，除去泥土，略加干燥后贮藏。也可剪去叶片后，带土放温室内保存，室温保持 5～10℃，室内保持干燥，空气流通，以防球根腐烂。

## 9. 山麦冬

**1）形态特征**（见彩图 1-16）

山麦冬 [*Liriope spicata*（Thunb.）Lour.] 又名土麦冬、小麦冬等，为百合科多年宿根常绿草本植物。植株丛生；根稍粗，直径 1～2mm，有时分枝多，近末端处常膨大成矩圆形、椭圆形或纺锤形的肉质小块根；根状茎短，木质，具地下茎。叶长 25～60cm，宽 4～6（～8）cm，先端急尖或钝，基部常包以褐色的叶鞘，上面深绿色，背面粉绿色，具 5 条脉，中脉比较明显，边缘具细锯齿。花葶通常长于或等长于叶，少数稍短于叶，长 25～65cm；总状花序长 6～15（～20）cm，具多数花；花通常（2～）3～5 朵簇生于苞片腋内；苞片小，披针形，最下面的长 4～5mm，干膜质；花梗长约 4mm，关节位于中部以上或近顶端；花被片矩圆形、矩圆状披针形，长 4～5mm，先端钝圆，淡紫色或淡蓝色；花丝长约 2mm；花药狭矩圆形，长约 2mm；子房近球形，花柱长约 2mm，稍弯，柱头不明显。种子近球形，直径约 5mm。花期 5～7 月，果期 8～10 月。

**2）生态习性**

山麦冬一般野生于林荫下、林缘路边等地。喜温暖和湿润气候，较耐寒，冬季-10℃的低温植株不会受冻害，但生长发育受到抑制，影响块根生长；宜稍庇荫，在强烈阳光下，叶片发黄，对生长发育不利，但过于庇荫，易引起地上部分徒长，对生长发育也不利。干旱和涝洼积水对麦冬生长发育都有显著的不良影响，宜土质疏松、肥沃、排水良好的壤土和砂质壤土，过沙和过黏的土壤，均不适于栽培山麦冬。忌连作 3 年以上，需隔 3～4 年才能再种。

**3）药用部位及功效**（见彩图 1-17）

块根入药。性凉、味甘；具有滋阴生津、润肺止咳、清心除烦等功效；可用于治疗热病伤津、心烦、口渴、咽干肺热、咳嗽、肺结核等病症。

**4）栽培技术**

（1）繁殖技术

山麦冬主要用分株繁殖。每一母株可分种苗 3～6 株。山麦冬收获时，将割去块根的苗，选健壮者留作种用。用刀切去部分须根，将上部叶片截除，只留 5～6cm 长，以叶片不散开为准，须根不宜保留过长，否则栽后会发生两重茎节（俗称"高脚苗"），生长的块根较少，产量低。将合格的种苗用稻草或其他绳子扎成直径为 20cm 左右的小捆，应随即栽植。若不能立即栽植，应将种苗捆好把下部在水中浸湿后用少许泥土包围，每日喷少许水，可保留数日。

（2）选地整地

选择长坡中下部的毛竹林、杉木林、阔叶林、针阔混交林的中龄林、近熟林及盛产期经济林进行套种，郁闭度以 0.3～0.5 为宜，要求地势平坦、腐殖质层较厚、有机质含量较高、疏松肥沃的壤土或轻壤土，切忌选择贫瘠易板结的土壤种植。选好种植地后进行林地清理，伐除部分杂灌杂草，水平条带状堆积。按行距 30cm 开挖深 10～15cm，宽 15～20cm 的水平种植沟。

（3）栽植技术

于 3 月上旬到 4 月下旬栽植。选择根系发达、无病虫害和机械损伤的种苗栽植。栽植时，在沟内每隔 6～8cm，放种苗 2～4 株，垂直放于沟中，根系及沟内土壤撒入少量钙镁磷作为基肥，然后将土填满浅沟，用扁锄将种苗两侧的覆土压紧。

（4）管理技术

① 除草、松土 山麦冬植株矮小，如不经常除草，则杂草滋生，妨碍麦冬的生长。栽后半月就应除草一次，5～10 月杂草生长快，每月需除草 1～2 次；入冬以后，杂草少，可减少除草次数，除草时结合松土进行培蔸。

② 追肥 山麦冬的生长期较长，需肥较多，除施基肥外，还应根据麦冬的生长情况，及时追肥。一般追肥 3 次以上，第一次在 7 月中旬，每亩施复合肥 15～20kg 或腐熟饼肥；追肥时氮肥不宜过多，以免引起地上部分徒

长。春秋两季是块根膨大和根茎伸长增多时期，同时分蘖旺盛，此时应重施磷、钾肥，故于每年 3 月和 9 月分别结合松土除草进行追肥。

③ 越冬管理　山麦冬较耐寒，可露天常绿越冬。

（5）病虫害防治

① 黑斑病　发病初期叶尖变黄并向下蔓延，产生青、白不同颜色的水渍状病斑，后期叶片全部变黄枯死。防治方法：第一，选用无病种苗，栽前用 65% 代森锌可湿性粉剂 500 倍液浸种苗 5min。第二，加强田间管理，及时排除积水。第三，发病期可割去病叶，喷 1：1：100 倍波尔多液，每隔 10～14d 喷 1 次，连续 3～4 次。

② 根结线虫病　主要危害根部，造成瘿瘤，使山麦冬的须根缩短，到后期根表面变粗糙，开裂，呈红褐色。剖开膨大部分，可见大量乳白色发亮的球状物，即为其雌性成虫。防治方法：第一，实行轮作，有条件的地方可与瓜类、罗汉果、白术、丹参等作物轮作。第二，选用无病种苗，剪净老根。第三，选用抗病品种。

③ 蛴螬　发现后应及时采用辛硫磷或敌百虫等药物进行防治。

**5）采收、加工及贮藏**

（1）采收

山麦冬栽种后，2～3 年收获，于 4 月选晴天，用锄挖 25～30cm，将麦冬全株翻出土面，然后抖落根部泥土，用刀切下块根和须根，分别放入箩筐，置于流水中，用脚踩淘洗，洗净泥沙，运回加工。

（2）加工及贮藏

将洗净的根放在晒席上或晒场上暴晒，晒干水汽后，用双手轻搓（不要搓破表皮），搓后又晒，晒后又搓，反复 5～6 次，直到除去须根为止。待干燥后，用筛子或风车除去折断的须根和杂质，选出块根即可出售。干燥的麦冬用木箱或麻袋包装贮运，宜放干燥处，防潮湿和虫蛀。

## 10．夏枯草

**1）形态特征**（见彩图 1-18）

夏枯草（*Prunella vulgaris* Linn.）又名锣锤草、倒花伞等，为唇形科多年生宿根草本。茎高 10～30cm，被稀疏糙毛或近于无毛。叶柄长 0.7～2.5cm；叶片卵状矩圆形或卵形，长 1.5～6cm。轮伞花序密集排列成顶生、长 2～4cm 的假穗状花序；苞片心形，具骤尖头；花萼钟状，长 10mm，二唇形，上唇扁平，顶端几截平，有 3 个不明显的短齿，中齿宽大，下唇 2 裂，裂片披针形，果时花萼由于下唇 2 齿斜伸而闭合；花冠紫、蓝紫或红紫色，长约 13mm，下唇中裂片宽大，边缘具流苏状小裂片；花丝二齿，一齿具药。小坚果矩圆状卵形。花期5月，果期6月。

**2）生态习性**

夏枯草一般野于山沟水湿地或河岸两旁湿草丛、荒地、路旁等地。喜温暖湿润气候，能耐严寒，以阳光充足、排水良好的砂质土壤为最佳，其次是石灰质土壤。

**3）药用部位及功效**

全草入药。性寒，味微苦；具有清泄肝火、散结消肿、清热解毒、祛痰止咳、凉血止血等功效；可用于治疗淋巴结核、甲状腺肿、乳痈、头目眩晕、口眼歪斜、筋骨疼痛、肺结核、血崩、带下、急性传染性黄疸型肝炎及细菌性痢疾等病症。

**4）栽培技术**

（1）繁殖技术

① 种子繁殖　可以直播也可以先育苗后移栽。采种：花穗变黄褐色时，摘下果穗晒干，抖下种子，去其杂质，贮存备用，贮存时注意温度的控制，种子发芽温度为15～30℃。播种：春播于4月上、中旬，秋播于8月下旬，通常选择秋播较好，以条播为主，即按20～25cm开浅沟（沟深0.5～1cm），将种子拌细沙充分混合，均匀撒入沟内，亩用量250～1000g；覆土以不见种子为宜，轻轻压土。经常浇水，保持土壤湿润，10～15d出苗，年内定根越冬，翌年再生长。

② 分株繁殖　在春季植株萌芽时，将老根挖出，每棵带2～3个幼芽进行分株，按行距30cm、株距20cm栽种，随挖随栽，每穴栽1～2株，栽后覆土压实，浇水，保持土壤湿润，以利成活，7～12d出苗。

（2）选地整地

选择山坡地经济林进行套种较好，郁闭度以0.3～0.5为宜，或在旱坡地、山脚、林边草地种植，低洼易涝地不宜栽培。要求地势平坦、腐殖质层较厚、有机质含量较高、疏松肥沃的壤土或轻壤土，切忌选择贫瘠易板结的土壤种植。选好种植地后进行林地清理，伐除杂灌杂草，水平条带状堆积并进行整畦作床。

（3）栽植技术

夏枯草种子在林下条播和撒播均可，每亩用种子1kg，播种方法和管理技术与种子繁殖相同。夏枯草采收的是地上部分，根部宿留地下，多年生长，一次种植多年收益。同时，由于自然更新能力强，地下宿根生长力减弱或死亡时，地上部分收割稍微留一些果穗，其种子散落也可生根发芽进行补充，所以长生不衰。

（4）管理技术

① 间苗、除草、松土、施肥　出苗前，要保持土壤湿润。齐苗后拔去过密过弱的苗，苗高达 5～6cm 时每隔 15cm 留 1～2 株。夏枯草生长期短，在前期要加强管理，中耕除草 1～2 次。幼苗高达 10cm 左右时进行追肥，一般追肥 2～3 次，每次亩施入复合肥 15～20kg 或畜粪水 150～200kg。

② 清沟排水　夏枯草怕水涝，短期水浸会引起叶子过早枯萎，要注意清沟排水。

③ 越冬管理　夏枯草以地上部分枯萎后根茎越冬。

（5）病虫害防治

夏枯草适应性比较强，整个生长过程中病虫害发生较少。如种植在低洼潮湿环境中会有锈病、斑枯病发生，可在发病期喷 1∶200 倍波尔多液进行防治或 75%百菌清可湿性粉剂 500 倍液喷施。

**5）采收、加工及贮藏**

（1）采收、加工

春播在当年，秋播在翌年采收。于 6 月中旬，花穗呈半枯时，选择晴天割取全株，剪下花穗，分别晒干；晒时不可遇雨露或潮湿，否则颜色变黑会影响质量。

（2）贮藏

晒干后的夏枯草装入塑料袋内干燥密封贮藏。

## 11．蕺菜

**1）形态特征**（见彩图 1-19）

蕺菜（*Houttuynia cordata* Thunb.）又名鱼腥草、侧耳根等，为三白草科多年生宿根草本，全株有腥味。株高 30～60cm，茎下部伏地，节上轮生小根，上部直立，无毛或节上被毛，有时带紫红色。叶薄纸质，有腺点，背面尤甚，卵形或阔卵形，长 4～10cm，宽 2.5～6cm，顶端短渐尖，基部心形，两面有时除叶脉被毛外余均无毛，背面常呈紫红色；叶脉 5～7 条，全部基出或最内 1 对离基约 5mm 从中脉发出，如为 7 脉时，则最外 1 对很纤细或不明显；叶柄长 1～3.5cm，无毛；托叶膜质，长 1～2.5cm，顶端钝，下部与叶柄合生而成一长 8～20mm 的鞘，且常有缘毛，基部扩大，略抱茎。花序长约 2cm，宽 5～6mm；总花梗长 1.5～3mm，无毛；总苞片长圆形或倒卵形，长 10～15mm，宽 5～7mm，顶端钝圆；雄蕊长于子房，花丝长为花药的 3 倍。蒴果长 2～3mm，顶端有宿存的花柱。花期 4～7 月。

**2）生态习性**

蕺菜一般野生于林荫下及林缘、路旁、水边或房前屋后边角地等。喜温暖潮湿环境，忌干旱；土壤以肥沃的砂质壤土及腐殖质壤土生长最好。怕强光，耐寒，在-15℃可越冬。

**3）药用部位及功效**（见彩图1-20）

全草入药。性微寒，味辛；具有清热解毒、化痰、排脓消痈、利尿消肿、通淋等功效。可用于治疗肺热喘咳、肺痈吐脓、喉蛾、热痢、疟疾、水肿、痈肿疮毒、热淋、湿疹、脱肛等病症。

**4）栽培技术**

（1）繁殖技术

采用地下茎进行根茎繁殖或分株繁殖。

① 根茎繁殖　春季将老苗上的根茎挖出，选白色而粗壮的根茎剪成10～12cm小段，每段带2个芽，按株行距20cm×20cm开穴栽植，覆土3～4cm，稍稍镇压后浇水，1周后可生出新芽。

② 分株繁殖　4月下旬挖掘母株，分成若干小株，按上法移栽管理。

（2）选地整地

选择毛竹林、杉木林的中龄林、近熟林及盛产期经济林的阴坡、半阴坡进行套种，郁闭度以0.3～0.5为宜，要求地势平坦、腐殖质层较厚、有机质含量较高、疏松肥沃的壤土或轻壤土，切忌选择贫瘠易板结的土壤。选好种植地后进行林地清理，伐除部分杂灌杂草，水平条带状堆积。按行距25cm开挖深6～8cm，宽10～12cm的水平种植沟。

（3）栽植技术

一般在春季晚霜结束后栽植。栽植时，选择肥壮的种根或种苗在开好的水平种植沟内按5cm的株距平放于沟内，覆6～7cm细土。15～20d即可萌发出土。

（4）管理技术

① 除草、松土、施肥　栽种后注意保持土壤潮湿，出苗后，要勤除杂草，地上部分封垄以后，可以不进行锄草，以免锄伤根苗。前期不需追肥，茎叶生长盛期每亩适时追施尿素10～15kg，采收前30d内禁施任何肥料。

② 越冬管理　蕺菜耐寒，冬季地上部分枯萎后，可在-15℃安全越冬。

（5）病虫害防治

① 白绢病　主要危害鱼腥草近地面根茎部，病部表面产生大量绢丝状白色菌丝层。防治方法：用50%多菌灵可湿性粉剂400倍液或10%世高水分散粒剂8000倍液喷浇病株根茎和邻近植株及土壤。

② 叶斑病　发病初期，叶面出现不规则或圆形病斑，边缘紫红色，中间灰白色，上生浅灰色霉；后期严重时，几个病斑融合在一起，病斑中心有时穿孔，叶片局部或全部枯死。防治方法：在发病初期，用50%甲基托布津800～1000倍液或70%代森锰锌400～600倍液喷雾，每隔15d喷1次，连续喷2～3次。

　　③ 茎腐病　茎部病斑长椭圆形或梭形，略呈水渍状，褐色至暗褐色，边缘颜色较深，有明显轮纹，上生小黑点。发病后期茎部腐烂枯死。防治方法：第一，在发病初期，选用50%多菌灵可湿性粉剂或65%代森锌可湿性粉剂500～600倍液，70%甲基托布津可湿性粉剂800倍液喷雾，每隔7d喷1次，连续喷2～3次。第二，选用疏松肥沃、保水保肥、透气性好的砂壤土栽培；增施磷钾肥；注意及时排水；及时拔除病株和杂草等。

　　④ 螨类　刺吸鱼腥草的叶片、嫩枝的汁液，被害叶片呈现许多粉绿色至灰白色小点，失去光泽，严重时整株变黄，大量落叶和枯梢，以3～6月和9～11月为活动高峰期。可用24%螨危悬浮剂4000～6000倍液或73%克螨特乳油2000～3000倍液喷雾防治。

　　**5）采收、加工及贮藏**

　　蕺菜以地下根茎作为药用或食用的，从夏到冬均可根据市场需求陆续采收，采收后洗净，扎把上市。采茎叶作为药用或食用的，4～10月均可多次采收；贮运期间，适当浇水保鲜。

## 12．山姜

**1）形态特征**（见彩图1-21）

　　山姜 [*Alpinia japonica*（Thunb.）Miq.] 又名福建土砂仁、建砂仁、山姜等，为姜科多年生常绿草本植物。株高35～70cm，具横生、分枝的根茎。叶片通常2～5片，叶片披针形、倒披针形或狭长椭圆形，长25～40cm，宽4～7cm，两端渐尖，顶端具小尖头，两面，特别是叶背被短柔毛，近无柄至具长达2cm的叶柄；叶舌2裂，长约2cm，被短柔毛。总状花序顶生，长15～30cm，花序轴密生绒毛；总苞片披针形，长约9cm，开花时脱落；小苞片极小，早落，花通常2朵聚生，在2朵花之间常有退化的小花残迹可见；小花梗长约2mm；花萼棒状，长1～7.2cm，被短柔毛，顶端3齿裂；花冠管长约1cm，被小疏柔毛，花冠裂片长圆形，长约1cm，外被绒毛，后方的一枚兜状；侧生退化雄蕊线形，长约5mm；唇瓣卵形，宽约6mm，白色而具红色脉纹，顶端2裂，边缘具不整齐缺刻；雄蕊长1.2～1.4cm，子房密被绒毛。果球形或椭圆形，直径1～1.5cm，被短柔毛，熟时橙红色，顶有宿存的萼筒。种子多角形，长约 5mm，径约 3mm，有樟脑味。花期 4～8 月，果期 7～12 月。

**2）生态习性**

山姜一般野生于林荫下及林缘、路旁等地。为耐阴植物，喜高温、阴湿、多雾的气候；年平均温度 22～38℃生长良好，但遇短暂的低温，或偶尔有短期霜冻仍能越冬生长；喜漫射光线，强光直射对生长发育不利；若过于荫蔽，则植物生长虽旺盛，但开花结果少。花期如遇连续阴雨会造成烂花，久旱会使花干枯、果实不饱满，降低结果率。对土壤要求不严，以表层疏松肥沃、保水力强、便于排灌的土壤为宜。

**3）药用部位及功效**（见彩图 1-22）

果实、根均可入药。性温、味辛；具有温中散寒、行气调中等功效；可用于治疗脘腹胀痛、呕吐泄泻、食欲缺乏等病症。

**4）栽培技术**

（1）繁殖技术

① 种子繁殖

**苗圃地选择及整地** 选择阴坡、避风、排灌方便、土壤疏松肥沃的农地育苗。深耕细耙后起畦，畦宽 130cm，并施足腐熟农家肥，在整地的同时搭好棚架，以便出苗后盖草遮阴。

**采种及处理** 11～12 月种子成熟后，选个大而且饱满的果实留种；将采下的果立即剥皮取出种子或用竹篓盛装果实置于室内沤果 3～4d，然后洗种、搓皮、晾干贮藏待播。

**播种时间和方法** 2 月下旬至 3 月上旬播种，播种方法多采用开行点播，行距 12～15cm，株距 4.5～6cm，播种深度为 2～3cm。每亩播种量为 2.5～3kg 或用鲜果 4～5kg。

**苗期管理** 播种后立即盖草、浇水保持土壤湿润；幼苗出土后揭草，并立即在搭好的棚架上加草遮阴，荫蔽度以 80%～90% 为宜，待苗有 7～8 片叶时，调节荫蔽度为 70% 左右。幼苗怕低温和霜冻，应在冬前施腐熟牛粪和草木灰，以利保暖和提高幼苗抗寒力；寒潮来前，在畦的北面设防风障，田间熏烟或用塑料薄膜防寒保暖。幼苗有 2 片真叶时开始追肥，有 5～10 片叶时，分别进行第 2、3 次追肥，有 10 片叶以后每隔 1 个月追肥 1 次，肥料以复合肥为主，注意先稀后浓。

② 分株繁殖 在苗圃地选生长健壮的植株，剪取有 1～2 条地下茎、带5～10 片小叶的植株作种苗，于春分或秋分前后雨水充足时定植，行株距为100cm×100cm。种植时将老的地下茎埋入土中深 5～6cm，覆土压实，嫩的地下茎用松土覆盖不必压实。如种植时遇干旱天气，植后应浇足定根水，以

保证成活。

（2）选地整地

选择毛竹林、杉木林、经济林的中龄林、近熟林及盛产期经济林进行套种，郁闭度以 0.4～0.6 为宜，要求地势平坦、腐殖质层较厚、有机质含量较高、疏松肥沃的壤土或轻壤土。选好种植地后进行林地清理，伐除部分杂灌杂草，水平条状堆积。按株行距 1m×1m 开挖规格（长×宽×深）40cm×30cm×30cm 的种植穴。

（3）栽植技术

幼苗长高至 30cm 以上后进行栽植，定植方法同分株法。水分条件好的地方（能保持土壤湿润）可在 3 月定植；不能满足水分条件的地方，到 5～6 月雨季时定植。宜选择阴天、雨前或小雨天气定植，种植穴中施入少量钙镁磷肥或腐熟畜肥、堆肥作基肥，种苗放入时要求红芽微露，其余埋入土中，稍加压紧（防止损伤幼芽）。

（4）管理技术

① 除草割苗　种植后第 1～2 年，植株分布较疏，杂草生长迅速，除草工作要经常进行。进入开花结果年龄后，每年除草 2 次，分别在 2 月和 8～9 月收果后进行。在除草和去掉枯枝落叶的同时，割去枯、弱、病、残苗，并适当割去部分过密的芽头，每亩留苗 600 株（丛）。

② 施肥培土　定植后头两年，每年施肥 2～3 次，分别于 2～3 月和 10 月进行。除施磷钾肥外适当增施氮肥。有条件时，在开花前施稀薄尿水（尿 1 份加水 3 份）或用尿素作根外追肥，这对提高结果率有良好的作用。在收果后结合秋季施肥用客土进行培土。培土以盖过根茎的 2/3 为度，可促进分株和根系生长，保证高产稳产。

③ 调整林分郁闭度　根据山姜生长期要求的光强调整郁闭度。如郁闭度过大，应砍除过多的荫蔽树或树枝；如郁闭度过小，则在春季时补植荫蔽树。

④ 人工授粉　山姜的花是典型的虫媒花，本身是不能自花授粉的，在自然条件下，必须依赖昆虫授粉才能结果。因此，在昆虫传粉少的地方，人工授粉可以大幅度提高结实率和产量。人工授粉一般采用推拉法：用右手或左手的中指和拇指夹住大花瓣和雄蕊，并用拇指将雌蕊先往下轻推，然后再往上拉，一推一拉可使大量花粉塞进柱头孔。每天 7：00～16：00 进行。

⑤ 越冬管理　山姜可在林下常绿越冬，无须采取防护措施。

（5）病虫害防治

① 立枯病　苗期发生，多在 3～4 月和 10～11 月间，使幼苗基部萎缩

干枯而死亡。可喷 1∶1∶（120～140）的波尔多液或用五氯硝基苯 200～400
倍液灌浇防治。

②叶斑病　苗期发生，发病初期叶片呈水渍状，病斑无明显边缘，之
后全株枯死。防治方法：第一，清洁苗床，烧毁病株；注意苗床通风透光，
降低温度；少施氮肥多施磷钾肥，增强抗病力。第二，用 1∶1∶（120～160）
的波尔多液喷洒，每周 1 次，连续 3～4 次。第三，3 月和 10～11 月间各施
1 次石灰和草木灰（1 份石灰兑 2～3 份草木灰），每亩 15～20kg。

③钻心虫　危害山姜幼嫩茎，被害的幼嫩茎先端干枯，最后死亡。防
治方法：成虫产卵期可用 40%的乐果乳油 1000 倍液或 90%的敌百虫原粉 800
倍液喷洒。

**5）采收、加工及贮藏**

一般在 11～12 月山姜果实为橙红色充分成熟时采收，采收过早影响品
质，过晚遭野鼠危害。采时用小刀割取果穗，采回后摘下果实，晒干或烘干
贮藏。

### 13.华山姜

**1）形态特征**（见彩图 1-23）

华山姜（*Alpinia oblongifolia* Hayata.）又名华良姜、椭圆叶月桃等，为
姜科多年生常绿草本植物。高 1m 左右。叶披针形或条状披针形，长 20～
30cm，宽 3～5cm，顶端渐尖或尾状渐尖；叶柄长约 5mm；叶舌 2 裂，长 4～
10mm，边缘有毛。花组成狭圆锥花序，长 15～30cm；分枝短，长 3～6mm，
有花 2～3 朵；苞片早落；花白色，萼管状，长 5mm；花冠管略超出，裂片
矩圆形，长约 6mm，后方的 1 枚兜状；唇瓣卵形，长 6～7mm，顶端微凹；
雄蕊长约 8mm。果球形，直径 5～8mm。花期 6 月，果期 7～10 月。

**2）生态习性**

华山姜一般野生于海拔 1000m 以下的林荫下。喜温暖、阴湿、多雾
的气候；较耐寒、耐阴，郁闭度以 50%～70%为宜，喜散射光，强光直射
对生长发育不利，若过于荫蔽，则植物生长虽旺盛，但开花结果少。对
水分要求严，年降雨量要在 1500mm 以上，年平均空气相对湿度在 80%
以上为好。对土壤要求不严，以表层疏松肥沃、保水力强、便于排灌的
土壤为宜。

**3）药用部位及功效**（见彩图 1-24）

根茎、果实均可入药。性温、味辛；具有温中暖胃，散寒止痛等功效，
可用于治疗胃痛、风寒咳喘、风湿关节痛、月经不调、跌打损伤等病症。

**4）栽培技术**

（1）繁殖技术

① 种子繁殖

**苗圃地选择及整地**　选择阴坡、避风、排灌方便、土壤疏松肥沃的农地育苗。深耕细耙后起畦，畦宽 100cm，并施足腐熟农家肥，在整地的同时搭好棚架，以便出苗后盖草遮阳。

**采种及处理**　11～12 月种子成熟后，选个大而且饱满的果实留种；将采下的果立即剥皮取出种子或用竹篓盛装果实置于室内堆沤 3～4d，然后洗净、搓皮、晾干贮藏待播。

**播种时间和方法**　2 月下旬至 3 月上旬播种，播种方法多采用开行点播，行距 12～15cm，株距 4～6cm，播种深度为 2～3cm。每亩播种量为 2.5～3kg 或用鲜果 4～5kg。

**苗期管理**　播种后立即盖草、浇水保持土壤湿润；幼苗出土后揭草，并立即在搭好的棚架上加草遮阳，荫蔽度以 80%～90% 为宜，待苗有 7～8 片叶时，调节为 70% 左右。幼苗怕低温和霜冻，应在冬前施腐熟牛粪和草木灰，以利保暖和提高幼苗抗寒力；寒潮来前，在畦的北面设防风障，田间熏烟或用塑料薄膜防寒保暖。幼苗有 2 片真叶时开始追肥，有 5～10 片叶时，分别进行第 2、3 次追肥，有 10 片叶以后每隔 1 个月追肥 1 次，肥料以复合肥为主，注意先稀后浓。

② 分株繁殖　在苗圃地选生长健壮的植株，剪取有 1～2 条地下茎、带 5～10 片小叶的植株作种苗，于春分或秋分前后雨水充足时定植，行株距为 100cm×100cm。种植时将老的地下茎埋入土中深 5～6cm，覆土压实，嫩的地下茎用松土覆盖不必压实。如种植时遇干旱天气，植后应浇足定根水，以保证成活。

（2）选地整地

选择毛竹林、杉木林的中龄林、近熟林及盛产期经济林进行套种，郁闭度以 0.4～0.6 为宜，要求地势平坦、腐殖质层较厚、有机质含量较高、疏松肥沃的壤土或轻壤土。选好种植地后进行林地清理，伐除部分杂灌杂草，水平条带状堆积。按株行距 1m×1m 开挖规格（长×宽×深）40cm×30cm×30cm 的种植穴。

（3）栽植技术

幼苗长高至 30cm 以上后进行栽植，定植方法同分株法。水分条件好的地方（能保持土壤湿润）可在 3 月定植，不能满足水分条件地方，到 5～6 月雨季时定植。宜选择阴天、雨前或小雨天气定植，种植穴中施入少量钙镁磷肥或腐熟畜肥、堆肥作基肥，种苗放入时要求红芽微露，其余埋入土中，稍加压紧（防止损伤幼芽）。

（4）管理技术

① 除草割苗　种植后第1～2年，植株分布较疏，杂草生长迅速，除草工作要经常进行。进入开花结果年龄后，每年除草2次，分别在2月和8～9月收果后进行。在除草和去掉枯枝落叶的同时，割去枯、弱、病、残苗，并适当割去部分过密的芽头，每亩留苗600株（丛）。

② 施肥培土　定植后头两年，每年施肥2～3次，分别于2～3月和10月进行。除施磷钾肥外适当增施氮肥。有条件时，在开花前施稀薄尿水（尿1份加水3份）或用尿素作根外追肥，这对提高结果率有良好的作用。在收果后结合秋季施肥用客土进行培土。培土以盖过根茎的2/3为度，可促进分株和根系生长，保证高产稳产。

③ 调整林分郁闭度　根据华山姜生长期要求的光强调整郁闭度。如郁闭度过大，应砍除过多的荫蔽树或树枝；如郁闭度过小，则在春季时补植荫蔽树。

④ 越冬管理　华山姜可在林下常绿越冬，无须采取防护措施。

（5）病虫害防治

① 立枯病　苗期发生，多在3～4月和10～11月间，使幼苗基部萎缩干枯而死亡。可喷1∶1∶（120～140）的波尔多液或用五氯硝基苯200～400倍液灌浇防治。

② 叶斑病　苗期发生，发病初期叶片呈水渍状，病斑无明显边缘，之后全株枯死。防治方法：第一，清洁苗床，烧毁病株；注意苗床通风透光，降低温度；少施氮肥多施磷钾肥，增强抗病力。第二，用1∶1∶（120～160）的波尔多液喷洒，每周1次，连续3～4次。第三，3月和10～11月间各施1次石灰和草木灰（1份石灰兑2～3份草木灰），每亩15～20kg。

③ 钻心虫　危害山姜幼嫩茎，被害的幼嫩茎先端干枯，最后死亡。防治方法：成虫产卵期可用40%的乐果乳油1000倍液或90%的敌百虫原粉800倍液喷洒。

**5）采收、加工及贮藏**

于秋冬季采挖根茎、采摘果实，晒干或烘干贮藏。

## 14. 射干

**1）形态特征** （见彩图1-25）

射干 [*Belamcanda chinensis* （Linn.）DC.] 又名扁竹、草姜、老君扇等，为鸢尾科多年生宿根草本。根状茎为不规则的块状，斜伸，黄色或黄褐色；

须根多数，带黄色。茎高 60～80cm，实心。叶互生，嵌迭状排列，剑形，长 20～60cm，宽 2～4cm，基部鞘状抱茎，顶端渐尖，无中脉。花序顶生，叉状分枝，每分枝的顶端聚生有数朵花；花梗细，长约 1.5cm；花梗及花序的分枝处均包有膜质的苞片，苞片披针形或卵圆形；花橙红色，散生紫褐色的斑点，直径 4～5cm；花被裂片 6 片；2 轮排列，外轮花被裂片倒卵形或长椭圆形，长约 2.5cm，宽约 1cm，顶端钝圆或微凹，基部楔形，内轮较外轮花被裂片略短而狭；雄蕊 3，长 1.8～2cm，着生于外花被裂片的基部，花药条形，外向开裂，花丝近圆柱形，基部稍扁而宽；花柱上部稍扁，顶端 3裂，裂片边缘略向外卷，有细而短的毛，子房下位，倒卵形，3 室，中轴胎座，胚珠多数。蒴果倒卵形或长椭圆形，长 2.5～3cm，直径 1.5～2.5cm，顶端无喙，常残存有凋萎的花被，成熟时室背开裂，果瓣外翻，中央有直立的果轴；种子圆球形，黑紫色，有光泽，直径约 5mm，着生在果轴上。花期 6～8 月，果期 7～9 月。

**2）生态习性**

射干一般野生于林缘或山坡草地，大部分生于海拔较低的地方。喜温暖和阳光，耐干旱和寒冷，对土壤要求不严，山坡旱地均能栽培，以地势较高、肥沃疏松、排水良好的砂质壤土或中性壤土适宜，忌低洼地和盐碱地。

**3）药用部位及功效**（见彩图 1-26）

以根茎入药。性寒、味苦；具有降火、解毒、散血、消痰等功效；可用于治疗喉痹咽痛、咳逆上气、痰涎壅盛、瘰疬结核、疟母、妇女经闭、痈肿疮毒等病症。

**4）栽培技术**

（1）繁殖技术

① 播种繁殖　于 10 月采集成熟种子，堆沤后搓去外种皮蜡质层后立即播种。播种时，将种子均匀点播于整好畦的播种沟内，株行距 15cm×20cm，覆土 2cm，稍加镇压后盖上杂草，保持苗床湿润。翌年 4 月初出苗。苗床管理简便，灌水 2～3 次，出苗后要经常拔草。

② 根茎繁殖　在早春或秋季，将根刨出按其自然生长形状劈开，每个根状茎带根芽 2～3 个，按 25～30cm 的株行距挖穴种植。栽时芽向上，如根芽已呈绿色应将芽露出土面，根芽白色而短时应埋入土中，须根长于 10～15cm 时可剪留 10cm 左右，以便栽种；栽植后将周围的土压实以免灌水时将根状茎露出影响成活。根状茎繁殖生长快，能保持品种纯化，栽种后 2 年收获，生产上多采用此法栽培。

（2）选地整地

林地选择长坡中下部的毛竹林、杉木林、阔叶林的中龄林、近熟林及盛产期经济林进行套种，郁闭度以 0.3～0.5 为宜，要求地势平坦、腐殖质层较厚、有机质含量较高、疏松肥沃的壤土或轻壤土，切忌选择贫瘠易板结的积水地、盐碱地种植。选好种植地后进行林地清理，伐除部分影响射干生长的杂灌杂草，水平条带状堆积。按株行距 30cm×30cm 开挖（长×宽×深）40cm×40cm×30cm 的种植穴。

（3）栽植技术

春季 1～2 月栽植最佳。栽植时，种植穴内撒入少量钙镁磷肥后将种苗放入栽植，栽植深度约 15cm，要求苗正、根舒、芽朝上，覆土高出地面 5cm，稍踩实。

（4）管理技术

① 除草、松土　生长季节应勤除草和松土，5 月封行后不再松土除草，而在根际培土，否则雨季容易倒伏或从叶柄基部折断影响根状茎和种子产量。

② 施肥　射干是多年生作物，整地时应施足基肥，一般用人粪尿、草木灰和钙镁磷等肥料作基肥。每亩施人畜粪 2500～3000kg，加适量草木灰捣细撒于地内，翻耕入土 20～25cm。栽植翌年早春于行间开沟施入家畜粪每亩 1000kg 或人粪尿 1500kg、草木灰 250kg 加过磷酸钙 15～25kg 作追肥。

③ 排灌　射干虽喜干旱，但在出苗期需灌水保持田间湿润，幼苗高达10cm 以上时可少灌水或不灌水。

④ 摘花　种子繁殖的射干一般翌年开花结果，根状茎繁殖者当年开花结果，花期长，开花结果多需消耗养分，故在不留种的地块于抽苔时应摘花茎 2～3 次，以利根状茎生长。

⑤ 越冬管理　射干耐寒，在南方地区地上部分枯萎后，在林下可在常温下越冬。

（5）病虫害防治

① 钻心虫　是射干的主要害虫。成虫体长 20mm 左右，头部黄褐色，具有白色长毛。防治方法：第一，在越冬卵孵化期喷 50%西维因粉剂，每亩用 1.5～2.5kg。第二，5 月上旬幼虫危害叶鞘时用 50%磷胺乳油 2000 倍液喷雾，或用 90%敌百虫 800 倍液喷洒。

② 蛴螬　主要咬食根状茎和嫩茎，危害严重。白天可在被害根茎根际或附近土下 3～6cm 处找到。防治方法：第一，施用的粪肥要充分腐熟，最好用高温堆肥。第二，灯光诱杀成虫，即在田间用黑光灯、马灯或电灯

进行诱杀，灯下放置盛虫的容器，内装适量的水滴少许煤油即可。第三，用 75%辛硫磷乳油按种量 0.1%拌种。第四，田间发生期用 90%敌百虫 1000 倍液浇灌。第五，毒饵诱杀，用 25g 氯丹乳油拌炒香的麦麸 5kg 加适量的水配制成毒饵，于傍晚撒于田间或畦面诱杀，也可放置在蛴螬经常出入的孔洞处。

**5）采收、加工及贮藏**

种子直播 3 年收获；根茎苗种植 2 年后可收获。于霜降前后植株茎叶枯萎时挖出根茎，去掉茎叶和泥土，晒或炕至半干，搓去须根，或放在铁丝筛内吊起，用火烧掉须毛，然后再晒或炕至全干，即可供药用。以无细根、泥沙、杂质、霉变、虫蛀为合格；以粗壮、质坚、断面色黄者为佳。装入编织袋置于通风干燥的室内贮藏。

## 15. 玄参

**1）形态特征**（见彩图 1-27）

玄参（*Scrophularia ningpoensis* Hemsl.）又名元参、黑玄参、浙玄参等，为玄参科多年生宿根落叶高大草本。高达 1～1.3m。支根数条，纺锤形膨大，粗可达 3cm 以上。茎四棱形，有浅槽，无翅或有极狭的翅，无毛或多少有白色卷毛，常分枝。叶在茎下部多对生而具柄，上部的有时互生而柄极短，柄长者达 4.5cm；叶片多变化，多为卵形，有时上部的为卵状披针形至披针形，基部楔形、圆形或近心形；边缘具细锯齿，稀为不规则的细重锯齿。花序为疏散的大圆锥花序，由顶生和腋生的聚伞圆锥花序合成，长可达 50cm，但在较小的植株中，仅有顶生聚伞圆锥花序，长不及 10cm，聚伞花序常 2～4 回复出，花梗长 3～30mm，有腺毛；花褐紫色，花萼长 2～3mm，裂片圆形，边缘稍膜质；花冠长 8～9mm，花冠筒多少球形，上唇长于下唇约 2.5mm，裂片圆形，相邻边缘相互重叠，下唇裂片多少卵形，中裂片稍短；雄蕊稍短于下唇，花丝肥厚，退化雄蕊大而近于圆形；花柱长约 3mm，稍长于子房。蒴果卵圆形，连同短喙长 8～9mm。花期 6～8 月，果期 9～10 月。

**2）生态习性**

玄参一般野生于海拔 1000m 以下的竹林、溪旁、丛林及草丛中。3 月中下旬，出苗后生长迅速，月平均气温 20～24℃时茎叶生长发育较快；8～9 月昼夜温差较大时，最适宜根部生长，根部明显增粗增重；若水肥供应充足，其根生长更快，产量也高。10 月气温逐渐下降，植株生长也逐渐减缓，至 11 月后地上部枯萎。能忍受轻霜，适应性较强，但土壤积水易烂根。

**3）药用部位及功效**（见彩图1-28）

根茎入药。性微寒，味甘；具有清热凉血、泻火解毒、滋阴等功效。可用于治疗温毒发斑、热病伤阴、舌绛烦渴、津伤便秘、骨蒸劳嗽、目赤、咽痛、瘰疬、白喉、痈肿疮毒等病症。

**4）栽培技术**

（1）繁殖技术

① 播种繁殖  分春播和秋播。春播在2月进行，秋播在10～11月上旬进行。春播可当年收，但品质比较差；秋播生长快，在翌年即可收获，而品质、产量比春播好。

② 根茎繁殖  秋天收玄参时把带芽的根状茎，东西朝向排放于宽100cm、深120cm的坑内，堆25cm左右。覆一层砂土，以见不到芽为止，以后随气温的变化逐渐加厚20cm左右，坑内温度保持在0～2℃。翌春气温升高逐渐往下撤土，防止芽突长。4月把根茎瓣成数块，每块上面带有2～3个芽头，按行距45cm，株距30cm左右，挖穴栽植，每穴一个，芽的顶端向上，栽深约15cm，再覆土5cm，浇水。气温比较暖和的地方，也可在秋天收获时，随收随栽。如果春季栽，把收获的玄参，芽头部分取下，放室内晾1～2d之后放在挖好的30cm深的坑，把芽头放入坑内，上面盖一层薄薄的草或土，坑内不能露雨和积水。在3月左右即栽，不能太迟。

③ 分株繁殖  种植后的翌春，玄参每蔸萌发很多幼苗，当幼苗长成30～45cm高的时候，每株玄参除了留中间2～3株外，其余全部拔出作繁殖材料，在整好的畦内，按穴栽植，覆土，浇水。

（2）选地整地

选择长坡中下部的毛竹林、杉木林、阔叶林、针阔混交林的中龄林、近熟林及盛产期经济林的阳坡进行套种，郁闭度以0.2～0.3为宜，要求地势平坦、腐殖质层较厚、有机质含量较高、疏松肥沃的壤土或轻壤土，切忌选择贫瘠易板结的土壤种植，忌连作。选好种植地后进行林地清理，伐除部分影响玄参生长的杂灌杂草，水平条带状堆积。按株行距30cm×45cm开挖长×宽×深为40cm×40cm×30cm的种植穴。

（3）栽植技术

栽植时间：春季3月下旬至4月上旬。栽植密度：株行距30cm×45cm，林下套种亩植2000～3000株。栽植方法：将块茎蘸上钙镁磷肥后栽植，栽植深度约20cm，要求苗正、根舒、芽朝上，覆土高出地面5cm，不踩实。

（4）管理技术

① 除草、松土、培土  当玄参出苗时，有草就拔除，除草时松土不易

过深，避免伤害玄参根块。6 月以后植株已长大，不必再松土，只拔草。培土是玄参林下栽培的重要措施，对产量有较大的影响。优点是可保护子芽，使子芽增多，芽瓣紧凑，同时减少开花芽、青芽、红芽，以提高子芽质量，有固定植株、防止倒伏、保湿抗旱和保肥等作用。培土常在 6 月中旬施肥后进行。

② 施肥　玄参在封垄前追 1～2 次肥，磷、钾肥为主，同厩肥或堆肥一起施下。施肥方法，在植株旁开小穴或沟施下，覆土，盖实，进行根部培土。

③ 间苗　玄参定植后，翌年从根部长出许多幼苗，为增加产量，及时拔除多余的幼苗，只留 2～3 株即可。

④ 打顶　如果作商品收获不作留种用的玄参，当花薹抽出时及时摘除，使养分集中于块根部。

⑤ 排水防旱　玄参比较耐旱，干旱特别严重时，适当浇点水，怕涝，雨季注意排除积水。

⑥ 越冬管理　玄参在南方地区地上部分枯萎后，畦面盖些杂草、树叶，冬季可在常温下越冬。

（5）病虫害防治

① 斑枯病　发病初期，叶面出现紫褐色小点。中心略凹陷，后病斑扩大成多角形，圆形或不规则形。大形病斑呈灰褐色，被叶脉分隔成网状，边缘围有紫褐色角状突出的宽环，病斑上散有许多小黑点。重者叶片枯死。防治方法：第一，收获后清园，消灭病残株；加强田间管理，注意排水和通风透气。第二，发病前及发病初期喷 1∶1∶100 波尔多液或 65%代森锌 500 倍液，每 7～10d 一次，连续数次。

② 白绢病　危害根及根状茎。根部腐烂，病根及根际土壤布满白色丝绢状菌丝，并着生淡黄色至茶褐色油菜籽状小菌核。菌丝和小菌核可蔓延至主茎。病株迅速萎蔫、枯死。防治方法：第一，与禾本科作物轮作，忌连作；加强田间管理，注意排水和通风透光，多雨地区应采用高畦种植；及时拔除病株，去除病穴土壤，并撒石灰封闭病穴。第二，种植前用 50%退菌特 1000 倍液泡 5min 后晾干栽种。

③ 红蜘蛛、地老虎、蚜虫　危害叶片，造成白点、叶黄、干枯。防治方法：红蜘蛛、蚜虫危害可用乐果或烟草灰水防治；地老虎人工捕捉或食饵诱杀。

**5）采收、加工及贮藏**

于 11 月采挖根茎，剪去茎叶，取下芽头，切下根部加工。将切下的根运至晒场反复堆晒，直至根内肉质部分变为黑色。以根肥大、皮细、外表灰白色、内部黑色、干燥不油、质坚实、无芦头者为佳。装入编织袋置于通风干燥的室内贮藏。

## 16．三枝九叶草

### 1）形态特征（见彩图1-29）

三枝九叶草〔*Epimedium sagittatum*（Sieb. et Zucc.）〕又名箭叶淫羊藿、仙灵脾、羊角风等，为小檗科多年生常绿草本。高30～40cm；根状茎质硬，多须根。基生叶1～3，三出复叶；叶柄细长，长约15cm；小叶卵状披针形，长4～9cm，顶端急尖或渐尖，基部心形，箭镞形，两侧小叶基部呈不对称心形浅裂，边缘有细刺毛。圆锥花序或总状花序顶生，长7.5cm；花多数，直径6mm；萼片8，排列为2轮，外轮较小，外面有紫色斑点，内轮白色，呈花瓣状；花瓣4，黄色，有短距；雄蕊4；心皮1。蓇葖果卵圆形，有种子数粒。

### 2）生态习性

三枝九叶草一般野生于海拔200～1000m的山坡草丛中、林下、灌丛中、水沟边或岩边石缝中。喜温暖和湿润气候，较耐寒；宜稍荫蔽、忌强光、忌干旱和涝洼积水，适宜在土质疏松、肥沃、排水良好的壤土和砂质壤土生长，过沙和过黏的土壤，均不适于栽培。

### 3）药用部位及功效

全草入药。性温、味辛；具有补肾壮阳、祛风除湿等功效。可用于治疗阳痿不举、小便淋漓、筋骨挛急、半身不遂、腰膝无力、风湿痹痛、四肢不仁等病症。

### 4）栽培技术

（1）繁殖技术

① 播种繁殖　育苗床应选择有机质含量3%以上，地势平坦、土层深厚、土壤湿润的砂质壤土为宜。结合整地施入腐熟的有机肥，如猪粪、马粪、鸡粪、牛羊粪等，畦面宽1m，畦高20～25cm，播前浇透水。采用撒播时，应将种子混拌5～10倍的细沙或腐殖土，在准备好的床面上，挖3～5cm的浅槽，用过筛的细腐殖土将槽底铺平，然后均匀撒播。采用条播时，横床开沟，行距10～15cm，沟宽5～6cm，沟深3～4cm，将沟底整平，稍压实，在沟内播种，种子间距2cm。播后覆土1～1.5cm，然后在床面覆盖一层落叶或草，以保持土壤水分。撒播播种量为10～15g/m²，条播播种量为10g/m²。如不能及时播种，可以用腐殖土拌种，土种比例为3∶1，腐殖土湿度为30%～

40%，将混拌好的种子装入木箱中，放在阴凉高燥处贮藏留待播种，但最迟也应在土壤结冻前播完，或者在翌年土壤化冻后播种。播种后当年萌发生根，但不出苗，翌年出苗。幼苗生长 1 年后，可在秋季 10 月进行分苗移栽，在分苗床上开横沟，沟深 9～10cm，按行距 15～20cm，株距 8～10cm，在沟内摆苗，将根系舒展，覆土 6～8cm，稍镇压即可。

② 根茎繁殖　在秋季 10 月，将根茎剪成 10～15cm 长的小段，并用浓度为 50～100mg/L 的 5 号生根粉速蘸，在事先准备好的苗床上，横床开沟，行距 20～25cm，沟深 10cm，在沟内按株距 10～15cm 栽苗，覆土 6～15cm，稍镇压即可。然后用多菌灵 600 倍液，对床面消毒，最后用树叶、无籽杂草覆盖床面，以利于保墒。

（2）选地整地

选择长坡中下部的毛竹林、杉木林、阔叶林或针阔混交林的中龄林或近熟林的阴坡湿润处，或邻近溪流的沟沿处进行套种，郁闭度以 0.4～0.7 为宜，要求土层比较深厚、有机质含量高、排水良好、透水性强的壤土或轻壤土。选好种植地后进行林地清理，伐除部分影响三枝九叶草生长的杂灌杂草，水平条带状堆积。按株行距 50cm×50cm 开挖长×宽×深为 40cm×40cm×30cm 的种植穴。

（3）栽植技术

① 栽植时间　春季最佳。

② 栽植密度　株行距 50cm×50cm，林下套种亩植 1000 株左右。

③ 栽植方法　将种苗根蘸上钙镁磷肥后栽植，栽植深度约 15cm，要求苗正、根舒、浅栽、芽朝上，覆土高出地面 5cm，不得踩实。

（4）管理技术

① 除草、松土　每年要结合松土进行 3 次除草，以提高床土温度，保湿蓄水，减少或防止病害的发生，促进植株生长。第 1 次松土可在出苗后进行，松土深度 3～6cm；第 2 次在 6 月上中旬进行，行间松土深度为 3cm，此时根茎上的须根已经长出，切勿将其碰断，影响生长；第 3 次在采果后进行，松土深度为 2～4cm，以不伤新芽为宜。

② 施肥　移栽后第 1 年，可进行根外追肥，通过叶片补充营养，一般在生长期喷施 2～3 次。第 1 次在展叶后进行，第 2 次在绿果期进行，第 3 次在 7 月中旬进行，可喷施 0.2% 的磷酸二氢钾或 0.2% 的尿素液或其他叶面肥料。第 2 年以后，除了进行叶面施肥外，还应进行根侧追肥。在秋季土壤结冻前，植株枯萎时进行；在根侧距苗基部 6cm 外刨土施肥，每株施肥量 3～5g，施后覆土。也可在春季幼苗出土时进行，此时追肥，须根尚未长出，刨土时较少破坏根系。

③ 灌排水　生长期雨季要合理及时地进行灌溉和排除积水，满足其生理生态需水要求。土壤有机质含量低的沙质壤土，土壤含水量应为 20%～30%，低于 20%时就需要灌溉，有机质含量高的土壤，保水蓄水能力较强，故而较抗旱。可采取床面喷灌或作业道灌溉。

④ 越冬管理　林下栽培时，在地表覆盖一层 3～5cm 厚的树叶或杂草，以保持床面温润，并防止水土流失，缓冲土温急剧升降或昼夜温差大幅度变化，有利于根系生长和越冬。

（5）病虫害防治

① 病害防治　野生状态下未见有病害发生，在人工栽培情况下，由于刚刚起步，亦未见重大病害发生。生产中比较多见的是日灼病，即由于光照调控不当，郁闭度低的林分叶片受强光照射而灼伤，造成叶片失绿脱落，影响根茎生长，浆气不足。发生日灼病时，应及时用树枝、棒材等插花遮阴，防止日灼病蔓延扩散。

② 虫害防治　较少发现地上害虫危害，地下害虫主要有金针虫、蝼蛄、地老虎等，这些地下害虫啃食根茎，造成伤口，引起病害。可采取整地翻地、松土除草、清理田园、人工捕捉等综合防治措施进行防治，或者采取化学药剂配制毒土、毒饵等进行防治。

### 5）采收、加工及贮藏

（1）采收

一般在 7 月上旬至 8 月上旬种子成熟后进行采收。在晴朗天气，用镰刀割取地上部茎叶，捆成小把，当天运回场地晾晒，以免堆放久了发霉变质，影响药效。采收时勿连根拔出，以免影响来年生长。

（2）初加工

采收新鲜带蕾茎叶，不能用水清洗，用手掐住茎基部位，抖落或挑除杂草、异物及病残植株。捆成小把挂放在荫棚内阴干，切勿在阳光下暴晒，可使用烘干室烘干。当含水量降至 14%以下时，即为合格品，可进行打包，装入编织袋置于通风干燥的室内贮藏。

## 17．半夏

### 1）形态特征（见彩图 1-30）

半夏 [*Pinellia ternata*（Thunb.）Makino] 又名旱半夏、三叶半夏等，为天南星科多年生宿根落叶草本。块茎圆球形，直径 1～2cm，具须根。叶2～5 枚，有时 1 枚；叶柄长 15～20cm，基部具鞘，鞘内、鞘部以上或叶片基部（叶柄顶头）有直径 3～5mm 的珠芽，珠芽在母株上萌发或落地后萌发；

幼苗叶片卵状心形至戟形，为全缘单叶，长 2～3cm，宽 2～2.5cm；老株叶片 3 全裂，裂片绿色，背淡，长圆状椭圆形或披针形，两头锐尖，中裂片长 3～10cm，宽 1～3cm；侧裂片稍短；全缘或具不明显的浅波状圆齿，侧脉 8～10 对，细弱，细脉网状，密集，集合脉 2 圈。花序柄长 25～30（～35）cm，长于叶柄。佛焰苞绿色或绿白色，管部狭圆柱形，长 1.5～2cm；檐部长圆形，绿色，有时边缘青紫色，长 4～5cm，宽 1.5cm，钝或锐尖。肉穗花序：雌花序长 2cm，雄花序长 5～7mm，其中间隔 3mm；附属器绿色变青紫色，长 6～10cm，直立，有时"S"形弯曲。浆果卵圆形，黄绿色，先端渐狭为明显的花柱。花期 5～7 月，果 8 月成熟。

**2）生态习性**

半夏一般野生于海拔 1300m 以下的草坡、荒地、田边或疏林下。繁殖力强，能耐寒，不耐干旱，忌黏重土壤。耐阴喜湿、苗期喜暖，但又怕涝、怕高温、怕强光直射；喜温暖阴湿的环境和沙质壤土。

**3）药用部位及功效**（见彩图 1-31）

根茎入药。性温、味辛；全株有毒。具有燥湿化痰、降逆止呕、消痞散结等功效。可用于治疗呕吐、反胃、咳喘痰多、胸膈胀满、痰厥头痛、头晕目眩等病症。

**4）栽培技术**

（1）繁殖技术

① 块茎繁殖  挖当年生的小块茎用湿沙土混拌存放在阴凉处进行繁殖。繁殖时间分为春秋两季。春季 3 月，栽前浇透水，块茎用 5%草木灰液或 50%多菌灵 1000 倍液或 0.005%高锰酸钾液或食醋 300 倍液浸泡块茎 2～4h，晾干后将块茎按大小分别栽植，行距 15～20cm，株距 5～10 cm，穴深 5cm，每穴栽 2 个块茎，覆土 3～5cm，每亩需小块茎 300kg 左右，大的块茎 750kg 左右。

② 珠芽繁殖  夏秋利用叶柄下珠芽栽培，行距 10～16cm，株距 6～10cm，开穴，每穴放珠芽 3～5 个，覆土 1.5cm 左右。

③ 种子繁殖  秋季开花后十余天佛焰苞枯萎采收成熟的种子，放在湿沙中贮存备播种。春天在做好的畦上按行距 10～13cm 开沟，将种子均匀撒入沟内，覆土 10～13cm，并盖稻草保墒，每平方米播 2000 粒左右；当苗高 10cm 时定植。

（2）选地整地

选择长坡中下部的毛竹林、杉木林、阔叶林、针阔混交林的中龄林、近熟林及盛产期经济林的林缘、山边进行套种，郁闭度以 0.2～0.3 为宜，要求地势平坦、腐殖质层较厚、有机质含量较高、疏松肥沃的壤土或轻壤土，切忌选择贫瘠易板结的土壤种植。选好种植地后进行林地清理，伐除部分影响半夏生长的杂灌杂草，水平条带状堆积。依地形地势走向开挖宽×深为 20cm×5cm 的环山水平种植沟。

（3）栽植技术

① 栽植时间　地上部分枯萎后萌芽前均可栽植。

② 栽植密度　行距 15～20cm，株距 5～10cm，穴深 5cm，每穴栽 2 个块茎，覆土 3～5cm。

③ 栽植方法　将块茎蘸上钙镁磷肥后栽植，要求苗正、根舒、浅栽、芽朝上，不踩实。

（4）管理技术

① 除草、培土　珠芽生长需要培土，6～7 月在叶柄下部培土，每次培土从行间取土盖上珠芽，培土 1.5cm 以上，生长期要经常松土除草。

② 施肥　要在"小满"前后追施优质速效有机肥，需要最多的是钾，其次是磷、氮。施肥随之培土。生长中后期，也可叶面喷施叶面肥，增产防病效果较好。

③ 摘蕾　除作种子外，生长期长出的花蕾全部摘掉，促使块茎生长肥大，可提高产量。

④ 越冬管理　在南方地区地上部分枯萎后，畦面盖些杂草、树叶，冬季可在常温下越冬。

（5）病虫害防治

① 块茎腐烂病　多在雨季土壤长时间湿度过大时发生，块茎先从下部腐烂，严重时叶片枯萎。防治方法，选用无病种，种前用 5%草木灰液或 50%的多菌灵 1000 倍液浸种；选易排水的高燥地块种植；发现病株及时拔除，在病穴撒石灰粉消毒。

② 烫叶病　多在雨季高温多湿环境中发生，特别栽种密度过大时更为严重。初期叶和叶柄上出现暗绿色不规则病斑，加重后变软，叶片呈半透明状下垂，相互黏在一起。发病急传染快，极难防治。防治方法：前茬选用种过玉米、豆类地，不用种过茄子、黄瓜、白菜等多年生植物的老菜地。发病严重地块应与粮食轮作 4 年以上；不用低洼积水地；不施未腐熟的有机肥料。发病前用 75%百菌清 600～800 倍液 7～10d 喷洒一次。喷药时要对茎部、叶子全喷。

③ 虫害　主要有天蛾幼虫，7～8 月咬食叶片。可人工捕捉或用 90%敌百虫 800 倍液喷洒。

**5）采收、加工及贮藏**

秋分前后，半夏叶片枯萎时收刨。收获后要及时加工，加工时，将鲜半夏装入筐或麻袋中，置流水或水池里，脚穿长筒靴踩踏，踏净外皮呈洁白色为止。脱皮后漂去杂质，晒干或烘干，装入编织袋置于通风干燥的室内贮藏。

## 18．天南星

**1）形态特征**（见彩图 1-32）

天南星（*Arisaema heterophyllum* Blume）又名异叶天南星、一把伞、白南星等，为天南星科多年生宿根落叶草本。块茎扁球形，直径 2～4cm，顶部扁平，周围生根，常有若干侧生芽眼。鳞芽 4～5，膜质。叶常单 1，叶柄圆柱形，粉绿色，长 30～50cm，下部 3/4 鞘筒状，鞘端斜截形；叶片鸟足状分裂，裂片 13～19，有时更少或更多，倒披针形、长圆形、线状长圆形，基部楔形，先端骤狭渐尖，全缘，暗绿色，背面淡绿色，中裂片无柄或具长 15mm 的短柄，长 3～15cm，宽 0.7～5.8cm，比侧裂片几短 1/2；侧裂片长 7.7～24.2（～31）cm，宽（0.7～）2～6.5cm，向外渐小，排列成蝎尾状，间距 0.5～1.5cm。花序柄长 30～55cm，从叶柄鞘筒内抽出。佛焰苞管部圆柱形，长 3.2～8cm，粗 1～2.5cm，粉绿色，内面绿白色，喉部截形，外缘稍外卷；檐部卵形或卵状披针形，宽 2.5～8cm，长 4～9cm，下弯成盔状，背面深绿色、淡绿色至淡黄色，先端骤狭渐尖。两性花序的下部雌花序长 1～2.2cm，上部雄花序长 1.5～3.2cm，此中雄花疏，大部分不育，有的退化为钻形中性花，稀为仅有钻形中性花的雌花序；单性雄花序长 3～5cm，粗 3～5mm。各种花序附属器基部粗 5～11mm，苍白色，向上细狭，长 10～20cm，至佛焰苞喉部以外之字形上升（稀下弯）。雌花球形，花柱明显，柱头小，胚珠 3～4，直立于基底胎座上。雄花具柄，花药 2～4，白色，顶孔横裂。浆果黄红色、红色，圆柱形，长约 5mm，内有棒头状种子 1 枚，不育胚珠 2～3 枚。种子黄色，具红色斑点。花期 4～5 月，果期 7～9 月。

**2）生态习性**

天南星一般野生林下或沟谷。喜湿润、疏松、肥沃的土壤和环境。块茎不耐冻，由种子萌发的当年实生苗第 1 年幼苗只生 3 片小叶，翌年后小叶片数逐次增多，耐寒能力逐渐增强。

**3）药用部位及功效**（见彩图 1-33）

块茎入药。性温、味苦；全草剧毒。具有祛风定惊、化痰散结等功效。可用于治疗面神经麻痹、半身不遂、小儿惊风、破伤风、癫痫、子宫颈癌等病症。

### 4）栽培技术

（1）繁殖技术

① 块茎繁殖　于 9～10 月收获天南星块茎后，选择中、小块茎晾干后置地窖内贮藏留种。挖窖深 1.5m 左右，大小视种栽多少而定。窖内温度保持在 5～10℃为宜，低于 5℃，块茎易受冻害；高于 10℃，则容易提早发芽。一般于翌春取出栽种。大块茎作种栽，可以纵切两半或数块，只要每块有 1 个健壮的芽头，都能作种栽用。但切后要及时将伤口抹上草木灰，避免腐烂。块茎切后种植的小块茎，覆土要浅，大块茎宜深些。

② 播种繁殖　天南星种子于 8 月上旬开始成熟，红色浆果采集后，置于清水中搓洗去果肉，捞出种子，立即进行秋播。在整好的苗床上，按行距 15～20cm 挖浅沟，将种子均匀地播入沟内，覆土与畦面齐平；播后浇透水，保持苗床湿润，10d 左右即可出苗。冬季用厩肥覆盖畦面，保温保湿，有利幼苗越冬。翌年春季幼苗出土后，将厩肥压入苗床作肥料，当苗高 6～9cm 时，按株距 12～15cm 时定苗，多余的幼苗可另行移栽。

（2）选地整地

选择长坡中下部的毛竹林、杉木林、阔叶林、针阔混交林的中龄林、近熟林及盛产期经济林进行套种，郁闭度以 0.3～0.5 为宜，要求地势平坦、腐殖质层较厚、有机质含量较高、疏松肥沃的壤土或轻壤土，低洼、排水不良的地块不宜种植。选好种植地后进行林地清理，伐除部分影响天南星生长的杂灌杂草，水平条带状堆积。依地形地势走向开挖宽×深度为 20cm×15cm 的环山水平种植沟。

（3）栽植技术

于 3 月下旬至 4 月上旬，在整好的畦面上，将块茎蘸上钙镁磷肥后按株行距 15cm×20cm 植入沟中，芽头向上，栽后覆盖土杂肥和细土，不得踩实。若土壤干旱应浇透水，约半个月即可出苗。

（4）管理技术

① 除草、松土　当植株高 6～9cm 时，进行第 1 次松土除草，宜浅不宜深，只要耙松表土层即可；第 2 次于 6 月中、下旬除草松土，可适当加深；第 3 次于 7 月下旬正值天南星生长旺盛时期除草、松土；第 4 次于 8 月下旬进行松土除草。块茎生长需要培土，6～7 月在叶柄下部培土，每次培土从行间取土盖上块茎，培土 3～5cm 以上。

② 施肥　每次结合除、松土追施 1 次复合肥，每亩 30～50kg。肥料在行间开浅沟施入，施后盖细土和树叶、杂草。

③ 排灌水　栽后覆盖杂草，保持土壤湿润；雨季要注意排水，防止积水；水分过多，易使苗叶发黄，影响生长。

④ 摘花　于 5～6 月，天南星肉穗状花序从鞘状苞片内抽出时除留种外，应及时剪除，以集中养分促进块茎生长。

⑤ 越冬管理　在南方地区地上部分枯萎后，畦面盖些杂草、树叶，冬季可在常温下越冬。

（5）病虫害防治

① 病毒病　为全株性病害。发病时，南星叶片上产生黄色不规则的斑点，使叶片变为花叶症状，同时发生叶片变形，皱缩、卷曲、畸形，使植株生长不良，后期叶片枯死。防治方法：选育抗病品种栽种；增施磷、钾肥，增强植株抗病力；用 5%菌毒清水剂 300～500 倍液喷雾，每隔 5～7d 喷 1 次，连续喷 2～3 次。

② 红天蛾　以幼虫危害叶片，咬成缺刻和空洞，7～8 月发生严重时，把天南星叶子吃光。防治方法：在幼虫低龄时，喷 90%敌百虫 800 倍液杀灭；忌连作，也忌与同科药材如半夏、魔芋等间作。

③ 红蜘蛛　喷 90%敌百虫 800 倍液杀灭。

**5）采收、加工及贮藏**

用块茎繁殖的天南星于当年 9 月下旬至 10 月上旬收获。过迟采挖，块茎难去表皮。采挖时，选晴天挖起块茎，去掉泥土、残茎及须根。然后装入筐内，置于流水中，用大竹扫帚反复刷洗去外皮，洗净杂质；洗净的块茎，可用竹刀刮净外表皮。然后，将生姜片、白矾置锅内（每 100kg 天南星，用生姜、白矾各 12.5kg）加适量水煮沸后，倒入天南星共煮至无干心时取出，除去姜片，晾至 4～6 成干，切薄片，干燥，即成商品。天南星全株有毒，加工块茎时要戴橡胶手套和口罩，避免接触皮肤，以免中毒。

# 任务 2　灌木类药用植物栽培

## 1．栀子

### 1）形态特征（见彩图 1-34）

栀子（*Gardenia jasminoides* Ellis.）又名黄栀子、山栀，为茜草科灌木。通常高逾 1m。叶对生或 3 叶轮生，有短柄；叶片革质，形状和大小常有很大差异，通常椭圆状倒卵形或矩圆状倒卵形，长 5～14cm，宽 2～7cm，顶端渐尖，稍钝头，上面光亮，仅下面脉腋内簇生短毛；托叶鞘状。花大，白色，芳香，有短梗，单生枝顶；萼全长 2～3cm，裂片 5～7，条状披针形，花冠高脚碟状，筒长通常 3～4cm，裂片倒卵形至倒披针形，伸展，花药露出。果黄色，卵状至长椭圆状，长 2～4cm，有 5～9 条翅状直棱，1 室。种子很多，嵌于肉质胎座上。

**2）生态习性**

栀子一般野生于林荫下及林缘、路旁等地。是典型的酸性指标植物。喜温暖湿润气候，喜散射光，怕强烈阳光；适宜生长在疏松、肥沃、排水良好、轻黏性酸性土壤上；抗有害气体能力强，萌芽力强，耐修剪等。

**3）药用部位及功效**（见彩图 1-35）

果实、根均可入药。性寒、味苦，无毒。具有泻火除烦、清热利湿、凉血解毒等功效。可用于治疗黄疸型肝炎、扭挫伤、高血压、糖尿病等病症。果实中提取的天然黄色素是食品中常用的着色剂。

**4）栽培技术**

（1）繁殖技术

① 种子繁殖　播种期分春播和秋播，以春播为好。在 2 月上旬至 2 月下旬（立春至雨水）。选取饱满、色深红的果实，取出种子，于水中搓散，捞取下沉的种子，晾去水分；随即与细土或草木灰拌匀，条播于畦沟内，盖以细土，再覆盖稻草。发芽后除去稻草，经常除草，如苗过密，应陆续进行间苗，保持株距 10～13cm。幼苗培育 1～2 年，高 30cm 以上时，即可定植。

② 扦插繁殖　扦插于秋季 9 月下旬至 10 月上旬，春季 2 月中下旬。剪取 2～3 年生枝条，按节剪成长 17～20cm 的插穗。插时稍微倾斜，上端留一节露出地面。1 年后即可移植。插后须经常除草、保持苗床湿润，生根后施肥以淡人粪尿为佳。

（2）选地整地

选择海拔 400～800m 的林下套种。种植栀子的林分要求稀密适当，林分的郁闭度在 0.3～0.5 为宜，分布要均匀，不宜有太大的天窗。地形以山沟、谷地、山麓，坡度在 20°以下为好，不宜在山顶上。林地土壤要求深厚肥沃、疏松、不积水、透性好。以地势走向按株行距 1.5m×1.5m 开挖长×宽×深为 40cm×30cm×30cm 的种植穴。

（3）栽植技术

1～3 月栽植。放苗时在种植穴和苗根上施少量钙镁磷肥作基肥，每穴栽苗 1 株，盖土、压实。若遇气温较高或晴天，可适当剪去上部枝叶，遇干旱天气或土较干时，栽苗后要先浇水后填满土。

（4）管理技术

① 除草、松土　每年在初春与夏季各除草、松土、施肥 1 次，并适当培土。在树冠范围内松土深度宜在 10cm 左右，在树冠范围之外松土深度可 15cm 以上，以不要伤到根系为宜。

② 施肥　在栀子生长期间，尤其是盛果期，每年要从土壤吸收大量的养分，因此施肥是改善栀子营养状况的重要措施，保证栀子的速生丰产。结合除草、松土，在每年春梢、夏梢和秋梢生长前进行施肥；前期以施氮肥为主，中、后期以施磷钾肥为主。在开花盛期，为促进栀子生长，保花保果，提高坐果率，用 0.2%磷酸二氢钾水液喷施叶面肥，每 10～15d 喷 1 次，共喷 2 次。

③ 整形修剪　12 月至翌年 3 月期间均可以进行整形修剪。树冠以开阔的自然开心形比较理想。造林后，应选留 3～5 个生长方向不同的芽培养成主枝，在每条主枝上留 3～5 个着生方向不同的壮芽作为副主枝，依次延伸至顶梢。除了留作为主枝、副主枝和侧枝的每级壮芽外，其余萌芽可全部抹除，并剪去枯枝、纤弱枝、密生枝、重叠枝、徒长枝和病虫枝，使树冠外圆内空，枝条疏展开朗，通风透光，形成开阔的自然开心形。这样能减少养分消耗，更有利于开花结果，增加结果面积，达到丰产目的。

④ 越冬管理　栀子较耐寒，在南方林下可安全越冬。

（5）病虫害防治

① 褐斑病　为常见的一种叶和果的病害。防治方法：用 50%多菌灵 1000 倍液或 1∶1∶100 倍波尔多液于 5 月发病前和 8 月中旬喷药，每隔 15d 喷 1 次，连喷 2～3 次。

② 黄化病　栀子经常发生叶子发黄的黄化病，黄化病由多种原因引起，故须采取不同措施进行防治。

**缺肥引起的黄化病**　这种黄化病从植株下部老叶开始，逐渐向新叶蔓延；缺氮：单纯叶黄，新叶小而脆；缺钾：老叶由绿色变成褐色；缺磷：老叶呈紫红或暗红色。对以上诸种情况，可追施腐熟的人粪尿或饼肥。

**缺铁引起的黄化病**　这种黄化病，表现在新叶上，开始时叶片呈淡黄色或白色，叶脉仍是绿色，严重时叶脉也呈黄色或白色，最终叶片会干枯而死。对这种情况，可喷洒 0.2%～0.5%的硫酸亚铁水溶液进行防治。

**缺镁引起的黄化病**　这种黄化病由老叶开始逐渐向新叶发展，叶脉仍呈绿色，严重时叶片脱落而死；对这种情况，可喷洒 0.7%～0.8%硼镁肥防治。浇水过多、受冻等，也会引起黄叶现象，所以在养护过程中要特别加以注意。

③ 煤烟病 可用清水擦洗，或用多菌灵 1000 倍液进行喷雾防治。

④ 大透翅天蛾 以幼虫危害顶梢嫩叶，从 5～12 月均有危害。防治方法：4 月中旬开花盛期用 90%敌百虫原粉 1：1000 倍液或敌敌畏乳油 1：1500 倍液喷雾。7 月可用 50%敌敌畏加 40%乐果乳油 1000 倍液喷雾防治。

⑤ 卷叶螟 4 月中下旬花、叶萌发时，幼虫开始危害，7～9 月危害严重。防治方法同大透翅天蛾。

**5）采收、加工及贮藏**

用种子育苗移栽的栀子定植 3～4 年后开花结果，扦插繁殖苗定植 2～3 年开始开花结果，分株繁殖苗定植的翌年开始开花结果。每年的 9 月中下旬，当栀子果皮由青转为橘黄时采摘，选晴天采收。采摘过早，果未成熟，产量低，质量差；过晚，干燥困难，且易腐烂。采收时一般用手摘，勿折枝。采摘时无论大、小、青、黄果均一次性采摘，不必分批采摘。采摘运回的栀子鲜果，除去果柄杂物后晒干或烘干贮藏。

## 2. 草珊瑚

**1）形态特征**（见彩图 1-36）

草珊瑚 [*Sarcandra glabra*（Thunb.）Nakai.] 又名肿节风、九节茶、接骨莲等，为金粟兰科多年生常绿半灌木。高 50～120cm。茎与枝均有膨大的节。叶革质，椭圆形、卵形至卵状披针形，长 6～17cm，宽 2～6cm，顶端渐尖，基部尖或楔形，边缘具粗锐锯齿，齿尖有一腺体，两面均无毛；叶柄长 0.5～1.5cm，基部合生成鞘状；托叶钻形。穗状花序顶生，通常分枝，多少呈圆锥花序状，连总花梗长 1.5～4cm；苞片三角形；花黄绿色；雄蕊 1 枚，肉质，棒状至圆柱状，花药 2 室，生于药隔上部之两侧，侧向或有时内向；子房球形或卵形，无花柱，柱头近头状。核果球形，直径 3～4cm，熟时亮红色。花期 6 月，果期 8～10 月。

**2）生态习性**

野生草珊瑚一般生于海拔 400～1500m 的山坡、沟谷的常绿阔叶林下阴湿处。喜阴凉湿润环境，忌强光直射和高温干燥。喜腐殖质层深厚、疏松肥沃、微酸性的砂壤土，忌贫瘠、板结、易积水的黏重土壤。草珊瑚多为须根系，常分布于表土层，采收时易连根拔起。根部萌蘖能力强，常从近地面的根茎处发生分枝，而使植株呈丛生状。草珊瑚每年抽梢 2 次，一次 2～3 枝，多的达 5～6 枝，生长好的可达 1m 以上，一般为 50～60cm，到 11 月生长停止。

**3）药用部位及功效**

全草入药。性平、味苦；具有抗菌消炎、祛风除湿、活血止痛等功效。可用于治疗肺炎、急性阑尾炎、急性胃肠炎、风湿疼痛、跌打损伤、骨折、肿瘤等病症。叶可提取芳香油。

**4）栽培技术**

（1）繁殖技术

① 种子繁殖  10～12 月采集成熟果实，用湿细沙拌种（种子：湿沙＝1：2）或将其装入木箱，在室内高燥通风处堆藏。翌春 2～3 月，取出种子播种。在整好的苗床上，按行距 20cm 开深 2～3cm 的播种沟，将种子均匀播于沟内，用火土灰或细土覆盖，以不见种子为度，畦面盖草，并搭荫棚。播种后约 20d 出苗，及时揭去盖草。育苗期间，要经常松土除草，适时追肥。如果苗期管理精细，当年 11～12 月即可出圃定植。

② 扦插繁殖  3～4 月，从生长健壮植株上选取 1～2 年生枝条，剪成带 2～3 节、长 10～15cm 插穗，捆成小把，将其基端置于 0.05mL/L 的 ABT 生根粉溶液中浸泡 2～3min，或在 1mL/L NAA 溶液中快蘸后扦插。经处理的插穗，生根时间显著缩短，成活率高。插穗处理后，在事前准备好的苗床上，按株行距 5cm×10cm 斜插入土，土面上留 1 节，按紧，浇透水。苗床搭设荫棚，经常保持苗床湿润。扦穗后 30d 左右，扦插生根、萌芽。成活后，应注意松土除草，适时追施稀薄人畜粪水液，促进幼苗生长。培育 10～12 个月，即可出圃定植。

③ 分株繁殖  在早春或晚秋进行。先将植株地上部分离地面 10cm 处割下入药或作为扦插材料，然后挖起根蔸，按茎秆分割成带根系的小株，按株行距 20cm×30cm 直接栽植田间。栽植后需连续浇水，保持土壤湿润。成活后注意除草、施肥。此法简便，成活率高，植株生长快，但繁殖系数低。在当年 11～12 月或翌春 2～3 月起苗移栽。

（2）选地整地

选择海拔 400～800m 的林下套种。种植栀子的林分要求稀密适当，林分的郁闭度在 0.3～0.5 为宜，分布要均匀，不宜有太大的天窗。以山沟、谷地、山麓，坡度在 20°以下为好。林地土壤要求深厚肥沃、疏松、不积水、透性好。以地势走向按株行距 0.3m×0.6m 开挖长×宽×深为 40cm×30cm×30cm 的种植穴。

（3）栽植技术

栽植时间从 11 月中旬到翌年 4 月均可，但宜早不宜迟。种苗挖取后要及时栽植。分株繁殖一般要用 1 年以上无病虫害、节间根系发达、节上长有新芽的根茎苗，移栽成活率高，用当年新发的根茎移栽成活率较低。放苗时在种植穴和苗根上施少量钙镁磷肥作基肥，每穴栽苗1株，盖土、压实。若遇气温较高或晴天，可适当剪去上部枝叶，遇干旱天气或土较干时，栽苗后要先浇水后填满土。

（4）管理技术

① 除草、松土　一般一年最少要锄草、培土2次，对新栽植的要做到浅锄、勤锄，一般深度5～15cm，中耕时视草珊瑚的生长和林地杂草情况而定。

② 施肥　草珊瑚喜肥，春季萌发期至开花前可施入稀薄的氮、磷、钾复合肥液1～2次，可使花香苗壮。秋季果期前后应再施肥1次。冬季结合培土，施1次农家肥，将栏肥或沤肥施于植株根际，提沟边泥土覆盖肥料，既可保温防寒，又可促进翌春植株早生快长。

③ 修剪　草珊瑚生长健旺，如作为观赏培育应适时修剪，有利于其株形美观、多开花结果。原则上以3～4月为好，按需要进行。

④ 越冬管理　草珊瑚可耐短时0℃左右的低温，南方林下可安全越冬。

（5）病虫害防治

草珊瑚刚从野生转为家种，抗病虫能力较强，目前尚未发现为害较重的病虫害，一般病虫害可用常规方法防治。但如果林间出现天窗或在林缘向阳处，在夏季强烈的阳光下，会出现叶片灼伤现象，叶尖或叶缘出现斑枯，严重者全叶枯焦，需改善遮阴条件等措施，以减轻危害。

**5）采收、加工及贮藏**

于11月生长停止后收割最适宜。将植株从离地面2～5cm处割下，晒干贮藏。

### 3．天仙果

**1）形态特征**（见彩图1-37）

天仙果（*Ficus erecta* Thunb.）又名牛奶根、牛乳茶、山无花果等，为桑科大型落叶灌木。高3～4m。树皮白色或灰褐色，皮孔明显；枝条红棕色，幼时被微硬毛；有乳汁。单叶互生；叶柄长1～4cm，密被灰白色短硬毛；托叶三角状披针形，浅褐色，早落；叶片厚纸质，倒卵状椭圆形、长圆形或披针形，长6～22cm，宽3～13cm，中部以上宽大，先端渐尖成尾状，基部圆形、楔形或近心形，全缘或边缘的上半部具浅锯齿，上面稍粗糙，有疏短粗毛，下面叶脉上有短粗毛；基生脉3条，侧脉5～7对，具小疣状突起。隐头花序，花序托（榕果）单生或成对生于叶腋或叶痕处，球形或近梨形，直径1～2cm，顶具凸头，幼时被柔毛或短毛，成熟时黄红色至紫黑色，有短梗，长1～1.5cm，基生苞片3，卵状三角形，不脱落；雄花、瘿花同生于一花序托内；

雄花梗短或近无梗，花被片 3 或 2～4，雄蕊 2～3；瘿花梗短或近无梗，花被片 3～5，花柱侧生，短，柱头 2 裂；雌花生于另一植株的花序托内，花被片 4～6，子房光滑，花柱侧生。瘦果卵圆形或梨形，直径约 1.5cm，顶具凸头，黄红色至紫黑色，带有极短的果梗及残存的苞片；质坚硬，横切面内壁可见众多细小瘦果，有时壁的上部尚见枯萎的雄花。花、果期 4～8 月。

**2）生态习性**

天仙果一般野生于海拔 500m 以下的山坡、溪旁、沟边、山谷以及灌木丛中和林下潮湿处。喜阴凉湿润环境，适宜在土层深厚，质地潮湿疏松、腐殖质丰富的壤土上生长。

**3）药用部位及功效**

果、根及根皮均可入药。性温，味辛、酸、涩；果气微、味甜、略酸；具有祛风化湿，止痛等功效。可用于治疗关节风湿痛、头风疼痛、跌打损伤、月经不调、腹痛、腰痛带下、小儿发育缓慢、慢性肝炎、急性肾炎、产后或病后虚弱等病症。

**4）栽培技术**

（1）繁殖技术

以扦插繁殖为主，也可采用压条法。

① 扦插繁殖　扦插最适宜的季节为春季，可选用一年生的顶枝或侧枝，一般带 2～3 片叶，为防止白浆流出，插穗剪下后要蘸草木灰，插于苗床中，温度保持 25～30℃，3 周左右生根。

② 压条繁殖　先剥去茎干部的一圈树皮，然后用水苔藓或草炭土包被，保持湿润，3～4 周生根后切离母本，单独栽植。

（2）选地整地

选择土壤深厚、肥沃、水分条件好的山坡下部、山洼及河边冲积地栽植。选好种植地后进行林地清理，伐除部分杂灌杂草，水平条带状堆积。挖明穴，规格 50cm×50cm×40cm，株行距 3.0m×3.0m，每亩栽植 60 株为宜。

（3）栽植技术

在春季冬芽尚未萌动前进行种植，栽植前，苗木要剪去部分枝叶和过长的根，打好泥浆，栽直、扶正。

（4）管理技术

① 除草、松土、施肥　每年抚育 3 次，首次安排在 4～5 月进行，以扩穴、扶苗、培土为主，并结合扩穴进行施肥，每株施复合肥 0.1kg；第 2 次抚育安排在 7～8 月进行，第 3 次抚育安排在 9～10 月杂草草籽尚未成熟

以前进行。

② 修剪 定植当年，幼树高达 1.5m 时进行修剪造型，以培养树姿优美的干形和冠形。春秋季节，可疏剪过密枝、交叉枝、徒长枝和病虫危害枝。大苗通常应培育成有明显主干、树冠匀称、枝条分布均匀的自然株形。

③ 越冬管理 天仙果在南方林下种植无需采取防护措施，可正常越冬。

（5）病虫害防治

天仙果适应性较强，病虫害较少，一般病虫害可用常规方法防治。

**5）采收、加工及贮藏**

根全年均可采收，鲜用或晒干贮藏；果实夏秋采收，以干燥、紫黑色、无霉者为佳。

# 任务 3 藤本类药用植物栽培

## 1. 金银忍冬

### 1）形态特征（见彩图 1-38）

金银忍冬 [*Lonicera maackii*（Rupr.）Maxim.] 又名金银花、金银藤、金藤花等，为忍冬科多年生半常绿缠绕木质藤本植物。藤长达 5m 以上。幼枝具微毛，小枝中空。叶卵状椭圆形至卵状披针形，长 5～8cm，顶端渐尖，两面脉上有毛；叶柄长 3～5mm。总花梗短于叶柄，具腺毛；相邻两花的萼筒分离，萼檐长 2～3mm，具裂达中部之齿；花冠先白后黄色，长达 2cm，芳香，外面下部疏生微毛，唇形，花冠筒 2～3 倍短于唇瓣；雄蕊 5，与花柱均短于花冠。浆果红色，直径 5～6mm；种子具小浅凹点。花期 4 月，果期 5～11 月。

### 2）生态习性

金银忍冬一般野生于林缘、山边等地。金银忍冬适应性很强，喜光、耐阴、耐寒性强，也耐干旱和水湿；对土壤要求不严，但以湿润、肥沃的深厚砂质壤上生长最佳。根系繁密发达，萌蘖性强，茎蔓着地即能生根，是一种很好的固土保水植物；每年春夏两次抽梢；在当年生新枝上孕蕾开花。在过于荫蔽处，生长不良。

### 3）药用部位及功效

以干燥花蕾或初开的花入药。性寒、味微苦、清香；具有清热解毒、凉散风热等功效。可用于治疗痈肿疔疮、喉痹、丹毒、热毒血痢、风热感冒、温病发热等病症。

**4）栽培技术**

（1）繁殖技术

① 种子繁殖　8～10月从生长健壮、无病虫害的植株上采集充分成熟的果实，采后将果实搓洗，用水漂去果皮和果肉，阴干后去杂，将所得纯净种子在0～5℃温度下湿沙层积贮藏至翌年3～4月播种。苗床播种量100g/m² 为宜。

② 扦插繁殖　扦插可在春、夏、秋季均可进行，雨季扦插成活率最高。扦插时，取1年生健壮枝条（或花后枝）作插穗，每根插穗上要留有2～3对芽（或叶），去掉下部叶片，用萘乙酸（NAA）生根剂100mg/kg浸泡插穗后扦插于苗床即可。插后要注意经常喷水，插后2～3周即可生根。春插苗当年秋季可移栽，夏秋苗可于翌年春季移栽。

③ 压条繁殖　6～10月，用富含养分的湿泥垫底，取当年生花后枝条，用肥泥压上2～3节，上面盖些草以保湿，2～3个月后可在节处生出不定根，然后将枝条在不定根的节眼后1cm处截断，让其与母株分离而独立生长，另行栽植。

（2）选地整地

选择海拔1000m以下尚未郁闭的经济林的边坡进行种植。要求地势平坦、腐殖质层较厚、有机质含量较高、疏松肥沃的壤土或轻壤土，切忌选择贫瘠易板结的土壤种植。选地后在经济林的边坡上进行林地清理，伐除部分杂灌杂草，水平条带状堆积。按行距100cm开挖深10～15cm，宽15～20cm的水平种植沟。

（3）栽植技术

在水平种植沟施入少量钙镁磷肥，按株距20cm放入种苗，要求根系舒展，芽眼朝上，覆土盖草。

（4）管理技术

① 除草、松土、施肥　定植后，要在每年的生长季及时地进行中耕和除草、施肥。在早春或晚秋将腐熟厩肥和过磷酸钙等配合施用。施肥时可采用环状施肥法：即在植株四周开环状沟，施入肥料后覆土填平。另外可在花前见有花芽分化时，叶面辅助喷施磷酸二氢钾等。

② 排灌水　有条件的地方，早春或花期若遇干旱应适当灌溉，雨季雨水过多时则应及时排水，以防落花或幼蕾破裂。

③ 整形修剪　金银忍冬自然更新能力强，分枝较多，整形修剪有利于培育粗壮的主干和主枝，使其枝条成丛直立，通风透光良好，有利于提高产量和增强抗病性。整形是在定植后当植株30cm左右时，剪去顶梢，解除顶

端优势，促使侧芽萌发成枝；在抽生的侧芽中，选取 4～5 个粗壮枝作为主枝，其余的剪去；以后将主枝上长出的一级侧枝保留 6～7 对芽，剪去顶部，再从一级侧枝上长出的二级侧枝中保留 6～7 对芽，剪去顶部。经过上述逐级整形后，可使植株直立，分枝有层次，通风透光好。如作为观赏盆景培育，要经过反复多次修剪和造型，形成独特株形。

④ 越冬管理　在冬季寒冷地区栽植时，入冬土壤封冻前结合松土向根际培土，以防根系受到冻害。

（5）病虫害防治

① 褐斑病　7～8 月发病，危害叶片；发病后，叶片上病斑呈圆形或受叶脉所限呈多角形，黄褐色，潮湿时叶背有灰色霉状物。防治方法：及时清除病枝、病叶，加强栽培管理，增施有机肥料，以增强抗病力。

② 蚜虫和咖啡虎天牛　防治蚜虫可用 40%乐果乳油 1000～1500 倍液预防和喷杀；烧掉枯枝落叶，以清除其虫卵生长环境。

**5）采收、加工及贮藏**

（1）采收

采收期必须在花蕾开放之前，当花蕾前端膨大呈现绿白色时为最佳采收期。过早采收，花蕾青色、嫩小、产量低；过迟采收花蕾开放，产量质量下降。采收要在晴天 9：00～12：00 进行，否则花蕾易变成红黑色。

（2）加工

加工方法有烘干、晒干两种，以烘干为好。

① 烘干　采回来的花当天就要在烘房中烘烤；初温 30～35℃，2h 后温度达 40℃左右，鲜花排出水分，经 5～10h 后室内温度应保持在 45～50℃，10h 后提高到 55℃，这样经 12～20h 即可烘干。烘干时间不宜太长，不超过 20h 为好。

② 晒干　花蕾放在席上或盘内，厚度 3～4cm 为宜，晒时切勿翻动，否则容易变黑，以当日晒干为好，若当日不能晒干，上面要盖上薄膜，防止露水打湿和产品变黑；暴晒 2～3d 后，用手捏有声说明已干。

（3）贮藏

金银忍冬的花贮藏时用塑料袋包装扎紧，置于通风干燥处，防止受潮、霉变、虫蛀即可。

## 2. 何首乌

**1）形态特征**（见彩图 1-39）

何首乌 [*Fallopia multiflora*（Thunb.）Haraldson.] 又名夜交藤、地精、

赤葛、九真藤等，为蓼科多年生宿根性缠绕藤本植物。块根肥厚，长椭圆形，黑褐色。茎缠绕，长 3～4m，中空，多分枝，基部木质化。叶有叶柄；叶片卵形，长 5～7cm，宽 3～5cm，顶端渐尖，基部心形，两面无毛；托叶鞘短筒状，膜质。花序圆锥状，大而开展，顶生或腋生；苞片卵状披针形；花小，白色；花被 5 深裂，裂片大小不等，在果时增大，外面 3 片肥厚，背部有翅；雄蕊 8，短于花被；花柱 3。瘦果椭圆形，有 3 棱，光滑，黑色，有光泽。花期 9～10 月，果期 10～12 月。

**2）生态习性**

何首乌一般野生于半阴半阳的山坡地、沟边、林缘等。适应性较强，喜温暖气候和阴湿的环境，怕干燥和积水。土壤疏松、富含腐殖质的沙质壤土为好，在黏土地上生长不良。

**3）药用部位及功效**（见彩图 1-40）

块根、藤均可入药。性微温、味苦、甘、涩；具有补益精血、消痈、解毒、截疟、润肠通便等功效；可用于治疗血虚头昏、目眩、心悸、失眠、肝肾阴虚、腰膝酸软、须发早白、耳鸣、遗精、肠燥便秘、久疟体虚、风疹瘙痒、疮痈、瘰疬、痔疮等病症。

**4）栽培技术**

（1）繁殖技术

① 种子繁殖　秋季 12 月采集成熟种子，随采随播或保湿藏于翌年 2 月中旬播种。以行距 15～20cm 顺畦开深 3cm 的沟，将种子均匀撒入沟内，覆土 1cm，镇压，浇水。约 15d 出苗，当苗高 10～12cm 时移栽或定苗。株距 15～20cm。每亩播种量 15～20kg。种子繁殖幼苗生长慢，苗高 30cm 以上后生长迅速，块根粗大，但生长周期稍长。

② 扦插繁殖　在 3～4 月或 8 月多雨季节或秋季 10 月，选较粗壮的茎蔓，截成 15～20cm 一段，每根插条上必须有 2 个以上的节，上面一节留下叶片，其余摘除叶片。在整好的畦内，挖深为 5～10cm 的浅沟，按株行距 10～15cm×20cm，将茎蔓插入，压实后浇水。春、夏插 10d 左右可长出新根，秋插翌春生根。插枝繁殖生根快，成活率高，种植年限短，结块多。生产上多采用此法。

③ 压条繁殖　在春、夏季，选近地面的粗壮枝条进行波状压条，盖上部分泥土，埋深 3cm 左右，生根后剪下定植。

④ 分块繁殖　收获时选带有茎的小块根或大块根分切成几块，每块带有 2～3 个芽眼，用草木灰涂上伤口，或放在阴凉通风处晾 1～2d，等伤口形成一层愈合层后种植。

（2）选地整地

选择尚未郁闭的经济林行间和边坡上或林缘地进行套种，郁闭度以0.1～0.3为宜，要求地势平坦、腐殖质层较厚、有机质含量较高、疏松肥沃的壤土或轻壤土，切忌选择贫瘠易板结的土壤种植。于入冬前深翻30cm以上，让其充分风化。整地前施入基肥，经济林地整成高25～30cm，宽0.5～1.0m的畦；林缘地选地后在边坡上进行林地清理，伐除部分杂灌杂草，水平条带状堆积；依地形地势走向按行距100cm开挖深10～15cm，宽15～20cm的水平种植沟。

（3）栽植技术

3～5月栽植，栽植时留茎部20cm左右的茎段，其余剪掉，并将不定根和小块茎一起除掉，这是丰产的关键。行距20～25cm，株距15～20cm，覆土3cm，压实，浇水。

（4）管理技术

① 除草、追肥　幼苗期应勤除草，做到有草即除。搭架以后就不能入内除草。定植后15d即可进行第1次施肥，可施腐熟的人粪尿或土杂肥，每亩1500kg，开浅沟施于行间，或用硫酸铵10～15kg加过磷酸钙25～30kg混匀施入。以后每隔15d追肥1次，施肥浓度可逐次提高。整个种植期，前期以氮肥为主，后期适当施磷钾肥，促进块根生长。

② 搭架　当幼苗长到30cm以上时，用竹或树枝搭成"人"字形、高约1.5m的支架，并将藤引到支架上，使其向上伸长，以增加植株光合作用面积，提高通风透光度。

③ 打顶剪蔓　当藤蔓长至2m高时，应摘去顶芽，促进分枝。打顶后30d枝叶繁茂，应剪去过密的分枝和从基部萌发出来的徒长枝，以免消耗养分，影响块根生长。同时要将茎基部的叶子摘净，不留种的花蕾也要摘去，以利通风透光。

④ 摘花　除留种株外，于5～6月间摘除花蕾，以免养分分散，影响块根生长。

⑤ 越冬管理　12月底在何首乌茎基部培土，以利越冬，促使翌年生茎蔓，增加繁殖材料，促进块根生长。

（5）病虫害防治

① 褐斑病　危害叶片。发病初期产生黄白色的病斑，后期变褐，中心部分有时穿孔，病斑多时，使整片变褐枯死。防治方法：第一，清洁林下卫生，注意林下通风透光，以利块根生长。第二，喷1∶1∶100倍波尔多液预防。第三，发病后立即剪除病叶，再喷65%代森锌500倍液防治。

② 锈病　是一种真菌病，3～8月发生。先在叶背出现针头状大小突起

的黄点，即孢子堆，病斑扩大后呈圆形或不规则形，孢子堆可在藤上、叶缘发生，但以叶背为主。严重者可造成叶片破裂、穿孔，以致脱落。防治方法：第一，清除病枝残叶，减少病原。第二，发病初期喷 75%敌锈钢 300～400 倍液，每 7～10d 1 次，连续 2～3 次。第三，发病期用 75%百菌清 1000 倍液或75%甲基托布津 1000～2000 倍液喷洒，7d 1 次，连续 2 次。

③ 根腐病　使块根腐烂，植株枯死。防治方法：用 50%甲基托布津 800倍液或 50%多菌灵 1000 倍液浇灌根部。

④ 蚜虫、钻心虫　春夏季发生。危害嫩枝叶，使叶片皱缩，主芽停止生长，生长受阻。防治方法：可用 40%乐果 1000 倍液喷洒。

⑤ 地老虎、蛴螬　可人工捕杀或用 75%辛硫磷制成毒饵诱杀。

**5）采收、加工及贮藏**

（1）采收

秋末与春初均可采收；用种子繁殖的 2～3 年收获，枝插和块根繁殖的翌年采收。采收时先将茎蔓割下，除去残叶，捆成把，晒干即为夜交藤。块根挖出后，洗净泥土，削去须根和头、尾，然后按大小分档，分别烘烤，即为何首乌。

（2）加工及贮藏

烘烤时头两天温度控制在 60～70℃，第 3 天可逐步升温至 80～85℃，并及时抽风除湿，经常检查，烘干的及时出炉，置于干燥通风处贮藏，防潮，防虫蛀。生首乌以体重、质坚、粉性足、不易折断为佳。首乌藤以质脆，易折断，断面皮部紫红色，木质部黄白色或淡棕色，具多数小孔为佳。

## 3. 栝楼

**1）形态特征**（见彩图 1-41）

栝楼（*Trichosanthes kirilowii* Maxim.）又名瓜蒌、药瓜、栝楼蛋等，为葫芦科多年生宿根攀缘藤本。藤长 10m 以上。块根圆柱状，粗大肥厚，富含淀粉，淡黄褐色。茎较粗，多分枝，具纵棱及槽，被白色伸展柔毛。叶片纸质，轮廓近圆形，长宽均 5～20cm，常 3～5（～7）浅裂至中裂，稀深裂或不分裂而仅有不等大的粗齿，裂片菱状倒卵形、长圆形，先端钝，急尖，边缘常再浅裂，叶基心形，弯缺深 2～4cm，上表面深绿色，粗糙，背面淡绿色，两面沿脉被长柔毛状硬毛，基出掌状 5 条，细脉网状；叶柄长 3～10cm，具纵条纹，被长柔毛。卷须 3～7 歧，被柔毛。花雌雄异株；雄花：总状花序单生，花序长 10～20cm，粗壮，具纵棱与槽，被微柔毛，顶端有 5～8 花，单花花梗长约 15cm，花梗长约 3mm，小苞片倒卵形或阔卵形，长 1.5～2.5（～3）

cm，宽 1～2cm，中上部具粗齿，基部具柄，被短柔毛；花萼筒筒状，长 2～4cm，顶端扩大，径约 10mm，中、下部径约 5mm，被短柔毛，裂片披针形，长 10～15mm，宽 3～5mm，全缘；花冠白色，裂片倒卵形，长 20mm，宽 18mm，顶端中央具 1 绿色尖头，两侧具丝状流苏，被柔毛；花药靠合，长约 6mm，径约 4mm，花丝分离，粗壮，被长柔毛；雌花：单生，花梗长 7.5cm，被短柔毛；花萼筒圆筒形，长 2.5cm，径 1.2cm，裂片和花冠同雄花；子房椭圆形，绿色，长 2cm，径 1cm，花柱长 2cm，柱头 3。果梗粗壮，长 4～11cm；果实椭圆形或圆形，长 7～10.5cm，成熟时黄褐色或橙黄色；种子卵状椭圆形，压扁，长 11～16mm，宽 7～12mm，淡黄褐色，近边缘处具棱线。花期 5～8 月，果期 8～10 月。

**2）生态习性**

栝楼一般野生于山坡、山脚、路边、石缝、草丛等地。为深根性植物，喜温暖潮湿的环境，较耐寒、不耐干旱。

**3）药用部位及功效**

根、果皮、种子均可入药。性寒、味甘；具有解热止渴、利尿、镇咳祛痰等功效；可用于治疗咳嗽痰黏、胸闷作痛、冠心病、心绞痛等病症。

**4）栽培技术**

（1）繁殖技术

① 根茎繁殖　3 月中下旬挖取 3～5 年生断面白色新鲜的健壮植株的老根，分成 7～10cm 的小段，穴栽，浇足水，约 10d 出苗，每年结合中耕除草追肥 2～3 次。

② 种子繁殖　9～10 月采收果实，待果皮稍软，取出种子，擦去果肉、以草木灰拌种，干藏过冬；亦可带果梗悬挂于通风处。苗床育苗在早春进行，将种子尖头插入土中，常喷水保持苗床湿润，待种子萌动时，开始通气，床温控制在 22℃左右，约 10d 后出土，见真叶伸出即可上盆或分栽培育。

（2）选地整地

选择已郁闭的经济林行间和边坡上进行套种，郁闭度以 0.4～0.5 为宜，要求地势平坦、腐殖质层较厚、有机质含量较高、疏松肥沃的壤土或轻壤土，切忌选择贫瘠易板结的土壤种植。于入冬前深翻 30cm 以上，让其充分风化。整地前施入腐熟的厩肥或土杂肥为基肥，经犁耙平整、打碎泥土，整成高约 30cm，宽 0.5～1.0m 的高畦。

（3）栽植技术

种苗于 3～5 月移栽，在畦面上按行距 1.0m、株距 1.0m 放入种苗，覆土约 3cm，压实，浇水。直播在 4 月进行，约 15d 出土，当有真叶 2 片时每穴留苗 1 株。

（4）管理技术

① 除草、松土、施肥　出苗后要及时除草、追肥，结果期加强肥水管理。

② 搭架　当茎蔓生长至 30cm 左右时，用竹竿作支柱搭架，棚架高 1.5m 左右，也可用自然的树木作架子，但需注意通风透光。

③ 修藤打杈　翌年开始修藤打杈，以免茎蔓徒长，将生长较弱的茎藤去掉，每株只留壮蔓 2～3 条。

④ 越冬管理　栝楼地上部分枯萎后，在南方林下可安全越冬；为防止地下根冻坏，入冬前要培土，翌年 3 月下旬开冻将培土扒开，利于出苗。

（5）病虫害防治

① 根线虫病　发病植株地下部主根、侧根和须根上生有大小不等的肿瘤状物（根结、虫瘿）；瘤状物表面光滑，上面再生侧根；严重危害时，根上布满肿瘤，主根上的瘤体较大，直径在 2cm 以上，植株地上部生长衰弱。防治方法：第一，实行轮作，选用健康无病种条，早春深翻土地，暴晒土壤，杀灭病源。第二，块根栽种前，用 4% 甲基异硫磷乳油 800 倍液浸渍 15min，晾干后下种。第三，整地时，用 5% 克线磷颗粒剂每亩 10kg 拌入少量干沙，撒于畦面，翻入土内，然后浇水，渗透后再播种；或用 20% 甲基异硫磷乳油每亩 1.5kg 加细土 30kg，翻入土中进入土壤消毒。

② 根腐病　染病植株叶片变黄枯萎，茎基和主根变为红褐色干腐状，上有纵裂或红色条纹，侧根腐烂或很少，病株易从土中拔出，主根维管束变为褐色，湿度大时根部长出粉霉。防治方法：第一，用 72.2% 普力克水剂 400～600 倍液浇灌苗床（用药液量 2～3kg/m$^2$）。第二，移栽前或移栽后用 72.2% 普力克水剂 400～600 倍液浸苗根。

③ 透翅蛾　一般 6 月出现成虫，7 月上旬幼虫孵化，开始在茎蔓的表皮蛀食，随着虫龄增大蛀入茎内并分泌黏液，刺激茎蔓后，茎蔓危害处膨大成虫瘿，茎蔓被害后整株枯死；8 月中、下旬老熟幼虫入土做茧越冬。防治要及时，一旦蛀入茎蔓，防治效果就不好。防治方法：幼虫孵化期用 80% 的敌敌畏乳剂 1000 倍液喷洒茎蔓，尤其喷离地面 40cm 高的茎蔓，可收到更好的防治效果。

④ 黄守瓜、黑守瓜　以成虫咬食叶片，以幼虫咬食根部，甚至蛀入根内危害，使植株枯萎而死。防治方法：在清晨进行人工捕捉；也可用 90% 敌百虫 1000 倍液毒杀成虫，2000 倍液灌根毒杀幼虫。

⑤ 蚜虫　6～7 月发生，危害嫩心叶及顶部嫩叶，可用 40% 乐果 800～1500 倍液喷杀。

**5）采收、加工及贮藏**

栝楼因开花期较长，果实成熟不一致，需分批及时采摘，采后将果实悬于通风处晾干贮藏。果实为全栝楼（中药名栝楼实）；将鲜栝楼果实用刀切开，将种子取出晾干，即为栝楼种子（中药名栝楼仁），皮为栝楼皮；将根挖出晒干即为天花粉。

## 4．绞股蓝

**1）形态特征**（见彩图 1-42）

绞股蓝［*Gynostemma pentaphyllum*（Thunb.）Makino.］又名七叶胆、五叶参、七叶参、小苦药等，葫芦科多年生草质藤本。茎柔弱，有短柔毛或无毛。卷须分 2 叉或稀不分叉；叶鸟足状 5～7（～9）小叶，叶柄长 2～4cm，有柔毛；小叶片卵状矩圆形或矩圆状披针形，中间者较长，长 4～14cm，有柔毛和疏短刚毛或近无毛，边缘有锯齿。雌雄异株；雌雄花序均圆锥状，总花梗细，长 10～20（～30）cm；花小，花梗短；苞片钻形；花萼裂片三角形，长 0.5mm；花冠裂片披针形，长 2.5mm；雄蕊 5，花丝极短，花药卵形；子房球形，2～3 室，花柱 3，柱头 2 裂。果实球形，直径 5～8mm，熟时变黑色，有种子 1～3 粒；种子宽卵形，两面有小疣状凸起。花期 8～9 月，果期 9～10 月。

**2）生态习性**

绞股蓝一般野生于海拔 1000m 以下的林下溪边、小阴坡山谷、沟旁等荫蔽石墟等地。喜阴凉潮湿的环境，忌烈日直射，耐寒，耐旱性差；对土壤要求不高，在疏松、肥沃、排水良好的砂质壤土、富含腐殖质的微酸性至微碱性壤土中均能生长。地温 15～30℃的变温为发芽的适宜温度，因此，各地由于气温不同，萌发出土一般在 3～4 月，至 5 月气温 25℃左右开始旺盛生长。

**3）药用部位及功效**

全草入药。性寒、味甘；具有益气健脾、化痰止咳、清热解毒等功效；可用于治疗体虚乏力、虚劳失精、白细胞减少症、高血脂、病毒性肝炎、慢性胃肠炎、慢性气管炎等病症。

**4）栽培技术**

（1）繁殖技术

绞股蓝无性繁殖能力强。其地下根茎和地上茎蔓的茎节均能萌发不定根和芽，并可长成新的植株，生产中较常用扦插繁殖和根茎繁殖。

① 播种繁殖 绞股蓝可以采用直播法或育苗移栽进行繁殖。根据各地气候不同，一般于 10～11 月采集成熟至深褐色的果实，晾干之后放入布袋

内放置阴凉处风干，之后置于干燥处贮藏。播种前 7d 左右取出果实，揉搓除去果皮，取出种子，选取褐色的充分成熟的种子，用 35℃的温水浸泡，8～10h 捞出晾干水分即可进行播种。播种期在 2 月下旬至 4 月，在整平耙细的苗床上按照行距 30～40cm 开浅沟进行条播，或按照 30cm×30cm 行株距进行穴播；播种之后，覆盖 1～2cm 细肥土，播后浇水，至出苗前都要保持土壤湿度，播后 20～30d 即可出苗。也可以采用地膜覆盖，保温保湿，15d 左右即可出苗，至出现 3～4 片真叶时，即可进行移栽。

② 根茎繁殖　在 2～3 月或 9～10 月，挖取粗壮、节密的地下根茎，剪成 4～6cm 长的小段，每段 2～3 节，按照株行距 30cm×50cm 开穴，每穴放置一段，上覆盖 3cm 的肥土。或是按行距 50cm 开沟，将种根首尾相接埋入沟内，覆盖细肥土，及时浇水保湿。

③ 扦插繁殖　一般是在 5～7 月植株生长旺盛的时候，选取生长健壮的地上茎蔓从距茎基部 50～60cm 处剪下，再剪成若干小段，每段应有 2～4 节，去掉下面 1～2 节的叶子，按 10cm 的行株距斜插入苗床，入土 1～2 节，并浇水保湿和遮阳。约 7d 即可生根，当新芽长至 10～15cm 时，便可移栽。

（2）选地整地

选择毛竹林、杉木林、阔叶林、针阔混交林的中龄林或近熟林进行套种，郁闭度以 0.3～0.5 为宜，要求选择有水源、排灌方便、地势高燥、背风向阳、富含腐殖质的中性或微酸性的砂质壤土种植，切忌选择贫瘠易板结的土壤。选好种植地后进行林地清理，伐除部分杂灌杂草，水平条带状堆积。按行距 50cm 开挖宽 20cm，深 8～10cm 的水平种植穴沟；平坦的山地宜作瓦背形的平畦，宽 1.3cm，长度不限。

（3）栽植技术

在开好的栽植沟内按照密度要求排放小苗，每穴可栽 1～3 株，呈三角形放置，株距 10cm。栽时将根舒展，叶茎应露出地面，之后用细土将根压紧，并立即浇 1 遍定根水，再覆上一层细土保墒。

（4）管理技术

① 除草、松土、施肥　移栽成活出苗后要及时除草，进行松土除草时注意不宜离苗太近，以免对地下嫩茎造成损伤。结合松土除草可以进行第 1 次追肥，施入稀薄人粪尿，配以少量尿素及磷、钾肥。在 6 月下旬至 7 月上旬第 1 次收割和 11 月第 2 次收割之后均需要追肥。施冬肥后要覆土盖肥，以起到保温的作用，使地下根茎能够安全越冬。

② 补苗　移植后，要及时查苗、补苗。

③ 搭架   当茎蔓生长至 30cm 时，用竹竿作支柱搭架，棚架高 1.5m 左右，也可用自然的树木作架子，但需注意通风透光。

④ 排灌水   绞股蓝既不耐旱又怕涝，因此，在干旱的地区需要及时浇水，尤其是在植株生长旺盛的时期要保持土壤湿润。遇到洪涝或大雨之后，要及时疏沟排水，防止积水，以免烂根。

⑤ 越冬管理   冬季温度降到 0℃ 以下时，绞股蓝的地上部分会因低温而冻死，地下根茎也容易受到冻害，因此安全越冬非常重要。在第 2 次绞股蓝采收后，在其上覆盖牛粪、麦糠、细土等，厚度在 10cm 左右，可以起到保温防冻的效果。

（5）病虫害防治

① 猝倒病   绞股蓝抗病性较强，但雨期易发生猝倒病。防治方法：第一，用百菌清 100 倍液或波尔多液 200 倍浇灌病区。第二，在播种或扦插前用 1kg 敌克松或用 2%～3% 硫酸亚铁，每亩 50～70kg，进行土壤消毒。第三，拔掉病株，然后在其周围撒上石灰粉。

② 白粉病   主要危害绞股蓝的叶片，其次是叶柄及茎部，普遍在生长中后期发病。发病初期叶片上出现白色小斑点，后逐渐扩展形成霉斑，并相互连接成片，致使整个叶片或嫩梢布满白色霉层，严重时会使叶片变黄、卷缩，植株只剩下茎条。防治方法：第一，选用健壮无病的植株条进行育苗；插竿或搭架供植株攀缘，利于通风透光；适当增施磷、钾肥，使植株抗病力增强；及时清理病株和残叶落叶，避免病害传播。第二，发病初期喷洒 25% 粉锈宁或 50% 托布津 1000 倍液连喷 2～3 次，5～7d 1 次。

③ 叶甲、蝤蛴、地老虎   用 40% 乐果或用 10% 敌百虫 1500 倍液进行喷杀。

④ 蜗牛   在清晨进行人工捕捉或撒石灰粉灭杀。

**5）采收、加工及贮藏**

（1）采收

绞股蓝一般每年可收割 2 次。第 1 次在 6 月上旬至 7 月上旬，第 2 次在 9～10 月；具体采收时间视当地情况而定，不宜过早或过迟采收。第 1 次离地面 15～20cm 处割下，保留之下 4～7 节继续萌发新梢；第 2 次收割可齐地面割下整株。

（2）加工、贮藏

将采收的茎叶捆成小把，置于通风干燥处晾干，切勿暴晒，晾 1d 后，切成 10cm 左右的小段，再继续摊晾至全干。干后装入塑料袋内，放置通风干燥处贮藏，防止霉烂。

### 5．巴戟天

**1）形态特征**（见彩图 1-43）

巴戟天（*Morinda officinalis* How.）又名鸡肠风、鸡眼藤、三角藤等，为茜草科藤本植物。根肉质，收缩成串珠状；小枝初被短粗毛，后变粗糙。叶对生，矩圆形，长 6～10cm，顶端急尖或短渐尖，基部钝或圆，上面初被疏糙伏毛，下面沿中脉被短粗毛，脉腋内有短束毛；叶柄长 4～8mm；托叶鞘状，长 2.5～4mm。花序头状或由 3 至多个头状花序组成的伞形花序，头状花序直径 5～9mm，有花 2～10 朵，长 3～10mm、被粗毛的总花梗上；萼筒半球形，长 2～3mm，萼檐近截平或浅裂，裂片大小不相等；花冠白色，长7mm，裂片 4～3，长椭圆形，内弯。聚合果近球形，直径 6～11mm，红色。花期 4～6 月，果期 7～8 月。

**2）生态习性**

巴戟天一般野生于林下山谷、林缘等地。喜温暖，怕严寒，在 0℃以下和遇到低温霜冻时，常导致落叶，甚至冻伤或冻死；要求年平均气温在 20℃以上，年平均降水量 1600mm 以上。幼株耐阴，成株喜光。土壤要求土层深厚、肥沃、湿润，含氮过多的土壤，肉质根反而长得很少，产量不高。

**3）药用部位及功效**（见彩图 1-44）

根茎入药。性微温、味辛、甘；具有补肾阳、强筋骨、祛风湿等功效；可用于治疗肾虚阳痿、遗精早泄、小腹冷痛、小便不禁、宫冷不孕、风寒湿痹、腰膝酸软等病症。

**4）栽培技术**

（1）繁殖技术

① 扦插繁殖　选择和截取 1～2 年生无病虫害、粗壮的藤茎，从母株剪下后，截成长 5～10cm 具 2 节的枝条作插穗。插穗上端节间不宜留长，剪平，下端剪成斜口，剪苗时刀口要锋利，切勿将剪口压裂。上端第一节保留叶片，其他节的叶片剪除，随即扦插。不能及时插完的插条，用草木灰黄泥浆蘸根，放在阴湿处假植。扦插季节：一般多以春季雨水前后为宜。扦插方法：插条先用生根生长激素处理，按行距 15～20cm 开沟，然后将插穗按 1～2cm 的株距整齐平列斜放在沟内，插后覆黄心上或经过消毒的细土，插穗稍露出地面，一般插后 20d 即可生根。

② 块根繁殖　选择大小均匀、根皮不破损、无病虫害的肥大根茎，截成长 10～15cm 的小段；或在采收巴戟天时，将不能供作商品药材的小块根中选取。在整好的苗床上按行距 15～20cm 开沟，然后将块根按 5cm 的株距

整齐斜放在沟内，覆土压实，让块根稍露出土面 1cm 左右。

③ 种子繁殖　选粗壮无病虫害的植株作留种母株，巴戟天种子一般在 9～10 月陆续成熟，当果实由青色转为黄褐色或红色，带甜味时采摘。采回的果实，擦破果皮，把浆汁冲洗干净，取出种子，选色红、饱满、无病虫的种子进行播种，由于种子不宜久藏，最好是随采随播，若不能及时播种，应将采下的果实分层放于透水的箩筐内，一层沙、一层草木灰、一层果实，经常保持湿润。播种时间以 10～11 月为宜。经过层积贮藏的种子，最好在翌年 3～4 月进行播种。按株行距 3cm×3cm 方法点播，撒播密度不宜过大。播种后宜用筛过的黄心土或火烧土覆盖约 1cm。经 1～2 个月可出苗。

苗期管理：出苗后要及时搭设荫棚，遮阴度可达 70%～80%。随着苗木生根成活和长大，应逐步增大透光度，生长后期遮阴度控制在 30% 左右，并做好除草、松土、施肥等管理。

（2）选地整地

选择坡度 25° 以下的稀疏林下或有林木覆盖的中下部向阳丘陵地，土层深厚、疏松，有一定肥力的砂壤土种植。若灌木丛生的林地，应在冬季，将林木杂草清除堆烧作肥料，也可保留一部分树木作遮阴。冬季在山坡上开挖水平种植沟，按行距 60m、株距 50cm 挖穴，穴宽 40cm，深 30cm 左右，整好地让其充分风化后栽植。每穴施入火烧土 5～10kg 或钙镁磷 50g 作基肥。

（3）栽植技术

于翌年清明至谷雨间，选择雨后天晴栽植，或在穴内直接扦插巴戟天，每穴扦插 2～3 株，注意插条不能倒插，然后覆土 3cm，稍压实，上端露出地面 3～5cm，浇足定根水。种后 15～20d 即可发芽出土。

（4）管理技术

① 除草、松土、施肥　定植后前 2 年，每年除草 2 次，即在 5 月、10 月各除草 1 次。由于巴戟天根系浅而质脆，用锄头容易伤根，导致植株枯死，靠植株茎基周围的杂草宜用手拔，结合除草进行培土，勿让根露出土面。待苗长出 1～2 对新叶时，可开始施肥，以有机肥为主，如土杂肥、火烧土、过磷酸钙、草木灰等混合肥，每亩 1000～2000kg。忌施硫酸铵、氯化铵、猪尿、牛尿。如种植地酸性较大，可适当施用石灰，每亩 50～60kg。

② 修剪藤蔓　巴戟天随地蔓生，往往藤蔓过长，尤其 3 年生植株，会因茎叶过长，影响根系生长和物质积累。可在冬季将已老化呈绿色的茎蔓剪去过长部分，保留幼嫩呈红紫色茎蔓，促进植株的生长，使营养集中于根部。

③ 越冬管理　巴戟天怕严寒，在 0℃ 以下和遇到低温霜冻时，常导致

落叶，甚至冻伤或冻死；在南方林下种植时冬季应采取培蔸等措施，以利越冬。

（5）病虫害防治

① 茎腐病　该病在 10 月下旬开始危害茎基部。防治方法：第一，加强管理，增强抗病能力。第二，不要施铵类化肥，造成巴戟天组织柔软，增加土壤酸性。第三，调节土壤酸碱度，减轻病害发生。第四，发病后，把病株连根带土挖掉，并在坑内施放石灰杀菌，以防病害蔓延。可用 1∶3 的石灰与草木灰施入根部，或用 1∶2∶100 的波尔多液喷雾，每隔 7～10d 喷 1 次，连续 2～3 次。

② 轮纹病　该病主要危害叶片。防治方法：可用 1∶2∶100 的波尔多液喷雾，每隔 7～10d 喷 1 次，连续 2～3 次。

③ 煤烟病　该病是由于蚜虫、介壳虫和粉虱等害虫为害后的茎、叶、果表面出现暗褐色霉斑。防治方法：第一，通过防治虫害可达到防病效果。第二，用 50%退菌特 800 倍液喷射，每隔 7～10d 喷 1 次，连续 2～3 次。第三，用木霉菌制剂进行生物防治。

④ 蚜虫　在春秋两季抽发新芽、新叶时危害。防治方法：第一，可用 40%乐果乳剂稀释 1500 倍喷雾。第二，用烟草 0.5kg 配成烟草石灰水喷杀。

⑤ 介壳虫　成虫、若虫吸食茎叶汁液，并可引起煤烟病。防治方法：幼龄期用 40%乐果乳剂 0.5kg，煤油 50～100g，兑水 750kg 喷杀。

⑥ 红蜘蛛　成虫、若虫群集于叶背或嫩芽。防治方法：用 50%三氯杀螨砜 1500～2000 倍液，或用 25%杀虫脒 500～1000 倍液喷杀。

⑦ 粉虱　以幼虫吸食叶片汁液，严重受害的叶片从鲜绿色变为黄褐色甚至枯萎。防治方法：可用乐果乳剂稀释 1500 倍或波美松脂合剂稀释 20～25 倍喷杀。

⑧ 潜叶蛾　幼虫潜入叶片，蛀食叶肉，呈现弯曲的圈纹。防治方法：可用 40%乐果乳剂稀释 1000～1500 倍喷杀。

**5）采收、加工及贮藏**

巴戟天栽植 5 年以上才能收获。过早收获，根不够老熟，水分多，肉色黄白，产量低；收获时间全年均可进行，但以冬季采挖为佳。挖取肉质根时尽量避免断根和伤根皮，起挖后随即抖去泥土，去掉侧根及芦头，晒至六七成干，待根质柔软时，用木槌轻轻捶扁，但切勿打烂或使皮肉碎裂，按商品要求剪成 10～12cm 的短节，按粗细分级后分别晒至足干，即成商品。老产区常用开水烫泡或蒸 0.5h 后才晒，则色更紫，质更软，品质更好。

### 6. 雷公藤

**1）形态特征**（见彩图 1-45）

雷公藤（*Tripterygium wilfordii* Hook. f.）又名断肠草、南蛇根、菜虫药等，为卫矛科多年生常绿藤本植物。高 1~3m，小枝棕红色，具 4~6 细棱，被密毛及细密皮孔。叶椭圆形、倒卵椭圆形、长方椭圆形或卵形，长 4~7.5cm，宽 3~4cm，先端急尖或短渐尖，基部阔楔形或圆形，边缘有细锯齿，侧脉 4~7 对，达叶缘后稍上弯；叶柄长 5~8mm，密被锈色毛。圆锥聚伞花序较窄小，长 5~7cm，宽 3~4cm，通常有 3~5 分枝，花序、分枝及小花梗均被锈色毛，花序梗长 1~2cm，小花梗细长达 4mm；花白色，直径 4~5mm；萼片先端急尖；花瓣长方卵形，边缘微蚀；花盘略 5 裂；雄蕊插生花盘外缘，花丝长达 3mm；子房具 3 棱，花柱柱状，柱头稍膨大，3 裂。翅果长圆状，长 1~1.5cm，直径 1~1.2cm，中央果体较大，占全长 1/2~2/3，中央脉及 2 侧脉共 5 条，分离较疏，占翅宽 2/3，小果梗细圆，长达 5mm。种子细柱状，长达 10mm。花期 5 月，果期 6~9 月。

**2）生态习性**

雷公藤一般野生于海拔 300~600m 的山谷、丘陵、溪边灌丛、疏林中。喜温暖湿润、避风、散射光充足的环境，此环境中生长的雷公藤枝条舒展，枝叶茂盛，根茎粗壮。抗寒能力较强，耐-5℃以下低温；适生于排水良好的微酸性砂质壤土或红壤。

**3）药用部位及功效**（见彩图 1-46）

以根茎（木质部）入药，性凉，味苦、辛；有大毒。具有祛风除湿、活血通络、消肿止痛等功效。可用于治疗风湿性关节炎、肾小球肾炎、肾病综合征、红斑狼疮、口眼干燥综合征、白塞病、湿疹、银屑病等病症。

**4）栽培技术**

（1）繁殖技术

雷公藤主要采用扦插繁殖。通常在立春至清明或 9~10 月，选取 1~2 年生的枝条，剪成 10~20cm 长的小段（插穗），保留 2~3 个节。插穗用萘乙酸 100mg/kg 溶液浸泡 1~2h，取出稍晾，随即按 10cm 的行距在整好的畦面上开浅沟，每隔 7cm 将插穗斜置于沟内，插穗的 1/4~1/3 应露出地面，株距 10~15cm，覆土压紧立即浇透水，并搭棚遮阴，要经常保持畦面湿润。通常 40~50d 后，插穗即可生根，苗高 4~5cm 时去掉覆盖物。要注意及时拔除杂草，并适当施用低浓度的复合肥，经过精心管理，1 年后即可定植。

（2）选地整地

选择毛竹林、杉木林、经济林、阔叶林、针阔混交林的中龄林或近熟林进行套种，郁闭度以 0.3～0.5 为宜，要求地势平坦、腐殖质层较厚、有机质含量较高、疏松肥沃的壤土或轻壤土，切忌选择贫瘠易板结的土壤。选好种植地后，于秋冬季进行林地清理，伐除部分杂灌杂草，水平条带状堆积。按株行距 50m×100m 开挖规格 40cm×30cm×30cm（长×宽×深）的种植穴，栽植密度为 500～700 株/亩。

（3）栽植技术

冬春两季均可定植，但以冬季为好，有利于蹲苗。为提高栽植成活率，应选择地下茎完整、根系发达、无损伤及病虫害的种苗栽植；苗木最好带土团（宿土），先在穴内施入少量钙镁磷肥 50～10g，与表层肥土混合，然后栽植。在盖表层肥土与穴面齐平时，要将苗株轻轻往上提一下，使其土团与表层肥土紧接，不留空隙；然后踩紧。浇足定根水，再覆土使定植点高出地面 10cm，以免雨后穴土下沉造成积水而不利于苗株成活和生长，最后盖草，保持土壤湿润。

（4）管理技术

① 中耕除草、松土　定植后前 2 年，每年中耕除草 3 次，第 1 次 4 月上旬，第 2 次在 6 月下旬，第 3 次在 9 月下旬。第 1 年松土宜浅，第 2 年松土可加深，植株郁闭后可减少松土次数甚至不松土。

② 追肥　定植前 3 年，每年需追肥 3 次，第 1 次在 4 月上旬，第 2 次在 6 月下旬，第 3 次在 9 月下旬，每株追施复合肥 50～100kg，结合除草、松土在植株根际周围开浅沟施入。定植 3 年后，视植株生长情况决定施肥次数。

③ 打顶与修剪　定植后的第 2 年在主茎 1m 处将顶芽剪去，侧枝不宜多留，并剪去枯藤，每年修剪 1～2 次。打顶后能防止茎藤徒长，促进地下根茎的生长。

④ 地面覆盖　在定植后前 3 年植株尚未郁闭前，每年春季或秋末冬初在追肥、松土后，每亩用稻草或其他杂草覆盖地面，能增加土壤中的有机质，改良土壤，保持水分，减少杂草生长。

⑤ 越冬管理　雷公藤抗寒能力较强，在南方林下种植无须采取防护措施，−5℃下可正常越冬。

（5）病虫害防治

雷公藤病虫害危害较少，主要有苗木叶枯病及卷叶蛾。

① 苗木叶枯病　多在 7～8 月高温、高湿季节发病，日灼是叶枯病发病的主要诱因。初期在叶缘出现黑褐色，扩大后向全叶蔓延，叶片出现枯黄，

顶芽枯死，最后叶片下垂枯死，死叶不易凋落。防治方法：第一，搭盖遮阳网，降低土壤温度，减少日灼伤。第二，拔除病苗，集中烧毁。第三，600～800倍液甲基硫菌灵喷雾预防。

②卷叶蛾　主要在8月上旬发生，以幼虫危害初抽嫩芽叶，其吐丝将幼嫩叶卷成佛焰苞状，并藏身其中咬食嫩叶，引起叶片反卷，被害植株和芽叶生长受阻。主要防治方法：第一，卷叶蛾发现后，及时摘去被害叶，清理出圃集中烧毁。第二，用40%乐果乳剂500倍液喷叶面，毒杀潜入的卷叶蛾。第三，微生物农药8010粉剂防治效果较好，致死速度快，但考虑到天敌和生态环境及害虫的抗药性等因素，应慎重使用并尽量少用。

**5）采收、加工及贮藏**

（1）采收

雷公藤移栽定植5～6年后即可采挖收获。根茎以秋末冬初采收的质量最好，因为此时根部贮藏的有效成分雷公藤内酯醇和雷公藤总生物碱的含量较高。采收时挖起根部，除去泥沙，洗净，采收时需挖大留小，保护资源，永续利用。地上茎叶部分宜在夏末秋初采收。

（2）加工

将根茎洗净后趁鲜剥去根皮，切片或切段、晒干；因其根皮部毒性很大，而将根皮另行晒干备用。地上的藤茎、枝叶部分也切段、切片后晒干备用。

（3）贮藏

雷公藤的贮藏养护与质量关系很大，如贮藏不当则易变色、生霉、虫蛀、干枯等。药材的贮存时间不宜过长，贮存的温度宜为16～35℃，相对湿度在60%以上，药材含水量不宜超过10%。仓库应清洁、阴凉、干燥、通风。少量药材可用带盖的白铁箱、木箱贮藏。由于雷公藤为一级剧毒药物，故应有严格的登记管理制度，装药的容器上标签醒目，实行"五专"（即专人、专柜、专账、专锁、专处方）管理，堆垛应安排单独房间，避免与其他中药混杂。

## 7. 三叶崖爬藤

**1）形态特征**（见彩图1-47）

三叶崖爬藤（*Tetrastigma hemsleyanum* Diels et Gilg.）又名三叶青、金线吊葫芦、石老鼠、石猴子等，为葡萄科多年生常绿草质藤本植物。小枝纤细，有纵棱纹，无毛或被疏柔毛。卷须不分枝，相隔2节间断与叶对生。叶为3小叶，小叶披针形、长椭圆状披针形或卵状披针形，长3～10cm，宽1.5～3cm，顶端渐尖，稀急尖，基部楔形或圆形，侧生小叶基部不对称，近圆形，边缘每侧有 4～6 个锯齿，锯齿细或有时较粗，上面绿色，下面浅绿色，两面均无毛；侧脉 5～6 对，网脉两面不明显，无毛；叶柄长 2～7.5cm，中央小叶柄长 0.5～1.8cm，侧生小叶柄较短，长 0.3～0.5cm，无毛或被疏柔毛。花序腋生，长 1～5cm，比叶柄短、近等长或较叶柄长，下部有节，节上有苞片，或假顶生而基部无节和苞片，二级分枝通常 4，集生成伞形，花二歧状着生在分枝末端；花序梗长 1.2～2.5cm，被短柔毛；花梗长 1～2.5mm，通常被灰色短柔毛；花蕾卵圆形，高 1.5～2mm，顶端圆形；萼碟形，萼齿细小，卵状三角形；花瓣 4，卵圆形，高 1.3～1.8mm，顶端有小角，外展，无毛；雄蕊 4，花药黄色；花盘明显，4 浅裂；子房陷在花盘中呈短圆锥状，花柱短，柱头 4 裂。果实近球形或倒卵球形，直径约 0.6cm，有种子 1 颗；种子倒卵状椭圆形，顶端微凹，基部圆钝，表面光滑，种脐在种子背面中部向上呈椭圆形，腹面两侧洼穴呈沟状，从下部近 1/4 处向上斜展直达种子顶端。花期 4～6 月，果期 8～11 月。

**2）生态习性**

野生三叶崖爬藤一般生于海拔 200～1000m 以上的山谷林荫下或悬崖峭壁的背阴面。耐旱，忌积水；喜凉爽气候，温度在 25℃左右生长健壮，冬季气温降至 10℃时生长停滞。

**3）药用部位及功效**（见彩图 1-48）

块根入药。性凉，味苦、辛；具有清热解毒、活血祛风等功效。可用于治疗高热惊厥、肺炎、哮喘、肝炎、风湿、月经不调、咽痛、瘰疬、痈疔疮疖、跌打损伤、肿瘤等病症。

**4）栽培技术**

（1）繁殖技术

三叶崖爬藤主要用扦插进行繁殖。选择无病害、健壮的枝条，剪成长 12～15cm，带 2 节芽的插穗。于春季进行扦插。扦插方法：将剪好的插穗斜插入苗床，深度为枝条的 2/3，插后压紧，浇水保湿。插后 30～40d，长根出叶时即可出圃移植。

（2）选地整地

选择海拔 200～1000m 的毛竹林、杉木林、针阔混交林的中龄林、近熟林及盛产期经济林进行套种，郁闭度以 0.4～0.6 为宜，要求地势平坦、腐殖质层较厚、有机质含量较高、疏松肥沃的微酸性壤土或轻壤土，切忌选择贫瘠易板结的土壤种植。选好种植地后，于秋冬季进行林地清理，伐除部分杂灌杂草，水平条带状堆积。依地形地势走向按行距 100cm，开挖宽 15cm、深 10cm 的水平种植沟，并结合整地施入基肥。

（3）栽植技术

春、秋季均可栽植，春季最适宜。选择顶芽完整、根系发达、无伤及无病虫害的种苗栽植。栽植时，在水平种植沟上按株距20cm排好种苗，撒入适当的钙镁磷肥和草木灰，覆盖表土踩实，浇透定根水即可。每亩密度为1300～1600株。

（4）管理技术

① 引蔓攀延    当藤长到35～40cm时，用树枝、竹子或绳子引蔓攀缘。

② 除草、松土    移栽成活后进行人工除草松土，每年中耕除草3～4次，要尽量做到有草就拔（锄），同时结合除草进行松土。

③ 施肥    每年的春夏季结合除草、松土追施人粪尿或厩肥，并施少量复合肥催苗。施肥方法：秋冬季开环状沟施堆肥、饼肥或厩肥，并进行培土。

④ 越冬管理    三叶崖爬藤适应性较强，在南方林下种植无须采取防护措施，可正常越冬。

（5）病虫害防治

① 霉菌病    三叶崖爬藤抗病能力强，基本无病害。发生霉菌病时叶面出现圆形小黑斑。防治时注意排涝通风，喷施甲基硫菌灵即可。

② 叶斑病    危害叶片，可用65%代森锌500倍液或1∶1∶150的波尔多液防治。

**5）采收、加工及贮藏**

（1）采收

三叶崖爬藤种植3年后，藤的颜色呈褐色时，可视块根的表皮颜色，于秋后及冬初季节采挖供药用。生长周期不足3年的，块根表皮带白色起皱，未成熟，不宜采挖；生长周期在4年以上8年以下，处于成熟期，表现为个体饱满不皱皮，肉质呈银白色，为上品；块根表皮颜色带红色的，生长周期在8年以上的，处于衰老期。生长期和衰老期的品质均次于成熟期。

（2）加工

采挖的三叶崖爬藤块茎，洗净泥沙后阴干或晒干，也可用微炭火烘干贮藏。

**8. 钩藤**

**1）形态特征**（见彩图1-49）

钩藤 [*Uncaria rhynchophylla*（Miq.）Miq. ex Havil.] 又名双钩藤、倒挂刺、吊风根、金钩草等，为茜草科多年生常绿攀缘藤本植物。小枝四棱柱形。叶对生，纸质，椭圆形，罕有卵形，长6～10cm，宽3～6cm，基部宽楔形，上面光亮，下面在脉腋内常有束毛，略呈粉白色，干后变褐红色；叶柄长 8～12mm；托叶 2 深裂，裂片条状钻形，长 6～12mm。头状花序单个腋生或为顶生的总状花序，直径 2～2.5cm；总花梗纤细，长 2～5cm，中部着生几枚苞片；花 5 数；花萼长约 2mm，被小粗毛，萼檐裂片长不及 1mm；花冠黄色，长 6～7mm，仅裂片外面被粉末状柔毛。蒴果倒圆锥形，长 7～10mm，直径 1.5～2mm，被疏柔毛。花期 6～7 月，果期 7～9 月。

**2）生态习性**

野生钩藤常生于海拔 800m 以下的山坡、山谷、溪边、丘陵地带的疏林间或林缘向阳处。钩藤适应性较强，喜温暖、湿润、光照充足环境，在土层深厚、肥沃疏松、排水良好的土壤上生长良好。

**3）药用部位及功效**（见彩图 1-50）

以干燥带钩茎枝入药。性寒，味甘；具有清热平肝、息风定惊等功效；可用于治疗头痛眩晕、感冒、惊痫抽搐、妊娠子痫、高血压等病症。

**4）栽培技术**

（1）繁殖技术

① 扦插繁殖　扦插繁殖选 1～2 年生的枝条作为插条。插条随剪随插，具 2～3 个节，插头削成马耳斜口，把长短大小基本一致的插条进行分类，插头和顶端保持一致并捆扎。然后把捆扎好的枝条放入生根粉溶液中浸泡 1h，再倒放 2h 后扦插。扦插方法：在 3 月初腋芽萌动时期，在苗床上按株行距 15cm×20cm 扦插，扦插深度为插条长度的 1/2～2/3，整个苗床扦插完毕后进行浇水。搭建遮阴棚。苗圃管理：根据天气情况适时浇水，不能让苗床干旱，雨季注意防涝。扦插成活后，可以把荫棚揭开进行炼苗，对苗床地的杂草要勤除；每隔 30d 浇稀薄人畜粪尿 1 次。钩藤扦插苗一般在当年 11 月或翌春就可出圃定植。

② 种子繁殖　于 10 月下旬果实进入成熟期，采收成熟的果实放置在通风干燥的地方，晒干后用编织袋或透气袋装好干藏备用。播种前种子进行处理，首先日晒 2d，用手把蒴果搓烂，使种子从蒴果内搓出，经细筛将种子筛出，再用白布包好，放入温度为 50～55℃的水中浸泡 5h，让种子充分吸足水后，从水里把种子取出，放在盆里拌草木灰进行消毒和打破种子表面蜡质层，然后拌河沙，有利于种子撒播均匀。于 3 月下旬至 4 月上旬，将处理好的种子均匀撒播在整好的苗床，然后用竹枝捆成拖把来回扫动，使细小的种子落入土壤缝隙中即可，不能另外盖土，播种量一般每亩 1kg 左右。苗圃管理：播种 60d 左右开始出苗，出苗后 10d 达出苗高峰期，出苗后 20d 结束。要适时除草，适时浇水，保持苗木湿润。

③ 分株繁殖　钩藤地下根粗壮发达，根部前端有自然萌发小芽的习性，但数量较少。于春季选择生长健壮者作为母株，在其根际旁边，用锄头适当将根挖伤后覆土，促使根上萌发不定芽，产生新枝，并加强管理，约经 1 年再用快刀切取基部带根的新萌条作种苗定植。

（2）选地整地

选择毛竹林、杉木林、阔叶林、针阔混交林的中龄林、近熟林及盛产期经济林进行套种，郁闭度以 0.3～0.5 为宜，要求地势平坦、腐殖质层较厚、有机质含量较高、疏松肥沃的壤土或轻壤土，切忌选择贫瘠易板结的土壤种植。选好种植地后，于秋冬季进行林地清理，伐除部分杂灌杂草，水平条带状堆积。按株行距 1.5m×1.8m 开挖规格 50cm×40cm×30cm（长×宽×深）的种植穴。每亩密度为 100～150 株。并结合整地施基肥。

（3）栽植技术

幼苗高达 50～100cm 时，在 40cm 处截干利于定植，保持苗芽。选择顶芽完整鲜活、根系发达、无伤及无病虫害的种苗栽植。定植前适当控水，进行蹲苗。取苗时如遇苗床干燥，须先行浇水，使土壤湿润松软，便于起苗；尽量带土移栽，提高成活率。栽时每穴 1 株，扶正苗木，用熟土覆盖根系。当土填至穴深 1/2 时，将苗木轻轻往上提一下，以利根系舒展，再填土满穴，踏实土壤，浇定根水。

（4）管理技术

① 补苗　移栽后及时检查，发现缺苗或死苗应及时补植。

② 除草、松土　植后 1～2 年内植株分枝少，株间易生杂草，土壤板结。每年在春秋各进行 1 次除草和松土。3 年后植株枝繁叶茂，只在每年冬春季除草 1 次。进行中耕除草时，将植株四周的杂草用锄头除去后，抖尽泥土，覆盖于钩藤的根部，保持水分。

③ 施肥　定植返青后，每株施复合肥 50g，以后每年春季再追施 1 次复合肥，每株 100g。冬季株施腐熟的猪牛粪适量，施肥时先在植株根旁挖小穴，放入肥料后培土。

④ 修剪打顶　第 1 年钩藤长至 1.5m 时，用镰刀及时打顶，促使钩藤多分枝。3 年长出钩后，每年在采收时，对茎蔓约留 60cm 长短截，促使剪口萌发更多的健壮新梢，以提高产量。

⑤ 越冬管理　钩藤适应性较强，在南方林下种植无须采取防护措施，可正常越冬。

（5）病虫害防治

① 根腐病　多发生在苗期，感病后，幼苗根部皮层和侧根腐烂，茎叶

枯死。防治方法：开沟排水，防止苗床积水；发现病株及时拔除销毁，病穴用石灰消毒，或用 50%多菌灵 1500 倍液全面浇洒，以防蔓延。

② 蚜虫　4 月幼苗长出嫩叶时发生，7～8 月危害植株顶部嫩茎叶。可用 10%吡虫 3000 倍液防治。

③ 蛀心虫　幼虫蛀入茎内咬坏组织，中断水分养料的运输，致使顶部逐渐萎蔫下垂。防治方法：发现植株顶部有萎蔫现象，应及时剪除；从蛀孔中找出幼虫灭之；发现心叶变黑或成虫盛发期，可用 95%敌百虫 1000 倍液喷杀。

④ 毛虫　6 月成虫开始危害，可将新发茎枝叶片吃光，影响产量。发生时可人工捕杀或用 50%敌敌畏 1000 倍液喷杀。

⑤ 黑绒金龟子　5～6 月成虫将初发新叶咬成孔洞，可用 20%甲氰菊酯 3000 倍液喷杀。

**5）采收、加工及贮藏**

（1）采收

秋、冬两季采收，割下带钩枝条，去掉叶片和干枯枝，剪成 2～4cm 的带钩茎枝。并可结合选条作扦插，以及除去病枝等。

（2）加工

钩藤在传统加工习惯上，常置锅内蒸片刻或于沸水中略烫后取出晒干，目的是使色泽变紫红，油润光滑。钩藤经蒸或烫后总生物碱含量与直接晒干的基本一致。目前产区加工是将所采收钩藤直接晒干，同时，应将带钩的死亡枝条及叶等杂质剔除。

（3）贮藏

钩藤应贮存于干燥通风处，要求温度 30℃以下，相对湿度 65%～75%，商品安全水分不得超过 10%。

## 9. 百部

**1）形态特征**（见彩图 1-51）

百部［*Stemona japonica*（Bl.）Miq.］又名蔓生百部、百条根、九丛根等，为百部科多年生缠绕草质落叶藤本。块根肉质，成簇，常长圆状纺锤形，粗 1～1.5cm。茎长达 1m，常有少数分枝，下部直立，上部攀缘状。叶 2～4（～5）枚轮生，纸质或薄革质，卵形，卵状披针形或卵状长圆形，长 4～9（～11）cm，宽 1.5～4.5cm，顶端渐尖或锐尖，边缘微波状，基部圆或截形，很少浅心形和楔形；主脉通常 5 条，有时多至 9 条，两面均隆起，横脉细密而平行；叶柄细，长 1～4cm。花序柄贴生于叶片中脉上，花单生或数朵排成聚伞状花序，花柄纤细，长 0.5～4cm；苞片线状披针形，长约 3mm；花被片淡绿色，披针形，长 1～1.5cm，宽 2～3mm，顶端渐尖，基部较宽，具 5～9 脉，开放后反卷；雄蕊紫红色，短于或近等长于花被；花丝短，长约 1mm，基部多少合生成环；花药线形，长约 2.5mm，药顶具一箭头状附属物，两侧各具一直立或下垂的丝状体；药隔直立，延伸为钻状或线状附属物。蒴果卵形、扁，赤褐色，长 1～1.4cm，宽 4～8mm，顶端锐尖，熟果 2 片开裂，常具 2 颗种子。种子椭圆形稍扁平，长约 6mm，宽 3～4mm，深紫褐色，表面具纵槽纹，一端簇生多数淡黄色、膜质短棒状附属物。花期 5～7 月，果期 7～10 月。

**2）生态习性**

百部一般野生于灌木林中或丛林下，喜阴凉环境，耐寒冷，忌积水。2 月中旬萌发白色嫩芽，尖端为淡紫红色，逐渐变为绿色茎藤，进入生长和开花旺盛时期。百部怕干旱，耐寒冷，喜土层深厚、肥沃、排水良好的腐殖土。

**3）药用部位及功效**（见彩图 1-52）

块根入药。性微温，味甘；具有润肺止咳、杀虫、止痒等功效；可用于治疗风寒咳嗽、百日咳、肺结核、蛔虫、蛲虫及疥癣、湿疹等病症。

**4）栽培技术**

（1）繁殖技术

① 种子繁殖　8～9 月采集成熟种子，随采随播。苗床按沟距 25～30cm 开横沟，播种沟深 5～10cm，把种子均匀播入沟中。播种量为每亩 2.0～2.5kg。然后再盖细土 4～5cm 厚，最后盖谷壳。播后翌年春季出苗。

② 块根繁殖　冬季倒苗后到翌年萌发前，结合收获块根，把大块根剪下供药用，然后将小块根分株，每株留有壮芽 2～3 个，完整小块根 2～3 条。

（2）选地整地

选择毛竹林、杉木林、阔叶林、针阔混交林的中龄林、近熟林及盛产期经济林进行套种，郁闭度以 0.4～0.6 为宜，要求地势平坦、腐殖质层较厚、有机质含量较高、疏松肥沃的壤土或轻壤土，切忌选择贫瘠易板结的土壤种植。选好种植地后，于秋冬季进行林地清理，伐除部分杂灌杂草，水平条带状堆积。按株行距 50cm×100cm 开挖规格 40cm×30cm×30cm（长×宽×深）的种植穴。每亩密度为 500～700 株。并结合整地施基肥。

（3）栽植技术

冬季移栽，选择地下茎完整、根系发达、无伤及病虫害的种苗栽植。每个种植穴栽 1 株，使块根向四周平铺，覆细土后盖上干草树叶等保温保湿。

（4）管理技术

① 除草、松土　每年春季幼苗出土后，4 月和 6 月各进行 1 次中耕锄草，冬季倒蔓后进行刈蔓培土。

② 施肥　结合除草、松土进行施肥。

③ 引蔓攀延　当苗高 20cm 左右，在株旁插竹竿或木棍使其蔓藤缠绕。

④ 越冬管理　百部适应性较强，在南方地区，植株地上部分枯萎后，只要覆盖一层杂草、树叶等即可在常温下越冬。

（5）病虫害防治

百部主要是害虫危害。

① 棉红蜘蛛　成虫、若虫群集于叶背或嫩芽，危害叶片，引起叶黄落叶。防治方法：用 50%三氯杀螨砜 1500～2000 倍液，或用 25%杀虫脒 500～1000 倍液喷杀。

② 蛞蝓　亦称鼻涕虫。咬食花梗、果柄、叶片。防治方法：人工捕杀或晨撒石灰粉防治。

**5）采收、加工及贮藏**

百部一般栽后 2～3 年就可挖收块根供药用。冬季倒蔓后至翌春萌芽前均可采挖。将块根挖出，除尽细根、泥土，洗净，放入沸水中浸烫，以刚煮透为佳，捞出晒干或微火烘干即为成品。

## 10. 显齿蛇葡萄

**1）形态特征**（见彩图 1-53）

显齿蛇葡萄［*Ampelopsis grossedentata*（Hand.-Mazz.）W. T. Wang.］又名藤茶、端午茶、藤婆茶等，为葡萄科多年生落叶缠绕木质藤本植物。小枝圆柱形，有显著纵棱纹，无毛。卷须 2 叉分枝，相隔 2 节间断与叶对生。叶为 1～2 回羽状复叶，2 回羽状复叶者基部一对为 3 小叶，小叶卵圆形，卵状椭圆形或长椭圆形，长 2～5cm，宽 1～2.5cm，顶端急尖或渐尖，基部阔楔形或近圆形，边缘每侧有 2～5 个锯齿，上面绿色，下面浅绿色，两面均无毛；侧脉 3～5 对，网脉微突出，最后一级网脉不明显；叶柄长 1～2cm，无毛；托叶早落。伞房状多歧聚伞花序，与叶对生；花序梗长 1.5～3.5cm，无毛；花梗长 1.5～2mm，无毛；花蕾卵圆形，高 1.5～2mm，顶端圆形，无毛；萼碟形，边缘波状浅裂，无毛；花瓣 5，卵状椭圆形，高 1.2～1.7mm，无毛；雄蕊 5，花药卵圆形，长略甚于宽，花盘发达，波状浅裂；子房下部与花盘合生，花柱钻形，柱头不明显扩大。果近球形，直径 0.6～1cm，有种子 2～4 颗。种子倒卵圆形，顶端圆形，基部有短喙，种脐在种子背面中部呈椭圆形，上部棱脊突出，表面有钝肋纹突起，腹部中棱脊突出，两侧洼穴呈倒卵形，从基部向上达种子近中部。花期 5～8 月，果期 8～12 月。

**2）生态习性**

显齿蛇葡萄一般野生于海拔 1000m 以下的山坡灌丛及山谷疏林中和林缘。喜温暖气候和阴凉环境，怕干燥和积水。土壤疏松、富含腐殖质的砂质壤土生长良好，在黏土地上生长不良。

**3）药用部位及功效**

嫩茎叶入药。性凉、味甘；具有清热解毒、抗菌消炎、祛风除湿、强筋骨、降血压、降血脂、保肝护肝等功效；可用于治疗高血压病、感冒发热、心脑血管疾病、皮炎、湿疹等病症。

**4）栽培技术**

（1）繁殖技术

① 种子繁殖　于秋季 10～11 月，收集其成熟的浆果，晒干备用。秋后整地作畦施基肥。种子播前进行浸种消毒：用 35℃左右的 25%多菌灵 800 倍液浸种约 4h，把种子捞起晾干表面水后播种。于 2 月上旬播种，将种子撒播于畦面，用细土把种子覆盖，盖上薄膜保温保湿。出苗后做好通风、除草、防病虫害工作，待苗高达 10cm 时即可移栽。

② 扦插繁殖　于秋季霜期未到前，采集成熟的木质化枝条，捆扎成把，用 25%多菌灵 800 倍液中浸泡 0.5h，晾干表面水后，藏埋于含水量 55%左右的细沙堆中（含有 25%多菌灵，比例为细沙：多菌灵=1000：1）备用。秋后整地作畦施基肥。春分前后把藤条从沙土堆中挖出，刮去有病虫害的部分，再剪截带有 3 个枝节的插穗，每 100 根扎成把，用 5000 倍液的高锰酸钾浸泡插穗上端芽节处约 2h，把种枝条捞起晾干表面水后，再把下端 2 个节浸泡在 ABT 生根粉（50mg/g）中 2h。扦插与管理：在畦面上按株行距 5cm×6cm 规格扦插，插后立即搭建塑料薄膜小拱棚，保持空气湿度为 80%左右。出苗后做好通风、除草、防病虫害工作，待扦插条长新梢达 10cm 时即可移栽。

③ 压条繁殖　6～10 月期间，用富含养分的湿泥垫底，取当年生花后枝条，用肥土压上 2～3 节，上面盖草以保湿，2～3 个月后可在节处生出不定根，然后将枝条在不定根的节眼后 1cm 处截断另行移栽。

（2）选地整地

选择海拔 1000m 以下的毛竹林、杉木林、阔叶林的中龄林或近熟林进行套种，郁闭度以 0.4～0.6 为宜，要求选择有水源、排灌方便、地势高燥、背风向阳、富含腐殖质的中性或微酸性的沙质壤土种植，切忌选择贫瘠易板结的土壤种植。选好种植地后进行林地清理，伐除部分杂灌杂草，水平条带状堆积。按行距 2m 开挖宽 20cm，深 10～12cm 的水平种植沟。平坦的山地可作瓦背形的平畦，宽 1.0cm，长度不限。

（3）栽植技术

选择植株健壮、无病灶枝的植株作种苗。于 11 月上中旬，土温在 6～10℃时进行移栽。在水平种植沟内按株距 1.5m 放入种苗，要求根系舒展，芽眼朝上，并施少量钙镁磷肥，覆土盖草。

（4）管理技术

① 除草、松土、施肥　在显齿蛇葡萄萌芽至枝长 10cm 时中耕除草，每隔 30d 中耕除草、松土、保墒 1 次。7 月中旬停止除草。并结合中耕除草进行追肥。

② 搭架　显齿蛇葡萄长到 30～50cm 时，应及时搭架，结合果茶或套种模式，以篱笆式搭架为主。

③ 打顶采摘　嫩茎长到 20cm 时开始打顶促进分枝，以后每隔 10～15d 打顶 1 次。

④ 越冬管理　显齿蛇葡萄适应性较强，在南方地区，落叶后在林下常温下安全越冬。

（5）病虫害防治

显齿蛇葡萄抗性强，在林下栽培目前未发现侵染性病害，少量虫害可用常规方法防治。

**5）采收、加工及贮藏**

手工加工：夏秋季采割茎叶，鲜叶分级清洗后，在 150～160℃的温度下杀青，再经手工揉捻 20～25min，40～50℃下焖青 6～12h，太阳光下晒至产品呈白霜状，可得到高质量的藤茶产品。

机械加工：分级清洗后的鲜叶摊青 8h、烫青 2.5min，再经揉捻出汁后解块、理条、初烘、摊凉、复烘等工艺加工成外形细紧钩曲、绿起白霜、香味高浓、色泽黄亮、滋味浓醇、回甘持久的优质藤茶产品，密封贮藏。

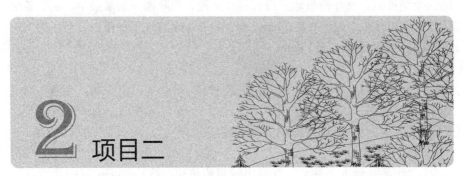

# 项目二

## 林下经济植物栽培模式——林菜（果）模式

林菜模式即根据林间光照强弱及各种食用植物的不同需光特性选择较耐阴的食用经济植物在林下进行套种的模式（见彩图 2-1）。主要套种忌高温、怕强光的食用经济植物。

# 任务 1　草本类食用植物栽培

## 1. 野韭

### 1）形态特征（见彩图 2-2）

野韭（*Allium ramosum* Linn.）又名山韭、野韭菜、宽叶韭等，为百合科多年生常绿宿根草本植物。具横生的粗壮根状茎，略倾斜。鳞茎近圆柱状、外皮暗黄色至黄褐色，破裂成纤维状，网状或近网状。叶三棱状条形，背面具呈龙骨状隆起的纵棱，中空，比花序短，宽 1.5～8mm，沿叶缘和纵棱具细糙齿或光滑。花葶圆柱状，具纵棱，有时棱不明显，高 25～60cm，下部被叶鞘，总苞单侧开裂至 2 裂；宿存伞形花序半球状或近球状，多花，小花梗近等长，比花被片长 2～4 倍，基部除具小苞片外，常在数枚小花梗的基部又有 1 枚共同的苞片所包围；花白色，稀淡红色；花被片具红色中脉，内轮的矩圆状倒卵形，先端具短尖头或钝圆，长（4.5～）5.5～9（～11）mm，宽 1.8～3.1mm，外轮的常与内轮的等长但较窄，矩圆状卵形至矩圆状披针形，先端具短尖头，花丝等长，为花被片长度的 1/2～3/4，基部合生并与花被片贴生，合生部分高 0.5～1mm，分离部分狭三角形，内轮的稍宽子房倒圆锥状球形，具 3 圆棱，外壁具细的疣状突起。花期 8 月底至 9 月，果期 10 月。

**2）生态习性**

野韭一般野生于海拔 1000m 的山坡林下、路边、林缘等地。喜温暖和湿润气候，较耐寒，冬季 0℃左右的低温植株仍能生长；最适温为 15～25℃；宜稍荫蔽，在强烈阳光下，叶片发黄，对生长发育不利，但过于荫蔽，易引起地上部分徒长，对生长发育也不利。忌干旱和涝洼积水，宜土质疏松、肥沃、排水良好的壤土和砂质壤土生长，过沙和过黏的土壤，均不适于栽培韭。

**3）食用部位及功效**

叶可食用。含蛋白质、糖类、维生素 A、食物纤维、磷、铁、镁等多种营养物质；性温，味辛；具有温中下气、补肾益阳、健胃提神、调整脏腑、理气降逆、暖胃除湿、散血行瘀和解毒、降血脂、降血压、降血糖等功效。适用于阳痿遗精、腰膝酸软、胃虚寒、噎嗝反胃、便秘、尿频、心烦、毛发脱落、痔漏、脱肛、痢疾、妇女痛经等病症。

**4）栽培技术**

（1）繁殖技术

野韭主要用分株繁殖。每一母株可分种苗 3～10 株。分株时，用刀将上部叶片截除，只留 1～2cm 长，以叶片不散开为准。将种苗用稻草或其他绳子扎成小捆，将捆好的种苗的茎基部分在清水中浸泡 0.5h，使其吸水饱和，然后竖立排列在阴凉潮湿处事先整好的松土上，周围覆土保护，以备栽植。若温度过高（超过 30℃），应每天或每隔一天给土壤浇水一次，以免发热或干燥。

（2）选地整地

选择长坡中下部的毛竹林、杉木林、阔叶林、针阔混交林的中龄林、近熟林及盛产期经济林进行套种，郁闭度以 0.3～0.5 为宜，要求地势平坦、腐殖质层较厚、有机质含量较高、疏松肥沃的壤土或轻壤土，切忌选择贫瘠易板结的土壤种植。选好种植地后进行林地清理，伐除部分杂灌杂草，水平条带状堆积。按行距 30cm 开挖深 10～15cm，宽 15～20cm 的水平种植沟。

（3）栽植技术

于春季在 3 月上旬至 4 月下旬或秋季在 9 月中旬至 10 月上旬，选择根系发达、无病虫害和机械损伤的种苗栽植。栽植时，在沟内每隔 6～8cm，放种苗 2～4 株，垂直放于沟中，根系及沟内土壤撒入少量钙镁磷作为基肥，然后将土填满浅沟，用扁锄将种苗两侧的覆土压紧。移栽后浇定植水，如秋季栽植，土壤较干旱时，每间隔 4～5d 浇 1 次缓苗水，直至缓苗生长。

（4）管理技术

① 除草、松土　野韭植株矮小，如不经常除草，则杂草滋生，妨碍野韭的生长。栽后 15d 就应除草 1 次，5～10 月杂草容易滋生，每月需除草 1～2 次，入冬以后，杂草少，可减少除草次数。除草时结合松土培兜。

② 追肥　野韭的生长期较长，需肥较多，除施基肥外，还应根据野韭的生长情况，于每次采割后和速生期结合松土除草及时追肥，每亩每次施入复合肥 50～100kg。施肥方法采用浅沟施。

③ 适期浇水　9 月如果地表不干，一般 7d 左右浇 1 次水。10 月一般保持地表见干见湿，不旱不浇，酌情保证水分供应，保持茎叶鲜嫩。

④ 掐花蕾　花蕾生长开花要消耗很多养分，严重影响营养物质积累。为减少花蕾生长消耗养分，应在秋季花蕾抽出后及时掐去，以便有更多的养分回流到根部。

⑤ 越冬管理　野韭较耐寒，在南方地区林下可安全越冬。

（5）病虫害防治

野韭主要防治根蛆危害

① 危害规律　幼虫在春秋季危害韭株叶鞘、幼茎、芽，引起幼茎腐烂，叶片枯黄，然后把茎咬断蛀入茎内；夏季幼虫向下活动，蛀入鳞茎，造成鳞茎腐烂，引起韭墩死亡；冬季潜入土下 3cm 处越冬。韭蛆对温度适应范围较宽，在全国大部分地区都能安全越冬。而在棚室内则无越冬现象，可继续繁殖危害。露地栽培野韭，一般每年有 3 个主要危害盛期，4 月上旬至 5 月下旬，6 月上中旬，7 月上旬至 10 月下旬，其中以第 3 次危害最盛。

② 防治技术

第一，利用趋光性诱杀成虫：根据韭蛆成虫的趋光性，在成虫高发期夜间设置 25W 普通日光灯，灯下面 30cm 处放一个水盆，可以诱杀韭蛆成虫。

第二，趋化性诱杀成虫：利用成虫对糖醋液的趋化性诱杀。糖醋液的配制方法：糖 1kg、醋 2kg、水 15kg、乐果 40mL 配制。在成虫羽化期（大约在 4 月中下旬、6 月上中旬、7 月中下旬、10 月中旬）放盛有糖醋液的容器诱杀成虫。

第三，倒茬轮作：根据韭蛆的寄生性实行倒茬轮作，可与韭蛆不能寄生的葱、蒜类蔬菜轮作换茬 3 年以上。韭菜种子播种或根苗移栽前，每亩用 2kg 康绿功臣粉或 1.5%辛硫磷颗粒剂与基肥同施。

第四，改善生长环境：在早春返青期、野韭生长期前扒开野韭根际土壤，也叫剔根，晾晒韭根 3～7d，破坏幼虫栖息环境，可促使幼虫提前化蛹或死亡，消灭部分幼虫，减少韭蛆危害。在夏秋之间，适当疏叶，加强通风透光，可减轻虫害的发生。

第五，化学防治：幼虫危害始期，叶尖开始发黄变软时，可结合剔根晾晒根进行，用辛硫磷 1000 倍液，隔 7d 喷灌 1 次，连续防治 3 次。

**5）采收、加工及贮藏**

野韭一年可采收多次。需将刚采收下来的韭菜根部的泥土杂物和干枯损坏的茎叶去除，使韭菜干净整齐。为了保鲜，可以每 10 小捆为一组分别存放。按同品种、同规格分别包装，每件包装的净含量不得超过 10kg。贮存在阴凉、通风、清洁、卫生的保鲜库。

## 2．食蕨

**1）形态特征**（见彩图 2-3）

食蕨 [*Pteridium esculentum*（G. Forst.）Nakai] 又名蕨菜、蕨其、拳头菜等，为蕨科一年生宿根草本植物。植株高约 1m。根状茎长而横走。叶远生；柄长 40～50cm，黄棕色，有光泽，上面有深纵沟 1 条；叶片长圆状三角形，长 50～60cm，下部宽 60～80cm，先端渐尖，基部阔楔形。3 回羽状：羽片 15～18 对，互生，有柄（长约 2cm），略向上斜展，长圆披针形，长达 35cm，宽 11～15cm，先端长渐尖，有短尾头，基部近平截或心脏形，基部 1 对不缩短。2 回羽状：小羽片约 30 对，互生，长 5.5～7cm，宽 1.5～2.5cm，阔披针形，先端尾状渐尖（尾头长 1.5～2cm），无柄，基部平截，平展或下部几对略向下斜，羽状深裂达小羽轴；裂片 12～14 对，线形，下部的长约 1cm，宽 2～2.5cm，向上渐短，互生，平展，钝头，基部与小羽轴合生，两侧既不扩大，也不下延，彼此多少分开，有间隔，其宽等于裂片或更宽，边缘反卷，具细圆齿；上部小羽片和其下的同形而渐变狭，均有长尾头，顶部的小羽片线形，不分裂，长达 3cm，宽约 3mm；顶生羽片披针形。1 回羽状：裂片线形，钝头；叶脉下面隐藏于茸毛中，不明显，小脉上面略凹陷；叶干后坚革质，浅黄绿色，上面无毛，略有光泽，下面被浅灰棕色密毛；叶轴、羽轴及小羽轴均无毛，有光泽；叶轴黄棕色，羽轴及小羽轴与叶片同色，上面均有阔纵沟 1 条，沟内无毛。蕨菜孢子群沿叶背边缘着生。

**2）生态习性**

食蕨一般野生于海拔 1000m 以下稀疏的针阔叶混交林下、林缘或林中空地、采伐迹地及荒坡向阳处。喜阳光充足、土壤湿润而肥沃的腐殖质土或砂壤土，过于低洼易涝，干旱的地方生长不良。根茎粗壮、肥大，叶柄挺而直立，于3月下旬以垂直芽破土而出，从出土到第一片叶展开需10～12d，前4～5d 生长缓慢，平均每天生长 1～3cm，第6～7d 生长较快，平均每天生长 7～8cm；以后几天生长速度又慢下来，平均每天生长 4～5cm。这时，蕨菜经过7～10d 的生长，其可食高度达25～35cm。

**3）食用部位及功效**（见彩图2-4）

食蕨的食用部分为小叶未展开时的幼嫩茎叶。含有蛋白质、脂肪、钙、磷、铁、胡萝卜素、维生素 C 等多种营养物质。性寒，味甘、涩；微毒；具有清热、滑肠、降气、化痰等功效；可用于治疗食嗝、气嗝、肠风热毒等病症。

**4）栽培技术**

（1）繁殖技术

① 孢子繁殖    7～9月，孢子成熟后为褐色绒毛状，掌握时机，割取株茎，放在纸袋内，存于通风干燥室内，干后孢子囊开裂，收集装入小塑料袋内密封，放入 0～5℃冰箱中存放。翌年 4月，当气温达 15℃以上时进行孢子播种。选腐殖质多，砂壤或中壤的平地作床，疏林地、阴坡地块也可。按南北向或沿坡体等高线作宽 1～1.2m，高 0.1～0.15m，长 5～20m 的床，先将床表翻土 15cm 深，拍碎土块，细致搂平床面，表面越细越好；若是平地腐殖质少，应铺 5cm 厚腐殖土后再细致整平；床面用 50%多菌灵粉剂 500 倍液浇灌消毒。孢子播种前，床面喷足水，以利粘住孢子。播时将孢子拌 10 倍经过消毒的细沙，充分拌匀，撒向床表，撒播后不可覆土，撒孢子量为 50g/100m²，床表铺覆 0.5～0.8cm 厚干杂草。播后每天清晨、傍晚向草上喷 25℃左右的清水各 1 次，保持床面适度湿润，3～5d 后孢子萌发，1 周后渐撤覆草，20d 左右绿色的叶绿体形成，此时应保持床面湿润，有利于叶原体受精。当心形叶原体长至豆粒大小时，受精开始，每天早晨喷水 1 次，连续 6～7d。原叶体受精后死亡，根状茎渐伸入土中吸收水分、养分，渐长出不定根和叶柄，发育成较完整的幼小蕨菜苗。5～9 月要随时拔除床面杂草，确保幼苗不受杂草影响而正常生长；生长季每 10～15d 向床面喷 1 次多菌灵或甲基托布津液以防病害发生。10月底至 11 月初床表喷足水并覆盖树叶等有机物，在床上生长两个生长季后再准备移植。

② 根茎（分株）繁殖  4月上中旬或10月中下旬，刨挖山上野生大墩蕨菜根状茎，撕开根系，分成几株，其茎越长越好，最短不少于 2 个芽，采挖后及时用湿土假植、封埋，准备移植。

（2）选地整地

根据食蕨的生长要求，选择海拔 1000m 以下的毛竹林、杉木林、阔叶林、针阔混交林、经济林的林缘地进行套种，郁闭度要求小于 0.5，否则产量低。坡度宜 25℃ 以下，坡向以南及东西坡向为好，北坡也可，但坡体应短些，坡度应小些。不论是哪种地形、坡向及林分，土壤质地应为壤土，土壤腐殖质层厚度应尽可能大于 5cm。选好种植地后进行林地清理，伐除部分杂灌杂草，水平条带状堆积。林下按顺坡向修筑宽高 10cm、长 10～30m 的畦，畦的宽度视林地空间大小和树木根颈情况灵活确定，腐殖质少地块畦面需铺 5～10cm 厚腐殖土或农家有机肥或腐熟细碎的枯枝落叶。

（3）栽植技术

① 栽苗时间　在早春化冻后的 3 月下旬至 4 月中旬进行，也可在 11 月初栽植。

② 栽植方法　将根状茎从假植坑挖出，顺畦表或床表开 15cm 深沟，沟距 20cm，将根茎顺沟平摆于沟内，覆土 3～5cm 厚，踩实。分株法挖回的苗，按 0.5m×0.7m 株行距栽植，每穴 1～2 株苗。播孢子长成的苗，翌年移栽苗根少，最好第 3 年栽植；顺畦或床长向按 0.4m×0.6m 株行距栽植，每穴 1～2 株苗，根系应舒展开，埋土厚度 3～4cm，芽微露，踩实土。

（4）管理技术

① 中耕除草　生长季节应保持园内无草害，尤其栽植当年蕨苗小，长势弱，控制不住杂草将导致今后产量和收益受损。

② 水分管理　植苗后应立即向畦内或床面喷足水，确保植苗成活。植苗后几天若遇过分干旱应浇水。春季采收前如无降雨，土壤又很干旱也应浇水；否则，茎苗瘦弱，产量低、品质差。

③ 施肥　为使蕨苗生长健壮，产量高，每年晚秋出叶后或早春芽出土前，向畦内或床面施 1 次农家肥，施入量为每亩 2000kg，施入深度 10cm 左右。如无农家肥也可在 4 月上旬追施复合肥，亩用量 30kg。

④ 越冬管理　蕨菜地上部分枯萎后，在南方地区林下可安全越冬。

（5）病虫害防治

采收前如有害虫危害，原则上不可喷用杀虫剂防控，采收后的生长季如危害严重可喷洒溴氰菊酯类药剂灭杀。

**5）采收、加工及贮藏**

3 月下旬至 4 月中旬，萌发幼茎长度长到 20cm 左右，顶芽稍弯曲，叶柄幼嫩，小叶未展开时，用利刀在地表割取。采摘过早，则产量低；采摘过晚下部已木质化，降低了商品质量。鲜用或晒干或烘干后装入密封袋可贮藏较长时间。

### 3. 黄花菜

**1）形态特征**（见彩图 2-5）

黄花菜（*Hemerocallis citrina* Baroni）又名金针菜、黄金萱、忘忧草、宜男草等，为百合科多年生宿根草本植物。植株一般较高大；根近肉质，中下部常有纺锤状膨大。叶 7～20 枚，长 50～130cm，宽 6～25mm。花葶长短不一，一般稍长于叶，基部三棱形，上部多少圆柱形，有分枝；苞片披针形，下面的长可达 3～10cm，自下向上渐短，宽 3～6mm；花梗较短，通常长不到 1cm；花多朵；花被淡黄色，有时在花蕾时顶端带黑紫色；花被管长 3～5cm，花被裂片长（6～）7～12cm，内 3 片宽 2～3cm。蒴果钝三棱状椭圆形，长 3～5cm。种子 20 多个，黑色，有棱，从开花到种子成熟需 40～60d。花果期 5～9 月。

**2）生态习性**

黄花菜一般野生于海拔 1000m 以下的林缘、田边、地角、房前屋后等地。耐瘠、耐旱，对土壤要求不严，但忌土壤过湿或积水；对光照适应范围广，可与较为高大的作物间作；地上部不耐寒，地下部耐-10℃低温；旬均温 5℃以上时幼苗开始出土，叶片生长适温为 15～20℃；开花期要求较高温度，以 20～25℃较为适宜。

**3）食用部位及功效**

食用部位为花蕾。含有丰富的花粉、糖、蛋白质、维生素 C、钙、脂肪、胡萝卜素、氨基酸等人体所必需的多种营养物质。性凉，味甘；具有止血、消炎、清热、利湿、消食、明目、安神等功效。可用于治疗对吐血、大便带血、小便不通、失眠、乳汁不通等病症。

**4）栽培技术**

（1）繁殖技术

① 分株繁殖　这是最常用的繁殖方法。一是将母株丛全部挖出，重新分栽；二是由母株丛一侧挖出一部分植株作种苗，留下的让其继续生长。挖苗和分苗时要尽量少伤根，随挖随栽。种苗挖出后应抖去泥土，一株株地分开或每 2～3 个芽片为 1 丛，由母株上掰下。将根茎下部 2～3 年前生长的老根、朽根和病根剪除，只保留 1～2 层新根，并把过长的根剪去，约留 10cm 长即可。

② 切片育苗繁殖　黄花菜采收完毕后，将根株挖出，再按芽片一株株分开，除去短缩茎周围的毛叶和已枯死的叶，然后留叶长 3～5cm，剪去上

端；再用刀把根茎从上向下先纵切成 2 片，再依根茎的粗度决定每片是否需要再分。如果根茎粗壮，可再继续纵切成若干条。这样每株一般可分切成 2～6 株，多者可达 10 多株。须注意，在分切时每个苗片都需上带"苗茎"，下带须根。分切后用 50%多菌灵 1200 倍液浸种消毒 1～2h，捞出摊晒后用细土或草木灰混合黄土拌种育苗。

③ 扦插繁殖　黄花菜采收完毕后，从花葶中、上部选苞片鲜绿，且苞片下生长点明显的，在生长点的上下各留 15cm 左右剪下，将其略呈弧形平插到土中，使上、下两端埋入土中，使苞片处有生长点的部分露出地面，稍覆细土保护；或将其按 30°的倾角斜插，深度以土能盖严芽处为宜；当天剪的插条最好当天插完，以防插条失水，影响成活；插后当天及翌日必须浇透水，使插条与土壤密接。以后土壤水分应保持在 40%左右，经 1 周后即可长根生芽。经 1 年培育，每株分蘖数多者有 12 个，最少 5 个，翌年即可开花。

（2）选地整地

选择长坡中下部的毛竹林、杉木林、阔叶林、针阔混交林的中龄林或近熟林的林缘地和盛产期经济林进行套种，林分郁闭度以 0.3～0.5 为宜，要求地势平坦、腐殖质层较厚、有机质含量较高、疏松肥沃的壤土或轻壤土，切忌选择贫瘠易板结的土壤种植。选好种植地后进行林地清理，伐除部分杂灌杂草，水平条带状堆积。按行距 30cm 开挖深 10～15cm、宽 15～20cm 的水平种植沟。

（3）栽植技术

于春季在 3 月上旬至 4 月下旬，选择根系发达、无病虫害和机械损伤的种苗栽植。栽植时，在沟内每隔 6～8cm，放种苗 2 株，垂直放于沟中，根系及沟内土壤撒入少量钙镁磷作为基肥，然后将土填满浅沟，用扁锄将种苗两侧的覆土压紧。移栽后浇定植水，如秋季栽植，土壤较干旱时，每隔 4～5d 浇 1 次缓苗水，直至缓苗生长。

（4）管理技术

① 除草、松土　春苗出土前进行 1 次浅松土，出苗后再适时浅锄 3～4 次，可达到除草防旱的双重目的。

② 施肥　除结合整地施基肥外，进入盛花期后，结合松土除草及时追肥，每亩每次施入复合肥 50～100kg，但初蕾时不宜多施氮肥，以免造成落蕾徒长。施肥方法采用浅沟施。

③ 更新复壮　黄花菜栽后一般可采摘 10 年以上，但由于株丛大、分蘖多，同时老株抗逆性弱，因此只有更新复壮，才能保持高产。更新复壮的方

法有两种，一是将老株丛全部挖掉，重新深翻土地，选苗移栽；二是在老株丛的一边挖掉 1/3 的分蘖，第 1 年可保持一定产量，2～3 年后产量显著上升。

④ 越冬管理　入冬注意防寒，根据黄花菜根状茎有逐年向上抬高的生长特点，入冬前应进行培土，有利于安全越冬。

（5）病虫害防治

① 锈病　主要危害叶片及花茎。防治方法：第一，合理施肥，雨后及时排水，防止田间积水或地表湿度过大。第二，采收后拔薹割叶集中烧毁，并及时翻土。第三，早春松土、除草。第四，在发病初期，用 50%多菌灵可湿性粉剂 600～800 倍液或 75%百菌清可湿性粉剂 600 倍液或 50%代森锌 500 倍液，每隔 7～10d 喷 1 次，连喷 2～3 次。

② 叶枯病　主要危害叶片。防治方法：用等量式 0.5%～0.6%的波尔多液或 75%百菌清可湿性粉剂 800 倍液进行叶面喷施防治，出现病害后 7～10d 喷 1 次，共喷 2～3 次。

③ 叶斑病　主要危害叶片和花薹。防治方法：第一，选用抗病品种；合理施肥，增强植株抗病性。第二，采摘后及时清除病残体，集中烧毁或深埋。第三，在发病初期，用 70%甲基托布津 500 倍液或 50%多菌灵可湿性粉剂 800 倍液，每隔 7～10d 喷一次，连喷 2～3 次。

④ 炭疽病　主要危害叶片。防治方法：在发病初期，喷洒 70%甲基托布津 500 倍液或 50%多菌灵可湿性粉剂 800 倍液。

⑤ 白绢病　主要危害叶鞘基部近地面处、整株或外部叶片基部。防治方法：第一，采收后清园，减少越冬菌源。第二，在发病初期，用 50%多菌灵 500 倍液或 70%甲基托布津 500 倍液每隔 7～10d 喷 1 次，连喷 2～3 次。

⑥ 褐斑病　危害叶片。防治方法：在发病初期，喷洒 50%多菌灵可湿性粉剂 800 倍液或 70%甲基托布津可湿性粉剂 500 倍液。

⑦ 红蜘蛛　危害叶片，成虫和若虫群集叶背面，刺吸植株汁液。防治方法：用 15%扫螨净可湿性粉剂 1500 倍液或 73%克螨特 2000 倍液喷雾。

⑧ 蚜虫　先危害叶片，渐至花、花蕾上刺吸汁液。防治方法：第一，用马拉硫黄乳剂 1000～1500 倍液喷洒。第二，新鲜小辣椒研磨兑水直接喷杀。

特别注意：黄花菜鲜食地区，因为新鲜黄花菜每天采摘直接售卖，发现花蕾有蚜虫，严禁使用农药喷杀，必须使用生物防治办法。

**5）采收、加工及贮藏**

（1）采收

花蕾饱满、含苞待放、色泽金黄时适期采收，每天开花时间 16：00～17：00，采摘最佳时间为 13：00～14：00。

（2）加工。

每天采摘的花蕾当晚蒸完，翌日晾晒，至含水量 14%～15%时即可分级包装。

### 4．土人参

#### 1）形态特征（见彩图 2-6）

土人参［*Talinum paniculatum*（Jacq.）Gaertn.］又名栌兰、土高丽参、福参、煮饭花等，为马齿苋科多年生草本植物。全株无毛，高 30～100cm。主根粗壮，圆锥形，有少数分枝，皮黑褐色，断面乳白色。茎直立，肉质，基部近木质，多少分枝，圆柱形，有时具槽。叶互生或近对生，具短柄或近无柄，叶片稍肉质，倒卵形或倒卵状长椭圆形，长 5～10cm，宽 2.5～5cm，顶端急尖，有时微凹，具短尖头，基部狭楔形，全缘。圆锥花序顶生或腋生，较大，常二叉状分枝，具长花序梗；花小，直径约 6mm；总苞片绿色或近红色，圆形，顶端圆钝，长 3～4mm；苞片 2，膜质，披针形，顶端急尖，长约 1mm；花梗长 5～10mm；萼片卵形，紫红色，早落；花瓣粉红色或淡紫红色，长椭圆形、倒卵形或椭圆形，长 6～12mm，顶端圆钝，稀微凹；雄蕊（10～）15～20，比花瓣短；花柱线形，长约 2mm，基部具关节；柱头 3 裂，稍开展；子房卵球形，长约 2mm。蒴果近球形，直径约 4mm，3 瓣裂，坚纸质。种子多数，扁圆形，直径约 1mm，黑褐色或黑色，有光泽。花期 5～9 月，边开花边结果；果期 6～11 月。

#### 2）生态习性

土人参野生于山边、路旁阴湿地。生命力极强，适应性广；较耐阴，但需要较充足的散射光。对土壤的适应力很强，在疏松肥沃、温暖湿润、微酸性的土壤中生长良好；生长期间虽不能缺水，但要求排水良好，土壤积水易烂根。种子在 15℃以上温度时就可以发芽，20～30℃时生长良好。

#### 3）食用部位及功效

嫩叶可食用，含有丰富的蛋白质、脂肪、钙、维生素等营养物质。根可入药，性平，味甘、淡，无毒；具有健脾润肺、止咳、调经等功效；可用于治疗脾虚劳倦、泄泻、肺劳、咳痰带血、眩晕潮热、月经不调、盗汗等病症。

#### 4）栽培技术

（1）繁殖技术

土人参主要采用播种繁殖。于 9～10 月果实成熟时及时分批采收，种子阴干袋藏。土壤解冻后立即播种，播前 2d 将畦面耙细整平，灌足底水，种子点播在畦上，然后盖细土 0.3cm，用喷雾器喷水。出苗期较短，若温度适宜，养分充足，出苗较快。

（2）选地整地

选择海拔 100～1200m 的毛竹林、杉木林、阔叶林的中龄林、近熟林及盛产期经济林进行套种。郁闭度要求 0.5 以下，坡度小于 25°，坡向以南及东西坡向为好，北坡也可但坡体应短些，坡度应小些。不论是哪种地形、坡向及林分，土壤质地应为壤土，土壤腐殖质层厚度应尽可能大于 5cm。选好种植地后进行林地清理，伐除部分杂灌杂草，水平条带状堆积。林下按顺坡向修筑宽高约 20cm，长 10～30m 的畦，畦的宽度视林地空间大小和树木根茎情况灵活确定，腐殖质少地块畦面需铺 5～10cm 厚腐殖土或农家有机肥或腐熟细碎的枯枝落叶。

（3）栽植技术

于 5 月上旬移栽。顺畦表或床表开深 2～3cm 浅沟，沟距 30cm，株距 15～20cm，将种苗顺沟平摆于沟内，根系应舒展开，每穴 1～2 株苗，覆土压实。

（4）管理技术

① 除草、松土　幼苗期中耕不宜过深，以免伤根，到 6 月中旬共进行 3～4 次，6 月下旬以后植株生长旺盛，杂草不易生长，不必再中耕除草。

② 间苗　6 月中旬苗高达 5～6cm 时，若密度较大，下层苗会出现黄化现象，影响叶的外观品质，及时间苗。

③ 施肥　苗出齐后第 1 次追肥，每亩施用人粪尿 500kg；苗高 30cm 时追第 2 次，每亩用 1000kg 的人粪尿或沼液；第 3 次为 6 月中旬，也以人粪尿或沼液为主；第 4 次每亩施 250kg 草木灰。一般不必浇水，但是在 8～10 月根的增长期，要注意适当浇水，以利根的生长；多雨季节，要注意开沟排涝，防止烂根。

④ 越冬管理　土人参地上部分枯萎后，在南方地区林下可正常越冬。

（5）病虫害防治

① 根腐病　一旦发病，每隔 15～20d 喷施 1 次 70%甲基托布津 800 倍液进行预防。连续喷施 3～4 次，并及时清除病株，待病情稳定后，再补种新苗。

② 茎腐病　喷施多菌灵 500 倍液进行预防，每隔 3～5d 喷 1 次，直至病情得到有效控制。

③ 斜纹夜蛾　主要危害叶片，一般采取放置防虫网或诱杀。

**5）采收、加工及贮藏**

土人参 1 年生播种苗的鲜叶收获期为 7～9 月，2 年以上老茎采割后易萌生嫩梢，4 月开始至整个生长季节可多次采收；晒干或烘干后装入密封袋可贮藏较长时间。根的采收于 11 月植株茎叶枯萎时，剪去茎叶，取下芽头，切下根部进行加工。切下的根运至晒场反复堆晒，直至根内肉质部分变为黑色为止。以根肥大、皮细、外表灰白色、内部黑色、干燥不油、质坚实、无芦头者为佳。

### 5. 马齿苋

**1）形态特征**（见彩图 2-7）

马齿苋（*Portulaca oleracea* Linn.）又名瓜子菜、长寿菜、五行菜等，为马齿苋科一年生草本植物。全株无毛。茎平卧或斜倚，伏地铺散，多分枝，圆柱形，长 10～15cm，淡绿色或带暗红色。叶互生，有时近对生，叶片扁平，肥厚，倒卵形，似马齿状，长 1～3cm，宽 0.6～1.5cm，顶端圆钝或平截，有时微凹，基部楔形，全缘，上面暗绿色，下面淡绿色或带暗红色，中脉微隆起；叶柄粗短。花无梗，直径 4～5mm，常 3～5 朵簇生枝端，午时盛开；苞片 2～6，叶状，膜质，近轮生；萼片 2，对生，绿色，盔形，左右压扁，长约 4mm，顶端急尖，背部具龙骨状凸起，基部合生；花瓣 5，稀 4，黄色，倒卵形，长 3～5mm，顶端微凹，基部合生；雄蕊通常 8，或更多，长约 12mm，花药黄色；子房无毛，花柱比雄蕊稍长，柱头 4～6 裂，线形。蒴果卵球形，长约 5mm，盖裂。种子细小，多数，偏斜球形，黑褐色，有光泽，直径不及 1mm，具小疣状凸起。花期 5～8 月，果期 6～9 月。

**2）生态习性**

马齿苋野生于菜园、农田、路旁。喜温暖干燥、阳光充足的环境，耐旱，耐半阴，在散射光条件下生长良好；要求排水良好、温暖、湿润、肥沃的壤土或砂壤土中生长。温度在 25℃以上时生长迅速。不耐寒，冬季温度不低于 10℃。

**3）食用部位及功效**

嫩茎叶全草可食用。含大量去甲肾上腺素、多量钾盐、苹果酸、柠檬酸、谷氨酸、天冬氨酸、丙氨酸和蔗糖、葡萄糖、果糖等营养物质。性寒，味酸；具有清热解毒、利水去湿、散血消肿、除尘杀菌、消炎止痛、止血凉血等功效；可用于治疗痢疾、肠炎、肾炎、便血、产后子宫出血、乳腺炎等病症。

**4）栽培技术**

（1）繁殖技术

① 播种育苗　马齿苋边开花边结果，种子一旦成熟就自然开裂或稍有

振动即撒出，且种子细小，采集时可以在行间或株间先铺上废纸或薄膜，后摇动植株，让种子落到纸或薄膜上，再收集。在连茬地块，6月开花结实时，可留部分植株不采收上市，让其开花结籽，散落的种子翌年即出苗生长，不用采种播种。

马齿苋在春季断霜后就可以露地播种，如要提前上市可用保护地育苗移栽。选地势平坦、灌排方便、杂草较少的地块，深翻晒土，施入有机肥，然后作畦。播种前要先施基肥，再耕耙，做成1.2m宽的畦，畦面要平，土要细。为了保证种子撒播均匀，可将种子掺上细土再播，播后适当压实畦面，再浇水。保护地育苗，在播后要加盖地膜和搭建拱棚，出苗后立即去掉地膜。马齿苋苗期生长很慢，要注意清除杂草，幼苗长到3～4cm高时开始间苗，间苗分次进行，逐步加大株距。苗高5cm以上进行移栽。

②　茎段或分枝繁殖法　选择肥沃的地块，施足底肥，耕耙后做成1～1.2m宽的畦，再把未开花结籽的植株分剪成5cm左右长的茎段或分枝，以8～10cm的株距，扦穗1/2入土，插后立即浇水，待发根后追肥。

（2）选地整地

选择海拔100～1200m的毛竹林、杉木林、阔叶林的中龄林、近熟林及盛产期经济林进行套种。郁闭度要求0.5以下，坡度小于25℃，坡向以南及东西坡向为好，北坡也可但坡体应短些、坡度应小些。不论是哪种地形、坡向及林分，土壤质地应为壤土，土壤腐殖质层厚度应尽可能大于5cm。选好种植地后进行林地清理，伐除部分杂灌杂草，水平条带状堆积。林下按顺坡向修筑宽高约20cm、长10～30m的畦，畦的宽度视林地空间大小和树木根茎情况灵活确定，腐殖质少地块畦面需铺5～10cm厚腐殖土、农家有机肥或腐熟细碎的枯枝落叶。

（3）栽植技术

于5月上旬移栽。顺畦表或床表开深2～3cm浅沟，沟距30cm、株距20cm，将种苗顺沟平摆于沟内，根系应舒展开，每穴1株，覆土5cm左右，压实。

（4）管理技术

①　除草、松土　幼苗期中耕不宜过深，以免伤根，到6月中旬共进行3～4次，6月下旬以后植株生长旺盛，杂草不易生长，不必再中耕除草。

②　施肥　定植1周后，即可开始追肥，进入旺盛生长期再进行追肥，追肥以复合肥为主，每次收获后应随水追肥1次，生长越快。

③　越冬管理　马齿苋地上部分枯萎后，在南方地区林下可安全越冬。

（5）病虫害防治

马齿苋病虫害很少发生，主要防治红蜘蛛、蚜虫等。

① 病毒病　用 1∶1∶50 的糖醋液叶面喷施，防治效果达 80%以上。

② 白粉病　用 800～1000 倍的甲基托布津、粉锈宁防治。

③ 叶斑病　用百菌清、多菌灵、速克灵 800～1000 倍液防治。

④ 红蜘蛛　第一，生物防治：红蜘蛛天敌有捕食螨、草蛉、瓢虫、花蝽、寄生菌等，可在果园种植藿香等芳香植物，为天敌创造适合繁殖的生态环境。同时，果园禁用广谱性高毒农药，尽量选用具选择性的药剂，以保护天敌。第二，用 2%阿维菌素乳油 2000 倍液喷雾防治。

⑤ 蚜虫　利用瓢虫等天敌防治。如天敌防治未达效果，选用 10%吡虫啉可湿性粉剂 1000 倍防治。

**5）采收、加工及贮藏**

（1）采收

马齿苋只有在开花前采摘才能保持其鲜嫩。新长出的小叶是最佳的食用部分，因此在未现蕾前可摘食全部茎叶。进入现蕾期，不断摘除顶尖，促进营养生长，不让它开花结籽，这样就可以连续采摘新长出的嫩茎叶，直到霜冻。一旦开了花，生长即停止，茎叶也就变老，只能用作畜、禽饲料。

（2）加工贮藏

鲜茎叶在开水中烫漂 3～5min，捞出后迅速用清水冷却。为防软烂，茎叶可用生石灰水处理，并用清水清洗。然后将茎叶沥干，在阳光下晒干，或在烘房中 70～75℃下烘 10～12h，至烘干为止。最后用塑料袋密封包装贮藏。

## 6．花蘑芋

**1）形态特征**（见彩图 2-8）

花蘑芋（*Amorphophallus konjac* K. Koch）又名磨芋、花魔芋等，为天南星科多年生宿根草本植物。块茎扁圆形，直径达 25cm。先花后叶，叶 1 枚，具 3 小叶，小叶二歧分叉，裂片再羽状深裂，小裂片椭圆形至卵状矩圆形，长 2～8cm，基部楔形，一侧下延于羽轴成狭翅；叶柄长 40～80cm，青绿色，有暗紫色或白色斑纹。花葶长 50～70cm，佛焰苞长 20～30cm，卵形，下部呈漏斗状筒形，外面绿色而有紫绿色斑点，里面黑紫色；肉穗花序几乎 2 倍长于佛焰苞，下部具雌花，上部具雄花，两部分约等长，附属体圆柱形，长达 25cm；花柱与子房等长，柱头微 3 裂。花期 5～6 月，果期 6～8 月。

**2）生态习性**

花蘑芋一般野生于疏林下。适宜在土层深厚、质地疏松、排水透气良好、有机质丰富的轻砂壤土生长。土壤酸碱度对花蘑芋产量影响较大，多数花蘑芋品种适宜的 pH6.5～7.0，中性和微碱性的土壤也能种植花蘑芋，但酸碱性较强的土壤不适宜花蘑芋生长，尤其是酸性较强的土壤种植花蘑芋时病害较易发生。花蘑芋生长需要散射光、雨水充足，气候不宜太热太冷，喜温怕高温，喜湿怕水渍，喜风怕强风。特殊的生存条件，决定了许多地方无法更好地生长花蘑芋。

**3）食用部位及功效**（见彩图 2-9）

花蘑芋块茎可作豆腐食用。含淀粉、多糖、蛋白质、氨基酸、多种矿物质和微量元素。性温，味辛；具有活血化瘀、解毒消肿、宽肠通便、化痰软坚等功效。可用于降血压、降血脂、降血糖、瘰疬痰核、损伤瘀肿、便秘腹痛、咽喉肿痛、牙龈肿痛等病症。

**4）栽培技术**

（1）繁殖技术

花蘑芋主要采用块茎繁殖。选纵横径基本相似，无伤烂，重量在 500g 以下的小球茎为种芋。栽植前选择晴好天气，晒种 1～2d，然后用 50%多菌灵可湿性粉剂 800 倍液浸种消毒 30s，晾干后栽植。

（2）选地整地

根据花蘑芋的生长要求，选择海拔 800m 以下的毛竹林、杉木林、阔叶林、针阔混交林的中龄林、近熟林及盛产期经济林进行套种，郁闭度 0.3～0.5，坡度宜 25℃以下，坡向以南及东西坡向为好，北坡也可，但坡体应短些，坡度应小些。不论是哪种地形、坡向及林分，土壤质地应为壤土，土壤腐殖质层厚度应尽可能大于 5cm。选好种植地后进行林地清理，伐除部分杂灌杂草，水平条带状堆积。林下按顺坡向修筑宽高约 20cm，长 10～30m 的畦，畦的宽度视林地空间大小和树木根茎情况灵活确定，腐殖质少地块畦面需铺 5～10cm 厚腐殖土、农家有机肥或腐熟细碎的枯枝落叶。

（3）栽植技术

花蘑芋在种球茎的生理休眠期解除后，平均气温回升至 12℃以上才能萌芽；温度过低，芽受害萎缩。较低海拔和低纬度地区一般 3 月上旬种植，较高海拔和高纬度地区可 4 月栽植。栽植前，用 1000 万单位农用链霉素可湿性粉剂兑水 20kg 液浸种芋 0.5～1h 后，取出晒晾 1～2d；再用甲基托布津或多菌灵粉剂作种芋粉衣消毒，用药量为种芋重量的 2%～3%，用填充剂石膏或草木灰与药混匀，在浸种后取出趁湿裹上粉衣。采用穴植方法栽植，按株行距 25～30cm 挖穴，每穴 1 个种芋，芽头朝上，栽后用细土覆盖种芋。

注意肥料与种芋不能相接触，以防肥害。

（4）管理技术

① 除草、松土　栽植后至展叶期杂草很多，特别是种植小种的植株生长量小，竞争不过杂草，应及时除草。出苗后除草要手工拔除，展叶封行后田间很难再长杂草，少量的杂草可起地面覆盖作用，8 月中旬后不进行除草作业。

② 施肥、培蔸　花蘑芋是耐肥性较强的作物，下种前必须施足底肥，基肥以有机肥为主，生长期要追肥 3～4 次，出苗后要及时追肥。每中耕除草 1 次，即追肥 1 次，培蔸 1 次。

③ 排水　由于花蘑芋根系不发达，不耐涝，生长期适逢雨季，要搞好开沟排水工作，随时保持沟渠的通畅。淹水和墒面积水是花蘑芋生长大忌，极易发生腐烂。

④ 土表覆盖　是花蘑芋栽培的一项特殊而重要的管理工作，覆土可防止暴雨造成的土壤流失，避免根群暴露，保护土壤团粒结构，增加地力，调节土壤温度和湿度，防止杂草危害，减轻病害发生，提高产量。覆盖方法：用无霉的杉叶、野干草、谷草、落叶等作为覆盖材料，覆盖的厚度为 5～10cm，凡易遇旱灾和暴雨的地方覆盖宜较厚，而阴湿地、低温地较薄。覆盖宜在展叶之前完成，以免伤及叶部。高海拔地区种植期及生长前期地温过低，在栽植时，可用黑色地膜覆盖地表以保温保湿，还能保蓄土壤水分，防止暴雨冲刷及减轻草害。

⑤ 越冬管理　冬季用无霉烂的山间野草覆盖，厚度 5～10cm。

（5）病虫害防治

① 软腐病　特点是组织腐烂，有恶臭味。初发时植株的小叶出现水浸状暗绿色病斑，小叶黄化，以后整个复叶枯萎，并引起倒苗，叶柄组织条状腐烂，球茎初起孔洞，最后全部烂掉。防治方法：第一，选用优质健壮种芋，淘汰病烂和受伤的种芋，凡接触过有软腐病的种芋必须清洗双手。第二，实行 3 年以上的轮作。第三，土壤消毒，整地时每亩使用 100kg 石灰进行土壤消毒，降低田间病菌数量。第四，合理加强栽培管理：施用的农家肥要充分腐熟，否则会使肥中带菌，还会引起烂根。追肥时不可将肥料直接施于根上，以免引起烧根。并增施钾肥，增强植株抗病性。雨天或田间露水未干时，不要到田间进行农事操作，以免伤根。畦面覆草是对防病极有效的特殊管理措施，用无霉烂的山间野草覆盖，厚度 5～10cm。第五，及时全株带土挖走，烧毁或深埋，在病窝及周围撒石灰，踩紧土壤，以免雨水传播病菌。并用农用链霉素 200～500mg/kg 或可杀得可湿性粉剂 500～700 倍液灌植株根部，

每株灌药液 0.5～1kg。

② 白绢病　初期发生在叶柄基部与地面接触处，呈现淡红色湿腐软化状，随后从此处折断倒伏，发病部位缠绕辐射状的白色菌丝束及小球状菌核，病菌随后危害球茎，引起腐烂。防治方法：第一，实行 3 年以上轮作。第二，7 月以后随时检查病株，发现病株，立即带土挖走深埋或烧毁，在窝内及周围撒石灰，踩紧土壤，并对林地普施石灰一次。第三，用 50%多菌灵可湿性粉剂 500 倍液，从 7 月起每隔 7d 喷 1 次，连续喷 3 次以上。

③ 甘薯天蛾幼虫　为地上害虫，幼虫取食叶和嫩茎，可将叶片吃成缺刻，甚至吃光全叶。防治方法：危害轻时以人工捕杀，利用黑光灯诱杀或糖浆毒杀成虫；危害严重时用 90%敌百虫 800 倍液喷杀幼虫。

④ 豆天蛾　以幼虫取食叶片，造成叶片网孔，严重时吃光叶片。防治方法：利用 20%杀灭菊酯或 2.5%溴氰菊酯乳油 1800 倍液，或 50%马拉硫磷1000 倍液喷雾杀死幼虫。

⑤ 蛴螬　为地下害虫，啃食球茎，使其失去商品价值。防治方法：整地下种前用敌百虫杀虫，生长期经常查看花蘑芋植株根部，发现有地下害虫要用 50%辛硫磷 1000 倍液灌根，杀死幼虫。

**5）采收、加工及贮藏**

（1）采收及贮藏

根据花蘑芋的生长习性，整个生育期为 7 个月左右。当地上茎秆发黄倒苗时，采挖地下块茎。收获可适当延迟，以提高产量。花蘑芋块茎质地脆嫩，收获时谨防挖烂。挖出后，掰去芋鞭，依据大小分级，并在阳光下晒 1～2d，即可贮藏。贮藏温度以 8～12℃为宜，贮藏湿度以 80%为宜。

（2）加工

① 加工成磨芋豆腐　工序：刷洗—磨浆—煮熟 20min 后，加碱和淀粉（50kg 鲜花蘑芋加 2.3kg 白碱）—静置切片；要求将花蘑芋切成三角形、四角形。

② 切片烘干　加工过程：用尼龙刷刷去皮—洗净—切片—上架（摆放在竹架上，不重叠）—点灶烘烤（控温 120℃）—每隔 1.5h 排 1 次气，到芋片半干时降温（下降至 80℃）—烘干。

### 7. 蜂斗菜

**1）形态特征**（见彩图 2-10）

蜂斗菜 [*Petasites japonicus*（Siebold & Zucc.）] 又名水斗菜、野南瓜、南瓜三七、蛇头草、山蔸等，为菊科一年生宿根草本植物。根状茎平卧，有地下匍匐枝，具膜质，卵形的鳞片。基生叶具长柄，叶片圆形或肾状圆形，长宽 15～30cm，不分裂，边缘有细齿，基部深心形，上面绿色幼时被卷柔毛，下面被蛛丝状毛，后脱毛，纸质。苞叶长圆形或卵状长圆形，长 3～8cm，钝而具平行脉，薄质，紧贴花葶。头状花序多数（25～30），在上端密集成密伞房状，有同形小花；总苞筒状，长 6mm，宽 7～8（10）mm，基部有披针形苞片；总苞片 2 层近等长，狭长圆形，顶端圆钝，无毛；全部小花管状，两性，不结实；花冠白色，长 7～7.5mm，管部长 4.5mm，花药基部钝，有宽长圆形的附片；花柱棒状增粗近上端具小环，顶端锥状二浅裂。雌雄异株，雄株花茎在花后高 10～30cm，不分枝，被密或疏褐色短柔，基部径达 7～10mm。雌性花葶高 15～20cm，有密苞片，在花后常伸长，高近 70cm；密伞房状花序，花后排成总状，稀下部有分枝；头状花序具异形小花；雌花多数，花冠丝状，长 6.5mm，顶端斜截形；花柱明显伸出花冠，顶端头状，二浅裂，被乳头状毛。瘦果圆柱形，长 3.5mm，无毛；冠毛白色，长约 12mm，细糙毛状。花期 4～5 月，果期 6 月。

**2）生态习性**

蜂斗菜一般野生于海拔 800m 以下山溪两侧湿润的缓坡林荫下、浅水滩、河岸、峡谷洼地等处。蜂斗菜非常耐寒，对土质要求不严，但喜湿而不耐旱，常生长在湿润的地方。由于叶片面积大，蒸腾量也大，所以不耐高温干旱，要求土层深厚、保水力强、排水良好的壤土或沙壤土。其生存能力非常强，一旦形成群落，其他草本植物很难与其竞争，并且无性繁殖能力也较强。生长适温因品种不同而稍有差异，一般以 10～23℃为宜。地上部生长盛期有 2次，一次是早春 2～5 月，生长旺盛；进入夏季高温干旱时段，6 月下旬至 9月中旬时，由于气温连续达到 30℃以上，则地上部茎叶生长变衰弱，停止生长或处于高温休眠状态，叶片出现下垂甚至萎蔫。至 10 月气温降至 30℃以下时，又出现一个生长高峰，但不及春季，下霜后地上部即枯死，冬季进入休眠期。地下茎主要分布在地表下 5～10cm，有分布近地表的须根和深入土中达 1m 的数个垂直的较粗大的直根。

**3）食用部位及功效**

食用部分为鲜叶柄。含蜂斗菜酸、异蜂斗菜素、蜂斗菜螺内酯、黄酮类化合物等多种营养物质。根茎入药，性凉，味苦、辛；具有消肿止痛、解毒祛瘀、润肺止咳等功效。可用于治疗跌打损伤、毒蛇咬伤等病症。

**4）栽培技术**

（1）繁殖技术

蜂斗菜主要采用根茎繁殖。选择健壮、无病虫的肉质根茎切分为若干段，每段保证 3～4 个（芽）节，备好种栽。将新近从山上挖回的野生母根或头年种植的留种母根挖出，经过修剪消毒处理后，将母根用刀截成长约 10cm 的根茎作为种苗待栽。

（2）选地整地

选择海拔 1000m 以下的毛竹林、杉木林、阔叶林、针阔混交林的中龄林、近熟林及盛产期经济林进行套种，郁闭度要求小于 0.3～0.5，坡度宜 25℃以下。土质为轻壤土或砂壤土，肥沃、中性至微酸性，靠山边，西边庇阴，排灌方便，交通便利。选好种植地后进行林地清理，伐除部分杂灌杂草，水平条带状堆积。林下按顺坡向修筑宽高 15～20cm，长 10～30m 的畦，畦的宽度视林地空间大小和树木根茎情况灵活确定，腐殖质少地块畦面需铺 5～10cm 厚腐殖土、农家有机肥或腐熟细碎的枯枝落叶。

（3）栽植技术

① 栽苗时间　于 10 月上旬至 11 月上旬，如太迟移栽不利于母根的冬前生长，直接影响翌年早春地下根茎的萌发和出苗。

② 栽植方法　栽植前将已选好的母根放在阴凉处，以防太阳晒坏，开好种植沟，种植沟（穴）深 15～20cm，宽 10～12cm，并在种植沟（穴）内施钙镁磷作底肥，每亩 50kg。栽植时根系舒展、芽头朝上，并在畦面再盖上一层草。

（4）管理技术

① 中耕除草　每年 3～5 月多雨季节，由于雨水丰润常造成畦面土壤板结，使土壤胶体的通气透水性变差，影响蜂斗菜地下根茎和地上部茎叶的正常生长。因此，须经常进行中耕除草和培土。首次中耕松土在母根新芽出土后第一片真叶展开时进行，此时中耕宜浅，避免损伤母根，并结合第 1 次浇施液肥；第 2 次中耕培土在蜂斗菜出现分蘖，苗长 5～10cm 时进行，此次以松土为主，结合将地沟里的浮土培到茎基部；第 3 次中耕培土根据土壤墒情、植株长势、水肥营养情况而定。

② 水分管理　蜂斗菜在生长期间既怕干旱又怕渍，所以在 3～5 月的雨季要注意开沟排水，如果土壤板结应结合中耕培土。遇干旱可于傍晚灌"跑马水"，翌日早晨停止灌水。

③ 施肥　蜂斗菜是喜肥植物，需肥量大。待苗株成活新叶出土后进行第 1 次追肥，此时距移栽后 20d 左右，追肥以养根促叶为目的，每亩用 15kg 复合肥掺水或用浓度为 15% 的腐熟人粪尿浇施作为提苗肥。到 3 月随着气温的逐渐升高，植株生长速度也随之增快，此时结合"看天、看地、看苗"酌情追施第 2 次和第 3 次壮蘖肥，增加单位叶面积系数，

为提高产量打下良好基础。此期结合中耕松土追肥，每亩施复合肥 25kg，于行间拉沟条施，施后覆土保墒。5 月中旬以后是蜂斗菜茎叶旺盛生长期，此时茎叶已封行封垄，在行内拉沟追肥已不可能，可亩用尿素 15～20kg，外加硫酸钾 5kg 混合后距植株 10cm 处打孔洞进行穴施，每株用肥量约 10g。

④ 茎蔓整理　蜂斗菜分蘖力强，在母茎基部可抽生多个分蘖侧枝，为了防止侧枝生长过盛与主蔓生长争光夺肥，可酌情进行植株整理。一般每株母茎可保留一个主蔓和两个侧枝（蔓），将多余的侧枝（蔓）从茎基部剪除或拔掉。植株整理一般于 4 月结合中耕除草进行。

⑤ 越冬管理　蜂斗菜非常耐寒，地上部分枯萎后，在南方地区林下可安全越冬。

（5）病虫害防治

蜂斗菜在野生状态下抗逆性强，很少发生病虫危害。但在人工栽培过程中，偶尔发生病害与虫害。

① 炭疽病　4 月下旬至 5 月上旬气温回升空气湿度增大，畦行间通风透光差时可发生危害，主要从茎基部的老叶先发病，防治时首先将茎基部的发病老叶剪除掉，然后再喷农药，可用 80%大生 700 倍液或 47%加瑞农 800 倍液或 77%可杀得 800 倍液等农药交替喷雾。

② 蚜虫　蜂斗菜在苗期至分蘖期时应注意检查与防治蚜虫，防治蚜虫可用 10%一遍净 2000 倍液或 20%蚜克星 800 倍液或 20%好年冬 1000 倍液等农药交替喷雾使用，每隔 7～10d 喷 1 次，连喷 2～3 次。

**5）采收、加工及贮藏**

（1）采收

蜂斗菜一般一年采收 2 次。第 1 次在 5 月下旬至 6 月上旬，当主茎蔓生长达到 60～80cm 时进行收割，40cm 以下的茎蔓让其继续生长。收割方法：用剪刀将粗壮的茎蔓于基部剪下，剪茎蔓时要小心，不能损伤根部及留下的茎叶，将剪下的茎蔓理齐堆放在沟里，按叶柄的长短标准分类剪掉叶片，分级分批捆扎好待运。第 2 次采收期在 6 月下旬至 7 月上旬，当整株苗基本停止生长时进行全部采收。

（2）加工、贮藏

蜂斗菜的产品加工有多种方法，目前常用的有盐渍法和清水罐头加工法。

① 盐渍法　将新鲜叶柄用清水冲洗干净，沥去浮水，装缸盐渍。首先将缸刷净，在底部先撒上 2cm 厚的盐粉，然后一层叶柄一层盐直至装满缸，最后再撒上 2cm 厚盐粉，灌满清水，加木盖，用石头压住木盖即可，以防

叶柄漂起。这样盐渍 1 周便可上市出售。

②　清水罐头加工法

**预煮、冷却**　将新鲜叶柄清洗后放入沸水中预煮 8～10min，捞出放在冷水中冷却。

**去皮、漂洗、切段**　将冷却好的新鲜叶柄去皮，然后立即放入清水中漂洗，防止其在空气中暴露时间过长而发生褐变，并将漂洗好的新鲜叶柄按市场需要的长短进行分段。

**挑选分级、清洗、装罐**　将切分好的蜂斗菜按粗细挑选分级，清洗好后装到事先清洗好的铁罐中。

**灌汤、杀菌**　在罐中加入事先调好的汤汁，汤汁温度不低于 85℃，经排气密封后采用巴氏杀菌法进行杀菌，杀菌后冷却至 37℃左右即可入库储存。

# 任务 2　灌木类食用植物栽培

## 1. 山莓

### 1）形态特征（见彩图 2-11）

山莓（*Rubus corchorifolius* Linn. f.）又名树莓、四月泡、山泡子、刺莓、悬钩子等，为蔷薇科落叶灌木。高 1～2m。具根出枝条；小枝红褐色，幼时有柔毛和少数腺毛，并有皮刺。单叶，卵形或卵状披针形，长 3～9cm，宽 2～5cm，不裂或 3 浅裂，有不整齐重锯齿，上面脉上稍有柔毛，下面及叶柄有灰色绒毛，叶柄长 1.5～2cm；托叶条形，贴生叶柄上；脉上散生钩状皮刺。花单生或数朵聚生短枝上；花白色，直径 1～1.5cm；萼裂片卵状披针形，密生灰白色柔毛。聚合果球形，直径 1～1.2cm，红色。花期 2～3 月，果期 3～4 月。

### 2）生态习性

山莓一般野生于海拔 300～1000m 的山坡、溪边、山谷、荒地和灌木丛中，系荒地的一种先锋植物。属半喜光植物，适应在不同生态环境下生长，较耐寒、耐旱、耐贫瘠，适应性强，部分品种可耐-17℃的低温；对土壤无特殊要求，在偏酸或中性土壤中均可良好生长，保水性能好的砂壤土特别适宜，有利丰产。

### 3）食用部位及功效

山莓食用部分为果实（也可酿酒），含糖类、蛋白质、有机酸、维生素等多种营养物质。根入药，性平，味微苦、辛；具有祛风除湿、活血化淤、解毒敛疮等功效；主治风湿腰痛、痢疾、遗精、毒蛇咬伤、闭经痛经、湿疹、小儿疳积等病症。

**4）栽培技术**

（1）繁殖技术

① 根蘖繁殖　树莓每年 6 月中旬萌生大量根蘖苗，这时要加强管理，保持土壤湿润、疏松和营养充足，疏除过密的根蘖，选留发育良好的根蘖苗，间距 10～15cm；当苗高超过 10cm 时，选择阴雨天移栽 1 次。秋季根蘖苗成熟落叶后，用锹、铲仔细挖出，保证根系完整，将枝条剪留 30cm 进行假植越冬。

② 扦插繁殖　于 7 月上旬选用半木质化，直径大于 0.3cm，长 12～15cm 插条进行绿枝扦插。

（2）选地整地

林地选择尚未郁闭的经济林行间或毛竹林、林缘进行套种，郁闭度以 0.2～0.4 为宜，要求地势平坦、腐殖质层较厚、有机质含量较高、疏松肥沃的壤土或轻壤土。山莓根系很浅，所以它不易吸收深层土壤水分，因此，山莓须种植在持水能力好的土壤上。选好种植地后进行林地清理，伐除部分杂灌杂草，水平条带状堆积。栽植前开挖水平种植沟，行距 2m，沟宽 40cm，深 30cm。

（3）栽植技术

栽植时间以春季 3 月上旬栽植成活率高。苗木选择苗高 50cm、茎粗 0.5cm、根数 6 条、根长 10cm 以上、饱满芽有 6～8 个的苗木。栽植时在水平种植沟按株距 1m 放入种苗，同时施入少量钙镁磷肥为底肥，盖细肥土，种苗三角形配置，每丛主株（初生茎）数量控制在 2～3 株。

山莓栽植后在干旱少雨的情况下应及时浇灌定根水。山莓对表层土壤含水量的变化非常敏感，除人工浇灌外，土表盖草、树叶等有机物，也可保持土壤较长时间的湿润，既能减少水分蒸发，又可增加土壤肥力；同时也要注意雨季及涝洼地的及时排水。

（4）管理技术

① 除草、松土、施肥　栽后视杂草生长状况及时除草、松土、培兜，除草要除早、除小、除了。同时为了提高土地的利用率及经济效益，解决土地有机肥来源，可在树莓园中种植些 1 年生矮小的绿肥作物，如豆类、薯类、蔬菜等。

施基肥以农家肥为主，于 9 月下旬至 10 月上旬施入，施肥量为每亩有机肥 300kg、磷肥 50~75kg，施肥方法：在距植株 40~60cm 一侧挖 30cm 左右深的施肥沟，将肥料撒施在沟内，隔年交替进行。第 1 次追肥在春季萌芽前结合返青每亩施尿素 10kg；第 2 次在花前 7d 每亩追施硫酸钾肥 10kg；第 3 次在坐果后（果实膨大期），在距树干 20cm 以外根系分布区开环形沟，每亩施入复合肥 10kg。在干旱缺雨不适宜土壤追肥时，可进行根外追肥。

② 搭架缚引　虽然山莓树形具有直立性，但枝条通常只生长 2 年，比较细，当枝条长到 1.5m 时易成弓形而触地，特别是在结果期更是如此，所以树莓在生长期间要搭架缚引。搭架缚引非常简便，在行内每隔 5~10m 立一支柱，高 1.2~1.5m，并拉两道铁丝线，上层铁丝固定在支柱顶端，下层铁丝距地 1m，将枝条引缚到铁丝上即可。

③ 合理修剪　第 1 次修剪是在早春进行定植修剪，对过密的细弱枝、破损枝要齐地剪除。当年生新梢长到 40~60cm 时，对密度较小的植株可进行摘心，以促进侧芽萌发新技，增加枝量。第 2 次修剪是对基生枝（即当年新梢）的修剪。生产实践表明，对基生枝剪留在 1.3~1.5m 以内是最适宜的，这个长度既促进了结果母枝的生长，增加了产量，又促使基生枝翌年花芽完全分化。每年每株可选留长势壮的基生枝 6~8 个，其余剪掉，这是较为合理的留枝密度。第 3 次修剪是在采收结束后，对结果母枝齐地疏除。

④ 越冬管理　山莓较耐寒、落叶后可在林下安全越冬。

（5）病虫害防治

① 籽斑病　主要危害叶片和嫩果。受害后，叶片失绿、变黄、变褐、落叶、落果。5 月下旬至 8 月中旬的高温高湿条件为该病的盛发期。防治方法：用 70%甲基托布津 1000 倍液或 1∶1∶1000 波尔多液于 5 月下旬发病前和 8 月上旬分别喷药，每隔 15d 喷 1 次，连续喷施 2~3 次。

② 茎腐病　该病由结果枝向初生茎发展，病斑由点状扩散成片状，最后扩展到整个枝条，严重时造成整株枯死。防治方法：第一，生长期内喷施 70%甲基托布津 500 倍液 2~3 次预防，或用福美双、农用链霉素等药剂防治。第二，秋季清扫园地，将病枝剪下集中烧毁，消除病原。

③ 金龟子、蛴螬、线虫、蚜虫和红蜡蚧　防治方法：第一，彻底清除果园内残留的病枝、枯枝。于采果前喷 25%的甲虫净可湿性粉剂 1000~1500 倍液，杀灭金龟子。第二，种植前用辛硫磷颗粒剂、阿维菌素或用绿僵菌进行菌土混施，杀灭地下害虫蛴螬和线虫。第三，蚜虫于 5~6 月间危害嫩芽，可用 40%乐果乳油 2000 倍液防治。第四，红蜡蚧于 5~6 月孵化，危害嫩芽幼茎，可用 25%亚胺硫磷乳油 400 倍液防治。

**5）采收、加工及贮藏**

（1）分批采收

山莓的果实成熟期不一致，如鲜食就近销售，需在浆果（聚合果）九分成熟时采摘，并使用小包装；如果是工业深加工，可待果实完全成熟后再采收。通常在第 1 次采收后 7～8d 浆果大量成熟时每隔 1～2d 采收 1 次。尽可能早晨采收，此时香味最浓，雨天不要采收，否则易于霉烂。果实集中成熟时，应将采收员分成两组，一组专门采收过熟果、受伤害果；另一组专门采收优质果，以避免交叉污染。

（2）果实保鲜

山莓果实的果皮柔嫩，很容易碰破，果实采收后既不能承受较重的压力，稍受挤压即破裂出汁，同时较难保鲜，在常温条件下货架期也只有 1～2d。因此根据市场和订单进行分装与低温、充气、速冻等保鲜处理，以适当延长保鲜期，保持完美的风味。

## 2. 野山楂

**1）形态特征**（见彩图 2-12）

野山楂（*Crataegus cuneata* Sieb. et Zucc.）又名毛楂、南山楂等，蔷薇科落叶灌木。高达 1.5m。分枝密，通常具细刺，刺长 5～8mm；小枝细弱，圆柱形，有棱，幼时被柔毛，1 年生枝紫褐色，无毛，老枝灰褐色，散生长圆形皮孔；冬芽三角卵形，先端圆钝，无毛，紫褐色。叶片宽倒卵形至倒卵状长圆形，长 2～6cm，宽 1～4.5cm，先端急尖，基部楔形，下延连于叶柄，边缘有不规则重锯齿，顶端常有 3 或稀 5～7 浅裂片，上面无毛，有光泽，下面具稀疏柔毛，沿叶脉较密，以后脱落，叶脉显著；叶柄两侧有叶翼，长 4～15mm；托叶草质，镰刀状，边缘有齿。伞房花序，直径 2～2.5cm，具花 5～7 朵，总花梗和花梗均被柔毛，花梗长约 1cm；苞片草质，披针形，条裂或有锯齿，长 8～12mm，脱落很迟；花直径约 1.5cm；萼筒钟状，外被长柔毛，萼片三角卵形，长约 4mm，约与萼筒等长，先端尾状渐尖，全缘或有齿，内外两面均具柔毛；花瓣近圆形或倒卵形，长 6～7mm，白色，基部有短爪；雄蕊 20，花药红色；花柱 4～5，基部被茸毛。果实近球形或扁球形，直径 1～1.2cm，红色或黄色，常具有宿存反折萼片或 1 苞片；小核 4～5，内面两侧平滑。花期 4 月，果期 4～11 月。

**2）生态习性**

野山楂一般野生于林缘或山地灌木丛中。稍耐阴、耐寒、耐干燥、耐贫瘠，土壤以排水良好、湿润的微酸性砂质壤土最好；在低洼和碱性地区生长不良，易发生黄化现象。根系发达，多分布在 20～60cm 的土壤表层，保土蓄水功能强。

**3）食用部位及功效**

野山楂的食用部分为果实，果实、核、根、茎（木）、叶均可入药；主要含绿原酸、咖啡酸、山楂酸等黄酮类营养物质。性微温、味酸甘；具有消食健胃、活血化淤、收敛止痢等功效。可用于治疗开胃消食、化滞消积、活血散瘀、化痰行气、肠风下血、抗癌等病症。

**4）栽植技术**

（1）繁殖技术

① 种子繁殖　成熟的种子须经沙藏处理，挖 50～100cm 深沟，将种子以 3～5 倍湿沙混匀放入沟内至离沟沿 10cm 为止，再覆沙至地面稍高 5cm，结冻前再盖土至高出地面 30～50cm，翌年 6～7 月将种子翻倒 1 遍，秋季取出播种，也可第 3 年春播。条播行距 20～30cm，开沟 4～6cm 深，宽 3～5cm，播种 200～300 粒/m²，播后覆薄土，上再覆 1cm 厚沙，以防止土壤板结及水分蒸发，每亩播种量 25～30kg。苗高达 10cm 时进行移栽，株行距为 10～15cm×50～60cm。

② 扦插繁殖　春季将粗 0.5～1cm 根切成 12～14cm 根段，扎成捆，用 ABT 生根剂 200mg/kg 浸泡 2h 后以湿沙培 6～7d，斜插于苗圃，灌少量水使根和土壤密接，15d 左右可以萌芽。

③ 嫁接繁殖　春、夏、秋均可进行，以芽接为主。当年苗高达 50～60cm 时，可进行芽接。

（2）选地整地

选择经济林边坡或林缘进行套种，郁闭度以 0.1～0.3 为宜，要求地势平坦、腐殖质层较厚、有机质含量较高、疏松肥沃的壤土或轻壤土，切忌选择贫瘠易板结的黏重土种植。选好种植地后进行林地清理，伐除部分杂灌杂草，水平条带状堆积。按株行距 1.5m×1.5cm 开挖长×宽×深为 40cm×30cm×30cm 的种植穴。

（3）栽植技术

1～2 月树苗未发芽前栽植。放苗时在种植穴和苗根上施少量钙镁磷肥作基肥，每穴栽苗 1 株，盖土、压实。若遇气温较高或晴天，可适当剪去上端枝叶，遇干旱天气或土较干时，栽苗后要先浇水后填满土。

（4）管理技术

① 除草、松土　栽后视杂草生长状况及时除草、松土、培兜，除草要除早、除小、除了；同时为了提高土地的利用率及经济效益，解决土地有机

肥来源，可在野山楂园中种植些 1 年生矮小的绿肥作物，如豆类、薯类、蔬菜等。

② 施肥    一般 1 年追 3 次肥，在 3 月上旬树液开始流动时，每株追施尿素 0.5～1kg，以补充树体生长所需的营养，为提高坐果率打好基础。谢花后每株施尿素 0.5kg，以提高坐果率。7 月末花芽分化前每株施尿素 0.5kg，过磷酸钙 1.5kg，火烧土 5kg，以促进果实生长，提高果实品质。采果后及时施基肥，以补充树体营养，基肥以农家肥为主，每亩开沟施腐熟人畜肥或土杂肥 3000～4000kg，拌入尿素 20kg，过磷酸钙 50kg，火烧土 500kg。

③ 整形修剪

**冬季修剪**    由于野山楂树外围易分枝，常使外围郁闭，内膛小枝生长弱，枯死枝逐年增多，各级大枝的中下部逐渐裸秃。防止内膛光秃的措施应采用疏、缩、截相结合的原则，进行改造和更新复壮，疏去轮生骨干枝和外围密生大枝及竞争枝、徒长枝、病虫枝，缩剪衰弱的主侧枝，选留适当部位的芽进行更新，培养健壮枝组。对弱枝重截复壮和在光秃部位芽上刻伤增枝的方法进行改造。修剪注意事项：一是少用短截。野山楂树进入结果期后，凡生长充实的新梢，其顶芽及其以下的 1～4 芽，均可分化为花芽，所以在野山楂修剪中应少用短截的方法，以保护花芽。二是恢复树势。野山楂树进入结果期后，由于多年连续结果，导致枝条下垂，生长势逐渐减弱，骨干枝出现焦梢，产量下降，要及时进行枝条更新，以恢复树势。对于多年连续结果的枝或其他冗长枝、下垂枝、焦梢枝、多年生徒长枝回缩到后部强壮的分枝处，并利用背上枝带头，以增强生长势，促进产量的提高。

**夏季修剪**    一是疏枝。野山楂抽生新梢能力较强，一般枝条顶端的 2～3 个侧芽均能抽生强枝，每年树冠外围分生很多枝条，使树冠郁闭；通风透光不良，应及早疏除位置不当及过旺的发育枝，对花序下部侧芽萌发的枝一律去除，克服各级大枝的中下部裸秃，防止结果部位外移。二是拉枝。夏季对生长旺而有空间的枝在 7 月下旬新梢停止生长后，将枝拉平，缓势促进成花，增加产量。三是摘心。5 月上中旬，当树冠内心膛枝长到 30～40cm 时，留 20～30cm 摘心，促进花芽形成，培养紧凑的结果枝组。四是环剥。一般在辅养枝上进行，环剥宽度为被剥枝条粗度的 1/10 左右。

④ 越冬管理    野山楂适应性强，在南方林下种植无需采取防护措施，可安全越冬。

（5）病虫害防治

① 轮纹病    在谢花后 1 周喷 80%多菌灵 800 倍液，以后在 6 月中旬、7

月下旬、8 月上中旬各喷 1 次杀菌剂。

② 白粉病　发病较重的在发芽前喷 1 次 5°Be 石硫合剂，花蕾期、6 月各喷 1 次 600 倍 50% 可湿性多菌灵或 70% 甲基托布津防治。

③ 红蜘蛛、桃蛀螟　在 5 月上旬至 6 月上旬，喷布 2500 倍灭扫利防治。

④ 食心虫　在 6 月中旬树盘喷 100～150 倍对硫磷乳油，杀死越冬代食心虫幼虫，7 月初和 8 月上中旬，树上喷布 1500 倍对硫磷乳油防治，消灭食心虫的卵及初入果的幼虫。

**5）采收、加工及贮藏**

果实成熟期为 9～10 月。果实采下后趁鲜横切或纵切成两瓣，晒干，或压成饼状后晒干，或采用切片机切成薄片，在 60～65℃的烘干箱烘干、贮藏。

# 任务 3　藤本类食用植物栽培

## 1．中华猕猴桃

### 1）形态特征（见彩图 2-13）

中华猕猴桃（*Actinidia chinensis* Planch.）又名猕猴桃、藤梨等，为猕猴桃科大型落叶木质攀缘藤本植物。幼枝及叶柄密生灰棕色柔毛，老枝无毛；髓大，白色，片状。叶片纸质，圆形，卵圆形或倒卵形，长 5～17cm，顶端突尖、微凹或平截，边缘有刺毛状齿，上面仅叶脉有疏毛，下面密生灰棕色星状绒毛。花开时白色，后变黄色；花被 5 数，萼片及花柄有淡棕色绒毛；雄蕊多数；花柱丝状，多数。浆果卵圆形或矩圆形，密生棕色长毛。花期 4～5 月，果期 8～10 月。

### 2）生态习性

中华猕猴桃一般野生于海拔 800m 以下的林中、山谷、林缘、山坡灌丛、山坡路边等地。喜阴、温暖湿润、背风向阳环境。忌强光日照，喜腐殖质丰富、排水良好的土壤。

### 3）食用部位及功效

中华猕猴桃的食用部位为果实，含亮氨酸、苯丙氨酸、异亮氨酸、酪氨酸、缬氨酸、丙氨酸等 10 多种氨基酸及丰富的矿物质。根和果实可入药。根、根皮：性寒，味苦、涩；具有清热解毒、活血消肿、祛风利湿等功效；常用于治疗风湿性关节炎、跌打损伤、丝虫病、肝炎、痢疾、淋巴结结核、痈疖肿毒、癌症等病症。果：性寒，味甘、酸；具有调中理气、生津润燥、解热除烦等功效；可用于治疗消化不良、食欲缺乏、呕吐、烧烫伤等病症。

**4）栽培技术**

（1）繁殖技术

① 种子育苗　选择个大的熟果，采下后经过 6～7d 后熟，取出种子，用水洗净，晾干后用纱布包好，埋在稍微湿润的沙里，贮藏 1～2 个月，可提高发芽势和发芽率。圃地选择较荫蔽、易排水、较疏松肥沃的砂质土。畦面土壤整细、整平，畦宽 1～1.2m，施足基肥。2 月下旬至 3 月上旬播种，播种前将种子混些沙土，播种量 6～8g/m²；盖细土 0.5cm，稍加镇压，盖上稻草，浇些水，保持土壤湿润，在苗床上搭塑料薄膜拱棚，防御雨水冲击，减少水分蒸发，提高床温，有利种子萌发。出苗后，及时进行遮阴、浇水、追肥、松土、除草以及间苗等。

② 扦插育苗　选择避风、排水良好、土壤质地疏松、通透性好、有一定保水能力的砂质土壤，表土 15cm 内要混合适量的河沙，以促进生根。于春季选择已经开花结果、无病虫害、生长健壮、表皮光滑、芽眼饱满的 1 年生枝条（雌、雄株枝条要分开），每根插枝保留 2～3 节。剪去枝条顶端（离腋芽 1～1.5cm 处的上部）的纤弱部分，切口封蜡，减少水分蒸发。插枝基部离芽约 1.5cm 处用利刀斜切，切面要求光滑。扦插前，插枝基部用 ABT 生根剂 200mg/L 浸泡 2h 后扦插。

（2）选地整地

选择背风向阳的山坡、沟谷两旁或林缘空地或果园栽植。要求土壤质地疏松、土层深厚、腐殖质丰富、排水良好和微酸性至中性的砂壤土。冬季将林下杂草清除，在山坡上开挖水平种植带，内侧挖排水沟，按株行距 3m×5m，亩栽 30～40 株；定植穴深 60cm，宽 80cm。每穴施入火烧土 50kg 作基肥。

（3）栽植技术

春栽在 2 月中旬至 3 月上中旬，秋栽在 10 月中旬至 11 月中下旬。栽植深度约 20cm，做到根系舒展，不窝根，芽眼朝上。此外，嫁接苗栽植需合理搭配雌雄株，种植面积较大的按 8∶1 配比，种植面积较小的按 6∶1 或 5∶1 的配比。做好雄树记号，以便日后无性繁殖；实生苗则可等到开花时用嫁接方法进行调节。

（4）管理技术

① 除草、松土、施肥　发芽后，要及时除草、追肥，结果期加强肥水管理。幼期树采用少量多次施肥法，其后一般每年施肥 3 次，基肥 1 次，追肥 2 次。第 1 次追肥在萌芽后施入，每株施复合肥 2kg；第 2 次追肥在生长

旺期前施入，每株施氮磷钾复合肥 3kg；基肥于每年果实采收后施入，以充实春梢和结果树，每株施有机肥 20kg，并混合施入 1.5kg 磷肥。因中华猕猴桃的根是肉质根，要在离根稍远处挖浅沟施入化肥并封土，以免引起烧根。旱季施肥后一定要进行灌水。

② 搭架支撑 可就地利用原有的小树作活桩，再加一些可替换的竹木桩，关键部位使用混凝土桩。就地架高 1.8m，用 10～12 号铁丝纵横交叉呈"井"字形网络，铁丝间距 60cm 左右。

③ 整形修剪及疏果 中华猕猴桃修前分冬剪、夏剪和雄株修剪。冬剪在落叶后至早春萌芽前 1 个月期间进行，以疏剪为主，适量短截，多留主蔓和结果母枝，应剪去过密大枝、细弱枝、交叉枝和病虫枝。夏剪主要是在 5 月中旬至 7 月上旬进行除萌、摘心、疏剪及绑缚，及时抹去主干上的萌芽，增大枝蔓空间。雄株修剪在 5～6 月花后进行。每株留 3～4 个枝，每条枝留芽 4～6 个，当新梢长至 1m 时摘心。一般在花后 1 个月进行疏果。留中间果，疏边果，达到每 4～5 片叶留 1 个果。一般弱枝每 20cm，留果 1～2 个；强枝 20～25cm，留果 5～6 个；预计株产 50kg，应留果 500～600 个。原则上，整形根据搭架方式而定，要充分利用架面，使枝条分布均匀，从而达到高产优质的目的。

④ 越冬管理 中华猕猴桃适应性较强，在南方林下种植无须采取防护措施，可安全越冬。

（5）病虫害防治

① 果实软腐病 危害症状：当中华猕猴桃成熟之际，在收获的果实上的一侧出现类似大拇指压痕斑，微微凹陷，褐色，酒窝状，直径大约 5mm，其表皮并不破，剥开皮层显出微淡黄色的果肉，病斑边缘呈暗绿色或水渍状，中间常有乳白色的锥形腐烂，数天内可扩深至果肉中间乃至整个果实腐烂。防治方法：第一，幼果套袋。谢花后 1 周开始幼果套袋，避免侵染幼果。第二，药剂处理。从谢花后 2 周至果实膨大期（5～8 月）树冠喷布 50%的多菌灵 800 倍液或 1：0.5：200 倍量式波尔多液，或 70%甲基托布津 1000 倍液 2～3 次，喷药间隔时间为 20d 左右。第三，清除修剪下来的中华猕猴桃枝条和枯枝落叶，减少病菌寄生场所。

② 蒂腐病 危害症状：受害果起初在果蒂处出现明显的水渍状，以后病斑均匀向下扩展，果肉由果蒂处向下腐烂，蔓延全果，略有透明感，有酒味，病部果皮上长出一层不均匀的绒毛状灰白霉菌，后变为灰色。防治方法：第一，搞好冬季清园工作。第二，及时摘除病花集中烧毁，开花后期和采收前各喷 1 次杀菌剂，如倍量式波尔多液或 65%代森锌 500 倍液。第三，采前

用药应尽量使药液着于果蒂处；采后 24h 内药剂处理伤口和全果，如用 50%多菌灵 1000 倍液加 2，4-D100～200mg/kg 浸果 1min。

③ 根腐病　危害症状：初期在根颈部发生暗褐色水渍状病斑，逐渐扩大后生白色绢丝状菌丝。病部的皮层和木质部逐渐腐烂，有酒糟味，菌丝大量发生后经 8～9d 形成菌核，淡黄色。以后下面的根逐渐变黑腐烂，从而导致整个植株死亡。防治方法：第一，建园时要选择排水良好的土壤，雨季要搞好清沟排渍工作，不要定植过深，不施用未腐熟的肥料。第二，树盘施药在 3 月和 6 月中下旬，用代森锌 0.5kg 加水 200kg 灌根。第三，发现病株时，将根颈部土壤挖开，仔细刮除病部，健全部分用 0.1%升汞消毒后涂波尔多液，经半月后换新土盖上，刮除伤面较大时，要涂接蜡保护，并追施腐熟粪水，以恢复树势。

④ 叶蝉　危害特点：成虫若虫吸中华猕猴桃树的芽叶和枝梢的汁液，被害叶面初期出现黄白色斑点，渐扩展成片，严重时全叶苍白早落，树体衰弱，产量锐减。防治方法：第一，选择抗性品种栽培。第二，选择适宜的架式，该虫害的发生与光照强度有关，棚架重一些，形架和篱架轻一些。第三，清园消毒，清除果园内和四周杂草，冬季绿肥及时翻耕入土。第四，药剂防治，于成虫发生盛期喷布 40%乐果 1200 倍液防治。

⑤ 吸果夜蛾　危害特点：当果实近成熟期，成虫用虹吸式口器刺破中华猕猴桃果皮而吮吸果汁，刺孔甚小难以察觉，约 1 周后，刺孔处果皮变黄而凹陷并流出胶液，其后伤口附近软腐，并逐渐扩大为椭圆形水渍状的斑块，最后整个果实腐烂。防治方法：第一，搞好清园消毒工作。第二，从幼果期始对猕猴桃果进行套袋。第三，在园中设 40W 金黄色荧光灯诱杀，能减轻害虫数量。

⑥ 蝙蝠蛾　危害特点：以幼虫在主蔓基部 50cm 左右和主蔓基部的皮层及木质部危害，蛀入时先吐丝结网将虫体隐蔽，然后边蛀食边将咬下的木屑送出黏在丝网上，最后连缀成包，将洞口包掩。有时幼虫在枝干上先啃一横沟再向髓心蛀入，因而常造成皮层环割，使上部枝干枯萎或折断。虫道多自髓心向下蛀食，有时可深达地下根部，虫道内壁光滑。化蛹前虫包囊增大，色泽变成棕褐色，先咬一圆孔，并在虫道的内口处用丝盖物堵在孔口准备化蛹。防治方法：第一，保护天敌：食虫鸟、捕食性步甲虫和寄生蝇等均对蝙蝠蛾发生量具有一定的抑制作用。第二，经常检查果园，发现主蔓基部有虫包时，撕除虫包，用细铁丝插入虫孔，刺死幼虫。或用 50%敌敌畏 50 倍液滴注，或用棉球蘸药液塞入蛀孔内，毒杀幼虫。第三，清除果园附近寄主植物。第四，结合修剪，剪除受害藤蔓烧毁。第五，初

龄幼虫在地面活动期在树冠下及干基部喷时用 10%氯氰菊酯 2000 倍液，消灭二、三龄幼虫。

**5）采收、加工及贮藏**

秋季摘果、挖根，鲜用或晒干。中华猕猴桃的贮藏寿命和品质受其收获时的成熟度影响很大，果实采收过早或过迟都会影响果实的品质和风味。依照果实发育期，当果实可溶性固形物含量 6%～7%时为采收适期，而需要长期贮藏的果实则要求达 7%～10%。采收宜在无风的晴天进行，雨天、雨后以及露水未干的早晨都不宜采收。采摘时间以 10：00 前气温未升高时为佳。采收时，要轻采、轻放，小心装运，避免碰伤、堆压，最好随采随分级进行包装入库。用来盛果实的箱、篓等容器底部应用柔软材料作衬垫，不可拉伤果蒂、擦破果皮。初采后的果实坚硬，味涩，必须经过 7～10d 的后熟软化方可食用。后熟的果实不宜存放，要及时出售。

## 2. 野葛

**1）形态特征**（见彩图 2-14）

野葛［*Pueraria montana* var. *lobata*（Willd.）Maesen et S. M. Almeida ex Sanjappa et Predeep］又名葛根、粉葛、葛藤等，为豆科多年生宿根草质藤本植物。块根肥厚；各部有黄色长硬毛。小叶 3，顶生小叶菱状卵形，长 5.5～19cm，宽 4.5～18cm，先端渐尖，基部圆形，有时浅裂，下面有粉箱，两面有毛，侧生小叶宽卵形，有时有裂片，基部斜形；托叶盾形，小托叶针状。总状花序腋生，花密；小苞片卵形或披针形；萼钟形，萼齿 5，披针形，上面 2 齿合生，下面 1 齿较长，内外面均有黄色柔毛；花冠紫红色，长约 1.5cm。荚果条形，长 5～10cm，扁平，密生黄色长硬毛。花期 8～9 月，果期 9～10 月。

**2）生态习性**

主要分布于海拔 1000m 以下的山坡草丛、路旁、疏林中较阴湿处。适应性强，对气候、土壤条件要求不严，易于栽培。适于温暖潮湿的生长环境，喜温、耐热、不耐涝。日平均气温达 12℃左右时，开始萌发，适宜生长的日平均气温为 20～33℃，25～30℃适宜块根形成，15～20℃适宜块根内淀粉的积累。

**3）食用部位及功效**（见彩图 2-15）

野葛的食用部位为块根、花及块根提取物（葛粉），含葛根素、大豆黄酮苷、蛋白质、氨基酸、糖和人体必需的铁、钙、铜、硒等营养物质。性平，味甘；具有解肌退热、解酒止渴、生津、透疹、升阳止泻等功效；可用于治疗冠心病、心绞痛、突发性耳聋、外感发热头痛、项强、口渴、消渴、麻疹不透、热痢、泄泻、反胃吐食等病症。

**4）栽培技术**

（1）繁殖技术

野葛主要采用扦插进行繁殖。

① 营养土准备  每培育 1000 株袋苗需准备营养土 200kg，复合肥、磷肥、细肥土按 1：2：100 的比例混匀，再施入适量的人畜粪便、沼液粪水、细粪等农肥，堆沤 1 个月后装袋。选用直径 12cm、高 8cm、底打孔的营养袋。苗床宽 1.3m，将装好营养土的营养袋整齐排列于苗床，用竹竿和地膜搭盖小拱棚。

② 扦插  于 12 月上旬，选取粗 0.5cm 以上、充分木质化、无病虫危害和无损伤、生长健壮的中下段（距根部 1.5m 以内）藤蔓作为插条，挖坑储藏催芽 1 个月后备插。选取健壮的芽节作为插穗，每段芽节上下端各保留一个芽，芽节下端留 4～5cm，上端留 3～4cm 切断，并用多菌灵可湿性粉剂 1000 倍液浸泡芽节 5min 进行消毒后斜插于营养袋中，芽眼朝上，浇透水。待腋芽萌发抽梢时小拱棚改建成平顶拱棚，保持苗床湿润，注意通风降温。3 个月后，当藤蔓长 20cm 以上时出圃移栽。

（2）选地整地

选择果园、林缘进行套种，郁闭度以 0.2～0.4 为宜，要求地势平坦、腐殖质层较厚、有机质含量较高、疏松肥沃、中性或微酸性的壤土或轻壤土。选好种植地后进行林地清理，伐除部分杂灌杂草，水平条带状堆积。于冬季开挖宽度 20cm，深度 70cm 的种植沟，把基肥全部施入种植沟，再回填 10cm 厚的土壤，将底肥与土壤拌匀。

（3）栽植技术

移栽季节以 4 月最佳。栽植时将袋苗塑料营养袋撕掉后植入种植沟内，周围施入细粪并回土压实，浇透水，覆盖地膜保湿增温，进入雨季时撤除地膜。栽植密度：株行距 60cm×100cm，每亩栽植 400～600 株。

（4）管理技术

① 查缺补苗  移栽后要及时检查成活情况，没有成活的，要尽快补栽，确保获得高产量。有时葛根在生长发育过程中，会遭受严重的根部病虫危害而死亡，要及时挖除死亡植株，进行土壤杀虫和消毒，补栽葛根袋苗。

② 中耕锄草  进入雨季后，杂草生长很快，要适时中耕除草，培土清沟及时排出积水，使葛根生长有一个良好的环境。葛根为旱地作物，根系发达，耐旱不耐涝，雨季要保持排水畅通。中耕除草一般根据杂草生长情况进

行 2～3 次。

③ 追肥　野葛属喜肥植物，根生长速度快，需肥量大。野葛苗移栽成活以后，就要及时追施一次提苗肥，时间约在野葛苗移栽后半个月，每亩用复合肥 10kg 兑水浇施。根据野葛苗生长情况，追肥 2～3 次提苗肥。当藤蔓长到 1.5m 以上时，深扎的根系即可吸收利用基肥养分，不必再进行根部追肥。

④ 抗旱保苗　野葛苗移栽成活后，采取地膜覆盖法栽培，既能保湿，又能提高地温，促进野葛苗正常生长。进入雨季后，应及时去除地膜，保证土壤有足够的水分供野葛苗生长。

⑤ 搭架引蔓　当藤蔓长到 50cm 左右时，及时用竹竿、绳索等搭架引蔓。搭架的时候要注意插稳插实、捆紧，以防被大风吹倒。

⑥ 修剪整蔓　在野葛生长过程中要控制藤蔓疯长，促进块根膨大。方法一：每株野葛苗可留 1～2 条葛藤培养形成主蔓，在野葛还没有长到 1m 长的时候，随时剪除萌发的侧蔓，促进主蔓长粗长壮；1m 以上所萌发的侧蔓全部留着长叶片，保持足够的光合作用叶面积。方法二：当所有的侧蔓生长点距根部的距离达到 3m 的时候，要摘除顶芽，抑制疯长，促进主蔓长粗长壮和腋芽发育，确保根部膨大所需营养。在翌年开春后，要及早修剪，每株葛根只能保留 2～3 条藤蔓培养形成主蔓，1m 以内不留分枝侧蔓，以防"葛头"长得过大，消耗过多养分，影响葛根膨大。

⑦ 越冬管理　野葛适应性较强，下霜枯萎后可在露地安全越冬。

（5）病虫害防治

① 葛根锈病　在雨水较多的 5 月发生，主要危害叶片。发病时可选用 75%百菌清可湿性粉剂 600 倍液或 90%敌锈钠可湿性粉剂 400～500 倍液喷雾防治，每隔 10d 喷 1 次，连喷 2～3 次。

② 炭疽病　多在 6 月下旬至 8 月上旬发生，主要危害叶片。发病时可选用 70%甲基硫菌灵可湿性粉剂 1000 倍液加 75%百菌清可湿性粉剂 1000 倍液喷雾防治，每隔 10d 喷 1 次，连喷 2～3 次。此外，要加强水肥管理，适当增施磷钾肥，搞好田间排水，改善植株间的通透性可减少炭疽病发生。

③ 叶斑病　发病季节多在 4 月，尤以春雨连绵期发生严重。发生时喷 1：1：100 波尔多液，每隔 7～10d 喷 1 次，可取得较好的防治效果。此外，增施磷钾肥，消灭越冬菌原可有效预防叶斑病发生。

④ 金龟子　危害叶片，严重者仅余叶脉。可于早晨成虫不活泼时捕杀或用 90%晶体敌百虫 1000 倍液喷雾防治。

⑤ 地老虎　3 月中旬至 4 月中旬为危害盛期。除消灭虫卵和幼虫寄生场所外，可于早春成虫产卵前，用红糖 6 份、酒 1 份、醋 4 份、水 2 份，加少量敌百虫配成诱杀液，用盆盛放诱杀成虫。

另外，还有土蚕、黄蚂蚁对幼苗成活和葛根的产量品质影响极大，不可不防。在开挖种植沟时就要人工捕杀土蚕；结合施底肥回填土时，还要施用土壤杀虫农药毒杀害虫。在葛根生长期，可选用 5%辛硫磷颗粒剂施入土壤毒杀。此外，葛根有甜味，老鼠特别爱吃，也要注意防治鼠害。

**5）采收、加工及贮藏**

（1）采收

① 葛根采挖方法　葛根采挖时间一般为当年的 11 月至翌年的 2 月底，采挖期 80～90d。采挖方法主要有全窝采挖和挖大留小采挖两种方法。

**全窝采挖**　种植 2 年以上的葛或葛品种不纯的和需要淘汰的低产劣质品种，采用全窝采挖。

**挖大留小采挖**　在葛根采挖中对那些葛根品种结葛根只有 1～3 个，葛根粗短肥大又不分叉的葛品种，可采用挖大留小的方法进行采挖，留下小的葛根继续生长留到翌年采挖，在翌年采挖时仍采用挖大留小的方法。这种采挖方法即有利于提高产量，又可提高葛根的质量。

② 葛根花采摘方法　在 9～10 月当花尚未完全开放时采摘，去掉花柄和杂质后，晒干即可。

（2）加工、贮藏

① 手工加工

**清洗根块**　将表面光滑、无破损的葛根放进水池洗净。

**粉碎磨浆**　预备 1 个缸池，用磨浆机将葛根块磨碎，磨碎的浆末盛于缸池内。

**浆渣分开（过滤）**　选 1 个洁净的大池（水泥地即可），也可用宽幅的塑料布铺垫，四周压好；再用 90～100 目的钢丝筛子置于池上，在筛内铺上纱布；把浆末盛在纱布上，注入清水，充分搅动，使淀粉随水浇在大池内，反复加水，直到淀粉与粉渣分离干净。

**沉淀**　淀粉浆沉淀 48h 后，舀干淀粉上面的水，取出淀粉块。

**干燥**　把取出的淀粉块烘干或晒干，袋装密闭干燥贮藏。

② 机械加工

**清洗**　用清水将葛根洗净，去除泥土、沙子等杂质，无须将葛根的表皮除去。

**粉碎磨浆**　将洗净的葛根送入碎解机中进行碎解，碎解时必须加水，葛根和水的比例以 1∶3 为宜，碎解机的筛网孔径选取 2mm 即可。

**筛分** 碎解后的浆液用离心筛将淀粉迅速从浆液中分离出来，即可得到湿淀粉。

**干燥** 采用晒干法和烘干法。但晒干的葛根淀粉含有的黄酮明显低于烘干的葛根淀粉。在紫外线照射下，黄酮成分会发生一定程度的氧化分解，影响其保存率。所以应选择在 60℃左右的温度下进行烘干，密闭干燥贮藏。

### 3. 落葵薯

#### 1）形态特征（见彩图 2-16）

落葵薯［*Anredera cordifolia*（Tenore）Steenis］又名藤三七、土三七、心叶落葵薯等，为落葵科多年生宿根落叶缠绕藤本植物。藤长可达数米。根状茎粗壮。叶具短柄，叶片卵形至近圆形，长 2～6cm，宽 1.5～5.5cm，顶端急尖，基部圆形或心形，稍肉质，腋生小块茎（珠芽）。总状花序具多花，花序轴纤细，下垂，长 7～25cm；苞片狭，不超过花梗长度，宿存；花梗长 2～3mm，花托顶端杯状，花常由此脱落；下面 1 对小苞片宿存，宽三角形，急尖，透明，上面 1 对小苞片淡绿色，比花被短，宽椭圆形至近圆形；花直径约 5mm；花被片白色，渐变黑，开花时张开，卵形、长圆形至椭圆形，顶端钝圆，长约 3mm，宽约 2mm；雄蕊白色，花丝顶端在芽中反折，开花时伸出花外；花柱白色，分裂成 3 个柱头臂，每臂具一棍棒状或宽椭圆形柱头。果实、种子未见。花期 6～10 月。

#### 2）生态习性

落葵薯一般野生于沟谷边、河岸上、荒地或灌丛中。对环境适应很强，耐热、耐弱光、耐旱、耐湿及耐寒，生育适温 20～30℃，高温高湿季节生长快，冷凉季节生长旺实，短期耐 10℃左右低温。

#### 3）食用部位及功效（见彩图 2-17）

食用部位为嫩叶、珠芽、块根，叶片中维生素 A 的含量较高，还含可溶性糖、蛋白质、脂肪、碳水化合物、钙、磷、铁及多种维生素等。藤、珠芽入药。性温，微苦；具有滋补强壮、祛风除湿、活血祛淤、消肿止痛、降血糖等功效；可用于治疗腰膝痹痛、病后体虚、跌打损伤、骨折等病症。

#### 4）栽培技术

（1）繁殖技术

① **珠芽繁殖** 秋季采下叶腋中的成熟珠芽放于冷凉干燥处，翌年早春

播于营养袋或穴盘内，搭建小拱棚，约30d成苗。

② 块茎繁殖　块茎也称珠芽团，在早春挖取珠芽团，剥成单珠芽，同上法播种并建小拱棚，约30d成苗。

③ 扦插繁殖　于春夏季选取健壮成年植株的上中部藤蔓作插条，剪成双节带叶的穗条，按株行距10cm×20cm斜插于苗床中，压实、浇水，床温保持20℃，6～7d长出新根，20d左右成苗，此法生产上多用，繁殖快。

（2）选地整地

选择果园、林缘进行套种，郁闭度以0.2～0.4为宜，要求地势平坦、腐殖质层较厚、有机质含量较高、疏松肥沃、中性或微酸性的壤土或轻壤土。选好种植地后进行林地清理，伐除部分杂灌杂草，水平条带状堆积。于冬季开挖宽度20cm、深度30cm的种植沟，把基肥全部施入种植沟，再回填10cm厚的土壤，将底肥与土壤拌匀。

（3）栽植技术

移栽季节以4月最佳。栽植时将袋苗塑料营养袋撕掉后植入种植沟内，周围施入细粪并回土压实，浇透水，覆盖地膜保湿增温，进入雨季时撤除地膜。栽植密度：株行距60cm×100cm，每亩栽植500～800株。

（4）管理技术

① 查缺补苗　移栽后要及时检查成活情况，未成活的，要尽快补栽，确保获得高产量。对根部遭受病虫危害而死亡的幼苗，要及时挖除，进行土壤杀虫和消毒，补栽袋苗。

② 中耕锄草　进入雨季后，杂草生长很快，要适时中耕除草，培土清沟及时排出积水，使根系生长有一个良好的环境。中耕除草一般根据杂草生长情况进行2～3次。

③ 追肥　落葵薯为喜肥植物，根生长速度快，需肥量大。幼苗移栽成活以后，就要及时追施一次提苗肥，时间约在移栽后半个月，每亩用复合肥10kg兑水浇施。根据幼苗生长情况，追肥2～3次提苗肥。当藤蔓长到1.0m以上时，深扎的根系即可吸收利用基肥养分了，不必再进行根部追肥。

④ 抗旱保苗　落葵薯移栽成活后，采取地膜覆盖法栽培，既能保湿，又能提高地温，促进幼苗正常生长。进入雨季后，应及时去除地膜，保证土壤有足够的水分供幼苗生长。

⑤ 搭架引蔓　当藤蔓长到50cm左右时，及时用竹竿、绳索等搭架引蔓；搭架的时候要注意插稳插实、捆紧，以防被大风吹倒。

⑥ 越冬管理　落葵薯适应性较强，下霜枯萎后以根状茎在露地安全越冬。

（5）病虫害防治

落葵抗病虫害能力强，目前尚未发现病虫害。

**5）采收、加工及贮藏**

夏秋季采摘嫩叶、珠芽，挖取块根。鲜嫩叶、块根作食用；藤、珠芽晒干或烘干供药用。

# 3 项目三

## 林下经济植物栽培模式——林花模式

林花模式即根据林间光照强弱及各种食用植物的不同需光特性选择较为耐阴的观赏经济植物在林下进行套种的模式（见彩图 3-1）。主要套种忌高温、怕强光的观赏经济植物。

# 任务 1　草本类观赏植物栽培

## 1. 野百合

### 1）形态特征（见彩图 3-2）

野百合（*Lilium brownii* F.E.Br. ex Miellez.）又名白花百合、喇叭筒、山百合等，为百合科多年生宿根草本。鳞茎球形，直径 2～4.5cm；鳞片披针形，长 1.8～4cm，宽 0.8～1.4cm，无节，白色。茎高 0.7～2m，有的有紫色条纹，有的下部有小乳头状突起。叶散生，通常自下向上渐小，披针形、窄披针形至条形，长 7～15cm，宽（0.6～）1～2cm，先端渐尖，基部渐狭，具 5～7 脉，全缘，两面无毛。花单生或几朵排成近伞形；花梗长 3～10cm，稍弯；苞片披针形，长 3～9cm，宽 0.6～1.8cm；花喇叭形，有香气，乳白色，外面稍带紫色，无斑点，向外张开或先端外弯而不卷，长 13～18cm；外轮花被片宽 2～4.3cm，先端尖，内轮花被片宽 3.4～5cm，蜜腺两边具小乳头状突起；雄蕊向上弯，花丝长 10～13cm，中部以下密被柔毛，少有具稀疏的毛或无毛;花药长椭圆形,长 1.1～1.6cm;子房圆柱形,长 3.2～3.6cm,宽 4mm,花柱长 8.5～11cm,柱头 3 裂。蒴果矩圆形,长 4.5～6cm,宽约 3.5cm,有棱,具多数种子。花期 6～7 月,果期 8～10 月。

**2）生态习性**

野百合一般野生于海拔 1000m 以上的山坡、灌木林下、路边、溪旁或石缝中。喜温暖、湿润环境。不耐干旱,怕炎热、怕涝。宜土层深厚、疏松肥沃的砂质土壤,忌连作。

**3）观赏价值及药用功效**（见彩图 3-3）

野百合为观花植物。花形如长号,花柱伸长唇外,宛如蝴蝶的触须,迎风摇曳,惹人爱怜;其植株亭亭玉立,碧绿苍翠,秀色可餐,休闲观看,赏心悦目,可盆栽或作地被植物栽培。根茎入药,性微寒,味平;具有润肺、清火、安神等功效;可用于治疗咳嗽、眩晕、夜寐不安、天疱湿疮等病症。

**4）栽培技术**

（1）繁殖技术

鳞茎繁殖。于 9 月前后进行。播种前在整好的畦面上开浅沟,再将野百合小鳞茎栽植沟内,覆土浇水保墒,以利成活,株行距 15cm×20cm。每亩用种量为 150kg 左右。

（2）选地整地

选择长坡中下部的毛竹林、杉木林、阔叶林的中龄林、近熟林及盛产期经济林进行套种,郁闭度以 0.3～0.5 为宜,要求地势平坦、腐殖质层较厚、有机质含量较高、疏松肥沃的壤土或轻壤土,切忌选择贫瘠易板结的土壤种植。选好种植地后进行林地清理,伐除部分影响野百合生长的杂灌杂草,水平条带状堆积。按株行距 30cm×30cm 开挖长×宽×深为 40cm×40cm×30cm 的种植穴。

（3）栽植技术

**栽植时间**　春季最佳。

**栽植方法**　将种根沾上钙镁磷肥后栽植,栽植深度约 15cm,要求苗正、根舒、浅栽、芽朝上,覆土高出地面 5cm,不得踩实。

（4）管理技术

① 除草、松土　每年 3～8 月人工松土除草 1～2 次,深度 8～10cm,培土 8～10cm。

② 施肥　花蕾期应追肥 1 次,每亩追施复合肥 20kg。

③ 排涝防旱　阴雨天气注意排水,干旱天气及时浇水。

④ **摘蕾**　为防止养分消耗，应在花蕾期及时剪除花蕾。

⑤ **越冬管理**　野百合在南方地区地上部分枯萎后，盖些杂草、树叶，冬季可在常温下越冬。

（5）病虫害防治

① **叶斑病**　防治方法：于发病前用 1∶1∶100 波尔多液或 65%代森锰锌防治。

② **病毒病**　用乙膦铝防治。

③ **蚜虫**　第一，黄板诱杀。有翅成蚜对黄色、橙黄色有较强的趋性，可在黄板上涂抹机油、凡士林等诱杀。黄板的大小一般为 15～20cm，插或挂于田间，黄板诱满蚜虫后及时更换。第二，天敌防治。主要有瓢虫、食蚜蝇、草蛉、蚜茧蜂、蚜霉菌等天敌。第三，农药防治。选用兼具内吸、触杀、熏蒸作用的药剂，轮换使用防治。防治药剂主要有 10%吡虫啉可湿性粉剂1500 倍液、4.5%高效氯氰菊酯乳油 2000 倍液等。

④ **地下害虫**　用辛硫磷1000 倍液防治。

**5）采收、加工及贮藏**

野百合作为鲜切花材料栽培的，于 5～6 月花蕾期或初花期采切茎叶花序，一天中以清晨采切最佳，采后立即插入保鲜液容器中，并进行花束包装和保湿冷藏。

野百合作为药用花卉栽培的，于播种后翌年的秋季地上茎叶枯萎后采收。将挖出的地下鳞茎去掉泥土，进行大小分级，大的供药用，小的作种用。加工时，将鳞茎剥离成片，放入沸水中煮 5～10min，捞出摊于席上晒干即可。以肉厚、色白、质坚、半透明者为佳品。

## 2. 香薷状香简草

**1）形态特征**（见彩图 3-4）

香薷状香简草（*Keiskea elsholtzioides* Merr.）又名紫花香简草、香薷状霜柱、大苞香简草等，为唇形科多年生宿根落叶草本。茎高约 40～60cm，圆柱形，幼部密生平展的纤毛状柔毛。叶片卵形或卵状矩圆形，长 10～15cm，上面疏生短硬毛，近于粗糙，下面疏生短纤毛；叶柄长达 5.5～7cm。假总状花序顶生或腋生，花后延长至 18cm，花序轴密被平展的纤毛状柔毛；苞片宿存，宽卵状圆形，突渐尖；花萼钟状，长约 3mm，具纤毛状硬毛，深 5裂，裂片披针形至卵状披针形，内面于裂片间有纤毛状硬毛束；花冠紫色，长约 8mm，内面近基部有横向毛环，上唇直立，2 裂，下唇 3 裂，裂片近圆形。小坚果近球形。花期 10～11 月，果期 11～12 月。

**2）生态习性**

香薷状香简草一般野生于海拔 400～600m 的红壤丘陵草丛、树丛中、林缘等地。喜林下阴凉环境，耐寒、耐旱性较强，适应性强。

**3）观赏价值**

香薷状香简草为观花植物。唇形花冠紫色、艳丽，花柱长而直立，花丝直伸，观赏性强，花有香味。花期从 10 月下旬至 11 月上旬，历经半个月，观赏时常较长。可用于公园、绿地片植、布置花径等，也可盆栽观赏，别有韵味，可盆栽或作地被植物栽培。

**4）栽培技术**

（1）繁殖技术

主要采用播种繁殖。育苗地选向阳、疏松肥沃、排水良好的砂质壤地，靠近水源，灌排管理方便。选地后，每亩施厩肥 3500kg、饼肥 50kg。均匀撒到苗床上，翻耕 25cm 深，耕细整平，作 1.2m 高畦，畦沟宽 40cm。移栽地宜选向阳、潮湿、疏松肥沃的沙质壤土，或起 60cm 垄待播种。其种子成熟不一致，8 月选择生长整齐健壮，无病虫害，黄色成熟果穗采种，阴干后敲打脱粒；扬净杂质晒干备用。于 5 月上旬，在做好的苗床上均匀撒施畜粪尿水，待渗下去后，将种子均匀撒播到床面上，条播的按株距 12～15cm 定苗，穴播的分散留苗 4～5 株。播完一床后，撒盖草木灰和细肥土以看不到种子为度。经常浇水，保持床土湿润，在适宜条件下 10d 可出苗。苗齐后，揭去盖草，每亩播种量 0.25～0.3kg。加强苗期浇水，间苗定苗、松土除草等管理，当苗高 8～10cm 时进行移栽。

（2）选地整地

选择毛竹林、杉木林、阔叶林、针阔混交林的中龄林、近熟林及盛产经济林进行套种，郁闭度以 0.4～0.5 为宜，要求地势平坦、腐殖质层较厚、有机质含量较高、疏松肥沃的壤土或轻壤土，切忌选择贫瘠易板结的土壤种植。选好种植地后进行林地清理，伐除杂灌杂草，水平条带状堆积。按行距 25cm 开挖深 10～15cm、宽 15～20cm 的水平种植沟。

（3）栽植技术

在水平种植沟放入少量钙镁磷肥，按株距 20cm 放入种苗，盖细肥土。

（4）管理技术

① 除草、松土、施肥  栽后视杂草生长状况，及时除草、松土。香薷状香简草喜肥，如肥料充足，生长快、叶片多而大、穗多穗长、产量高。结合中耕除草进行追肥，每年进行 3～4 次。第 1 次每亩施入复合肥 10～15kg；第 2～4 次每亩施入复合肥 15～20kg。每次追肥选择在雨前，有利于肥料的溶解和吸收。

② 防涝　在地势较平坦或低洼的林地，雨季应及时排除积水，防烂根。

③ 越冬管理　香薷状香简草耐寒，在南方林下冬季地上部分枯萎后，无须防护措施可安全越冬。

（5）病虫害防治

香薷状香简草适应性强，病虫害少。发生病虫害可用常规方法和一般药剂防治。

**5）采收、加工及贮藏**

香薷状香简草作为鲜切花材料栽培的，于 10～11 月花蕾期或初花期采切茎叶花序，一天中以清晨采切最佳，采后立即插入保鲜液容器中，并进行花束包装和保湿冷藏。

### 3．叶底红

**1）形态特征**（见彩图 3-5）

叶底红［*Phyllagathis fordii*（Hance）C. Chen.］又名野海棠、叶下红、血还魂等，为野牡丹科常绿直立亚灌木状草本植物。高 20～50cm。茎幼时四棱形，不分枝或极少分枝，上部与叶柄、花序、花梗及花萼均密被柔毛及长腺毛。叶片坚纸质，心形、椭圆状心形至卵状心形，顶端短渐尖或钝急尖，基部圆形至心形，长（4.5～）7～10（～13.5）cm，宽（3～）5～5.5（～10）cm，边缘具细重齿牙及缘毛和短柔毛，基出脉 7～9，近边缘的 2 条不甚明显，两面被疏长柔毛，背面以脉上较多，叶面仅中脉微凹，背面基出脉及侧脉隆起或微隆起；叶柄长 2.5～5cm。伞形花序或聚伞花序，或由聚伞花序组成的圆锥花序，顶生，总梗长 1～5.5cm，花梗长 0.8～2cm；花萼钟状漏斗形，管长 5～7mm，裂片线状披针形至狭三角形，长 4～5mm，两面均被毛；花瓣紫色或紫红色，卵形至广卵形，顶端渐尖，有时顶尖具 1 腺毛，微偏斜，仅外面上部及边缘被微柔毛，长 10～14mm，宽 6～8mm，雄蕊等长，长 1.6～1.8cm，花药披针形，通常作近 90°的膝曲，长 9～11mm，药隔膨大，下延，前后连成盘状；子房卵形，顶端具膜质冠，冠缘具啮齿状细齿。蒴果杯形，为宿存萼所包；宿存萼顶端平截，冠以宿存萼片，被刺毛，刺毛基部略膨大，长 6～10mm，直径 8～12mm。花期 10 月，果期 10～11 月。

**2）生态习性**

叶底红一般野生于海拔 300～800m 的林下、山谷、林缘等地。不耐强光照，耐寒，适应性强。在土层肥厚、疏松的红壤上生长较好。

**3）观赏价值及药用功效**

叶底红为观叶观花植物，株形低矮小巧，叶背及花瓣均呈紫红色，植株密被红棕色柔毛和长腺毛，形态优美，色泽艳丽，可盆栽或作地被植物栽培。全株可供药用，性凉，味苦、涩；具有止痛、止血、祛瘀等功效；可用于治疗吐血、通经、跌打损伤等病症。

**4）栽培技术**

（1）繁殖技术

叶底红的栽培与引种驯化过程中，受种子播种所需的时间较长、种子发芽成活率极低等因素的影响，难于满足生产需求，主要采用扦插繁殖。扦插方法：剪取 2 年生植株枝条为插条。扦插基质采用红壤：炭化谷壳灰＝4：1。苗床南北向，宽 100cm，长 10m 以上，高 25～30cm，上搭建遮光率为 70% 的荫棚，采用营养基质进行扦插，插条采用 NAA 生根剂 50mg/L 处理。春季扦插生根率最高，平均生根率达 70%以上，其次为秋季。

（2）选地整地

选择毛竹林、杉木林、阔叶林、针阔混交林的中龄林、近熟林及盛产期经济林进行套种，郁闭度以 0.4～0.5 为宜，要求地势平坦、腐殖质层较厚、有机质含量较高、疏松肥沃的壤土或轻壤土，切忌选择贫瘠易板结的土壤种植。选好种植地后进行林地清理，伐除杂灌杂草，水平条带状堆积。按行距 25cm 开挖深 10～15cm、宽 15～20cm 的水平种植沟。

（3）栽植技术

在水平种植沟放入少量钙镁磷肥，按株距 20cm 放入种苗，盖细肥土。

（4）管理技术

① 除草、松土、施肥　栽后视杂草生长状况，及时除草、松土。叶底红喜肥，如肥料充足，生长快，叶片多而大，穗多穗长，产量高。结合中耕除草进行追肥，每年进行 3～4 次。第 1 次每亩施入复合肥 10～15kg；第 2～4 次每亩施入复合肥 15～20kg。在每次追施选择在雨前，以利于肥料的溶解和吸收。

② 防涝　在地势较平坦或低洼的林地，雨季应及时排除积水，防烂根。

③ 越冬管理　叶底红较耐寒，在南方林下冬季地上部分枯萎后，无须防护措施可安全越冬。

（5）病虫害防治

叶底红适应性强，病虫害少。发生病虫害可用常规方法和一般药剂防治。

**5）采收、加工及贮藏**

叶底红作为鲜切花材料栽培的，于 10 月花蕾期或初花期采切茎叶花序，一天中以清晨采切最佳，采后立即插入保鲜液容器中，并进行花束包装和保湿冷藏。

叶底红作为药用花卉栽培的，夏、秋季采收，鲜用或晒干。

### 4．少花柏拉木

**1）形态特征**（见彩图 3-6）

少花柏拉木[*Blastus pauciflorus*（Benth.）Merr.]又名小花野锦香、柏拉木等，为野牡丹科多年生宿根草本植物。高约 70cm。茎圆柱形，分枝多，被微柔毛及黄色小腺点，幼时更密。叶片纸质，卵状披针形至卵形，顶端短渐尖，基部钝至圆形，有时略偏斜，长 3.5～6cm，宽 1.3～2.3cm，近全缘或具极细的小齿，3～5 基出脉，叶面基出脉微凹，被微柔毛，侧脉不明显，背面基出脉、侧脉隆起，密被微柔毛及疏腺点，其余密被黄色小腺点；叶柄长 4～10mm，密被微柔毛及疏小腺点。由聚伞花序组成小圆锥花序，顶生，长约 5mm，宽 3mm，密被微柔毛及疏小腺点；苞片不明显，花梗长约 1mm，与花萼均被黄色小腺点；花萼漏斗形，具 4 棱，长约 3mm，裂片短三角形，长不到 1mm；花瓣粉红色至紫红色，卵形，顶端急尖，偏斜，长约 2.5mm，外面顶端有时被小腺点；雄蕊 4，花丝长约 3mm，被微柔毛，花药披针形，微弯，长约 3mm，基部微分开，具不明显的小瘤，药隔微膨大，下延至基部分开；子房半下位，顶端具 4 小突起，被小腺点。蒴果椭圆形，为宿存萼所包；宿存萼漏斗形，具 4 棱形，长约 3mm，直径约 2mm，被黄色小腺点。花期 10～12 月，果期 11～12 月。

**2）生态习性**

少花柏拉木一般野生于海拔 800m 以下的山坡林下山谷、溪边、林下阴湿肥沃地，常成片生长。喜温暖湿润和散射光环境，夏季宜凉爽；要求疏松肥沃和排水良好的土壤，不耐干旱和高温。

**3）观赏价值及药用功效**

少花柏拉木为观叶、观花植物，叶形独特，花朵粉红艳丽，可在林荫下作地被植物栽培或盆栽。全草入药，性凉，味甘；具有拔毒生肌、杀虫等功效；可用于治疗疮疖、肿毒、外伤、溃疡等病症。

**4）栽培技术**

（1）繁殖技术

少花柏拉木的栽培与引种驯化过程中，受种子播种所需的时间较长、种子发芽成活率极低等因素的影响，难于满足生产需求，主要采用扦插繁殖。扦插方法：剪取 2 年生植株枝条为插条。扦插基质采用红壤∶炭化谷壳灰＝4∶1。插床苗床南北向，宽 90cm，长 10m，高 25cm，上搭建遮光率为 70%的荫棚，采用装基质进行扦插，插条采用 NAA 生根剂 50mg/L 处理。春季扦插生根率最高，平均生根率达 70%以上，其次为秋季。

（2）选地整地

选择毛竹林、杉木林、阔叶林、针阔混交林的中龄林、近熟林及盛产期经济林进行套种，郁闭度以 0.4～0.5 为宜，要求地势平坦、腐殖质层较厚、有机质含量较高、疏松肥沃的壤土或轻壤土，切忌选择贫瘠易板结的土壤种植。选好种植地后进行林地清理，伐除杂灌杂草，水平条带状堆积。按行距25cm 开挖深 10～15cm、宽 15～20cm 的水平种植沟。

（3）栽植技术

在水平种植沟放入少量钙镁磷肥，按株距 20cm 放入种苗，盖细肥土。

（4）管理技术

① 除草、松土、施肥　栽后视杂草生长状况，及时除草、松土。少花柏拉木喜肥，如肥料充足，则生长快、叶片多而大、穗多穗长、产量高。结合中耕除草进行追肥，每年进行 3～4 次。第 1 次每亩施入复合肥 10～15kg，第 2～4 次每亩施入复合肥 15～20kg。在每次追施选择在雨前，有利肥料的溶解和吸收。

② 防涝　在地势较平坦或低洼的林地，雨季应及时排除积水，防烂根。

③ 越冬管理　少花柏拉木较耐寒，在南方林下冬季地上部分枯萎后，无须防护措施可安全越冬。

（5）病虫害防治

少花柏拉木适应性强，病虫害少。发生病虫害可用常规方法和一般药剂防治。

**5）采收、加工及贮藏**

① 少花柏拉木作为鲜切花材料栽培的，于 10～11 月花蕾期或初花期采切茎叶花序，一天中以清晨采切最佳，采后立即插入保鲜液容器中，并进行花束包装和保湿冷藏。

② 少花柏拉木作为药用花卉栽培的，夏、秋季采收，鲜用或切段晒干。

## 5. 短毛熊巴掌

**1）形态特征**（见彩图 3-7）

短毛熊巴掌 [*Phyllagathis cavaleriei* var. *tankahkeei*（Merr.）C. Y. Wu ex C. Chen] 又名短毛锦香草、虎耳、猫耳朵、熊巴耳等，为野牡丹科常绿地被植物。叶片纸质或近膜质，广卵形、广椭圆形或圆形，顶端广急尖至近圆形，基部心形，长 7～12cm，宽 6.5～11.5cm，边缘具不明显的细齿及缘毛，基出脉 7～9条，两面绿色，有时叶脉带红色，叶面具糙伏毛，基出脉平整，侧脉微凹，背面除基出脉密被平展的糙伏毛及短刺毛外，其余被短刺毛，脉隆起，细脉网状；

叶柄长 1.5~5cm，密被长粗毛。伞形花序，顶生，总花梗长 4~14cm，被长粗毛，几无毛，苞片倒卵形或近倒披针形，密被长粗毛，通常仅有 4 枚，2 大 2 小，长约 1cm，早落；花梗长 3~8mm，被秕糠或长粗毛，花萼漏斗形，具 4 棱，长约 5mm，被秕糠或疏长刺毛，裂片宽卵形，顶端点尖，长不到 1mm，宿存；花瓣粉红色至紫色，宽倒卵形，上部略偏斜，长约 5mm；雄蕊 8，4 长 4 短，长者花药长约 10mm，短者花药长约 8mm；花丝与花药等长，花药前方基部有时具小瘤，药隔基部微膨大，伸延呈短距；子房杯形，顶端具膜质冠。蒴果杯形，直径约 6mm，顶端膜质冠 4 裂，伸出宿存萼约 2mm，宿存萼及果梗密被秕糠。花期 6~7 月，果期 8~10 月。

**2）生态习性**

短毛熊巴掌一般野生于海拔 400~1000m 的山坡林下、山谷、阴湿的路边。喜阴凉环境，忌强光直射和高温干燥；喜腐殖质层深厚、疏松肥沃、微酸性的砂壤土，忌贫瘠、板结、易积水的黏重土壤。

**3）观赏价值及药用功效**

短毛熊巴掌为观叶、观花植物，叶形独特、花朵粉红艳丽，可盆栽或作地被植物栽培。全草入药，性寒、味苦；具有清热燥湿、解毒消肿等功效；可用于治疗湿热泻痢、带下、阴囊肿大、中耳炎、月经不调、崩漏等病症。

**4）栽培技术**

（1）繁殖技术

主要采用播种繁殖。10~11 月采收种子，贮藏至翌春播种。3 月上旬在苗床上进行播种，播后覆土 0.5cm 左右并盖草。在早春播种后，遇到寒潮低温时，用塑料薄膜覆盖，以利保温保湿。幼苗出土后，及时把薄膜揭开接受太阳的光照，否则幼苗会生长得非常柔弱。大多数的种子出齐后，需要适当间苗：把有病的、生长不健康的幼苗拔掉，让留下的幼苗相互之间有一定的空间；当大部分的幼苗长出了 3 片或 3 片以上的叶子后就可以移栽。

（2）选地整地

选择毛竹林、杉木林、阔叶林、针阔混交林的中龄林或近熟林进行套种，郁闭度以 0.4~0.6 为宜，分布要均匀，不宜有太大的天窗。地形不宜在山坡或山顶上，以山沟、谷地、山麓、坡度在 20°以下为好。林地土壤要求深厚肥沃、疏松、不积水、透性好。按地势走向开挖水平种植沟，带可宽可窄，带垄要求平整，外高内低。挖掉树蔸，捡去石块草根、打碎土块，然后下足基肥、耙平。坡度大的为防水土流失、沿带内侧挖一条小沟，可积水保土。

（3）栽植技术

移栽时间 3~4 月，宜早不宜迟。种苗挖取后要及时栽植，不然影响成活。移栽的株行距一般为 20cm×20cm，如果林地土壤深厚肥沃也可适当稀些，可根据地力和林分郁闭度进行适当调整。

（4）管理技术

① 除草、松土、施肥 利用林地种植短毛熊巴掌，一般一年最少要锄草培土 2 次，对新栽植的要做到浅锄、勤锄、一般深度 5～10cm。每年春、夏两季各追肥 1 次，每株施复合肥 25～50kg。

② 修剪 适时修剪，有利于其株形美观、多开花结果。修剪在冬季植株进入休眠或半休眠期进行，要把瘦弱、病虫、枯死、过密等枝条剪掉，也可结合扦插对枝条进行整理。

③ 越冬管理 短毛熊巴掌较耐寒，南方林下无须防护措施可安全越冬。

（5）病虫害防治

短毛熊巴掌刚从野生转为人工栽培，抗病虫能力较强，目前尚未发现危害较重的病虫害，一般病虫害可用常规方法防治。

**5）采收、加工及贮藏**

短毛熊巴掌作为药用花卉栽培的，夏、秋季采收全株或叶，鲜用或晒干贮藏。

## 6. 虎耳草

**1）形态特征**（见彩图 3-8）

虎耳草（*Saxifraga stolonifera* Curtis.）又铜钱草、老虎耳、耳朵红、金丝荷叶等，为虎耳草科多年生宿根常绿草本植物。高 10～45cm，有细长的匍匐茎。叶数片，全部基生或有时 1～2 片生茎下部；叶片肾形，长 1.7～7.5cm，宽 2.4～12cm，不明显的 9～11 浅裂，边缘有牙齿，两面有长伏毛，下面常红紫色或有斑点；叶柄长 3～21cm，与茎都有伸展的长柔毛。圆锥花序稀疏；花梗有短腺毛；花不整齐；萼片 5，稍不等大，卵形，长 1.8～3.5mm；花瓣 5，白色，3 个小，卵形，长 2.8～4mm，有红斑点，下面 2 个大，披针形，长 0.8～1.5cm；雄蕊 10，心皮 2，合生。花期 4 月，果期 5～6 月。

**2）生态习性**

虎耳草一般野生于海拔 1000m 以下的林荫下、灌丛、草甸和阴湿岩隙中。喜温暖湿润和散射光环境，夏季宜凉爽，要求疏松肥沃和排水良好的腐叶土或泥炭苔藓上生长；较耐寒、耐半阴，不耐干旱和高温。

**3）观赏价值及药用功效**

虎耳草为观叶、观花植物。茎长而匍匐下垂，茎尖着生小株，犹如金线吊小花，叶丛茂密，叶片美观，是理想的耐阴观赏植物，可在林荫下作地被植物栽培或盆栽，也可作为庭园观赏植物。全草入药、性寒、味微苦、辛；有小毒；具有祛风、清热、凉血解毒等功效；可用于治疗风疹、湿疹、中耳炎、丹毒、咳嗽吐血、肺痈、崩漏、痔疾等病症。

### 4）栽培技术

（1）繁殖技术

主要采用分株繁殖，四季均可进行繁殖。繁殖方法：剪取茎顶已生根的小苗移植或将丛密的母株用利刀从根基间隙处切下分成多株。

（2）选地整地

选择毛竹林、杉木林、阔叶林、针阔混交林的中龄林、近熟林及盛产期经济林进行套种，郁闭度以 0.4～0.6 为宜，要求地势平坦、腐殖质层较厚、有机质含量较高、疏松肥沃的壤土或轻壤土，切忌选择贫瘠易板结的土壤种植。选好种植地后进行林地清理，伐除杂灌杂草，水平条带状堆积。按行距30cm 开挖深 8～10cm、宽 10～15cm 的水平种植沟。

（3）栽植技术

栽时，先在种植沟内施入钙镁磷肥作基肥，按株距 20cm 放入种苗，栽后，覆细土与畦面平齐。

（4）管理技术

① 除草、松土、施肥　栽后视杂草生长状况，及时除草、松土。生长季节共施复合肥 3～4 次，浅施覆土。

② 防旱排涝　生长季节须保持土壤湿润，遇高温天旱及时浇水。雨季或每次大雨后要及时排除多余的积水，防烂根。

③ 越冬管理　虎耳草较耐寒，在南方林下冬季可安全越冬。

（5）病虫害防治

虎耳草常有灰霉病、白粉病和叶斑病危害。灰霉病和叶斑病用 65%代森锌 500 倍液喷洒防治；白粉病用 15%粉锈宁 800 倍液喷雾防治。

### 5）采收、加工及贮藏

虎耳草作为药用花卉栽培的，全年可采，但以花后采者为好。鲜用或晒干贮藏。

## 7. 血水草

### 1）形态特征（见彩图 3-9）

血水草（*Eomecon chionantha* Hance.）又名水黄连、观音莲、见血参等，为罂粟科多年生宿根落叶草本植物。具红黄色液汁，根橙黄色，根茎匍匐。叶全部基生，叶片心形或心状肾形，稀心状箭形，长 5～26cm，宽 5～20cm，先端渐尖或急尖，基部耳垂，边缘呈波状，上面绿色，下面灰绿色，掌状脉5～7条，网脉细，明显；叶柄条形或狭条形，长10～30cm，带蓝灰色，基部略扩大成狭鞘。花葶灰绿色略带紫红色，高20～40cm，有3～5朵花，排列成聚伞状伞房花序；苞片和小苞片卵状披针形，长2～10mm，先端渐尖，边缘薄膜质；花梗直立，长0.5～5cm；花芽卵珠形，长约1cm，先端渐尖；萼片长0.5～1cm，无毛；花瓣倒卵形，长1～2.5cm，宽0.7～1.8cm，白色；花丝长5～7mm，花药黄色，长约3mm；子房卵形或狭卵形，长0.5～1cm，无毛，花柱长3～5mm，柱头2裂，下延于花柱上。蒴果狭椭圆形，长约2cm，宽约0.5cm，花柱延长达1cm。花期3～4月，果期5～10月。

**2）生态习性**

血水草一般野生于海拔1200m以下山谷、溪边、林下阴湿肥沃地，常成片生长。喜温暖湿润和散射光环境，夏季宜凉爽，要求疏松肥沃和排水良好的土壤上生长；不耐干旱和高温。

**3）观赏价值及药用功效**

血水草为观叶、观花植物，叶形独特，花朵艳丽，可在林荫下作地被植物栽培或盆栽，也可作为庭园观赏植物。全草入药，性凉、味苦、辛；有小毒。具有清热解毒、活血止血等功效；可用于治疗湿疹、疮疖、无名肿毒、毒蛇咬伤、跌打损伤，内服治劳伤腰痛、肺结核、咯血等病症。

**4）栽培技术**

（1）繁殖技术

血水草地下根茎发达，萌芽力强，主要采用分株（根茎）繁殖，四季均可进行繁殖。繁殖方法：丛密的母株用利刀从根基间隙处切下分成多株。

（2）选地整地

选择毛竹林、杉木林、阔叶林、针阔混交林的中龄林、近熟林及盛产期经济林进行套种，郁闭度以0.4～0.6为宜，要求地势平坦、腐殖质层较厚、有机质含量较高、疏松肥沃的壤土或轻壤土，切忌选择贫瘠易板结的土壤种植。选好种植地后进行林地清理，伐除杂灌杂草，水平条带状堆积。按行距30cm开挖深15～20cm，宽15～20cm的水平种植沟。

（3）栽植技术

栽时，先在种植沟内施入钙镁磷肥作基肥，按株距30cm放入种苗，栽后，覆细土与畦面平齐。

（4）管理技术

① 除草、松土、施肥 栽后视杂草生长状况，及时除草、松土。生长季节共施复合肥3～4次，浅施覆土。

② 防旱排涝　生长季节须保持土壤湿润，遇高温干旱及时浇水。雨季或每次大雨后要及时排除多余的积水，防烂根。

③ 越冬管理　血水草秋季地上茎叶枯萎后，在南方林下冬季可安全越冬。

（5）病虫害防治

血水草抗性强，目前尚未发现病虫害。

**5）采收、加工及贮藏**

（1）血水草作为鲜切花材料栽培的，于 3～4 月花蕾期或初花期采切茎叶花序，一天中以清晨采切最佳，采后立即插入保鲜液容器中，并进行花束包装和保湿冷藏。

（2）血水草作为药用花卉栽培的，秋季采集全草，晒干或鲜用。

## 8. 掌裂叶秋海棠

**1）形态特征**（见彩图 3-10）

掌裂叶秋海棠（*Begonia pedatifida* Lévl.）又名掌叶秋海棠、红八角莲、水八角等，为秋海棠科多年生宿根落叶草本植物。根状茎粗，长圆柱状，扭曲，直径 6～9mm，节密，有残存褐色的鳞片和纤维状根。叶自根状茎抽出，偶在花葶中部有 1 小叶，具长柄；叶片轮廓扁圆形至宽卵形，长 10～17cm，基部截形至心形，（4～）5～6 深裂，几达基部，中间 3 裂片再中裂，偶深裂，裂片披针形，稀三角披针形，先端渐尖，两侧裂片再浅裂，披针形至三角形，先端急尖至渐尖，全缘有浅而疏三角形齿，上面深绿色，散生短硬毛，下面淡绿色，沿脉有短硬毛，掌状 6～7 条脉；叶柄长 12～20（～30）cm，密被或疏被褐色卷曲长毛；托叶膜质，卵形，长约 10mm，宽约 8mm，先端钝，早落。花葶高 7～15cm，疏被或密被长毛，偶在中部有 1 小叶，和基生叶近似，但很小；花白色或带粉红色，4～8 朵，呈二歧聚伞状，首次分枝长约 1cm，被毛或近无毛；苞片早落；雄花：花梗长 1～2cm，被毛或近无毛，花被片 4，外面 2 枚宽卵形，长 1.8～2.5cm，宽 1.2～1.8cm，先端钝或圆，外面有疏毛，内面 2 枚长圆形，长 14～16mm，宽 7～8mm，先端钝或圆，无毛；雄蕊多数，花丝长 1.5～2mm，花药倒卵长圆形；长 1～1.2mm，先端凹或微钝；雌花：花梗长 1～2.5cm，被毛或近无毛；花被片 5，不等大，外面的宽卵形，长 18～20mm，宽 10～20mm，先端钝，内面的小，长圆形；长 9～10mm，宽 5～6mm；子房倒卵球形，长约 8mm，直径 4～6mm，外面无毛，2 室，每室胎座具 2 裂片，具不等 3 翅；花柱 2，约 1/2 处分枝，柱头外向增厚，扭曲呈环状，并带刺状乳突。蒴果下垂，果梗长 2～2.5cm，无毛；轮廓倒卵球形，长约 1.5cm，直径约 1cm，无毛，具不等 3 翅，大的三角形或斜舌状，长约 1.2cm，宽约 1cm，上方的边斜，先端圆钝，其余 2 翅，三角形，长 4～5mm，先端钝，均无毛。种子极多数，小，长圆形，淡褐色，光滑。花期 9 月，果期 10～11 月。

**2）生态习性**

掌裂叶秋海棠一般野生于海拔 350～1000m 常绿林下阴湿处、山坡沟谷、阴湿石壁上或林缘。喜阴湿和散射光环境，夏季宜凉爽，要求疏松肥沃和排水良好的土壤；不耐干旱和高温。

**3）观赏价值及药用功效**

掌裂叶秋海棠为观叶、观花植物。叶形独特，花朵粉红艳丽，可在林荫下作地被植物栽培或盆栽，也可作为庭园观赏植物。根茎入药，性凉，味酸；具有活血、消肿、止血、止痛等功效；可用于治疗吐血、咯血、血虚，外用治外伤出血、跌打损伤等病症。

**4）栽培技术**

（1）繁殖技术

① 种子繁殖　于秋末冬初采集成熟种子，秋播或沙藏后春播，春季播种前种子进行低温层积催芽处理后再播，播时种子拌入 3 倍细沙在整好的畦床上进行撒播。播后加强苗期管理，经常观察土壤水分状况，进行除草培土、追肥等。

② 根茎繁殖　地上部分枯萎后，于秋季或春季将多年生丛密的母株根基的芽头连根系一起用利刀从间隙处切下分成多株。

（2）选地整地

选择毛竹林、阔叶林阴湿处的山坡沟谷、林缘进行套种，郁闭度以 0.4～0.6 为宜，要求地势平坦、腐殖质层较厚、有机质含量较高、疏松肥沃的壤土或轻壤土，切忌选择贫瘠易板结的土壤种植。选好种植地后进行林地清理，伐除杂灌杂草，水平条带状堆积。按行距 30cm 开挖深 8～12cm、宽 15～20cm 的水平种植沟。

（3）栽植技术

移植以早春萌芽前或初冬落叶后为宜。大苗要带土球，小苗应留宿土。栽时，先在种植沟内施入钙镁磷肥作基肥，按株距 30cm 放入种苗，栽后，覆细土与畦面平齐。

（4）管理技术

① 除草、松土、施肥　栽后视杂草生长状况，及时除草、松土，保持土壤疏松。生长季节共施复合肥 3～4 次，浅施覆土。

② 防旱排涝　生长季节须保持土壤湿润，遇高温干旱及时浇水。雨季或每次大雨后要及时排除多余的积水，防烂根。

③ 及时摘果　花谢后应及时摘去幼果，减少养分，有利增加来年的开花数目。

④ 越冬管理　初冬地上茎叶枯萎后，在南方林下冬季可安全越冬。

（5）病虫害防治

① 腐烂病　病症：春夏季高温多湿，通风不良，过量施用氮肥时较易发生此病害。初期由细菌侵入叶片或心叶产生水渍状病斑，迅速扩大，含水多，后期发生恶臭，病叶变黄而脱落，全株软腐而死。该病传染极迅速，必须尽快防治。防治方法：第一，改善生长条件，增加通风，降低温度和湿度。第二，切除感病部位，用抗生素粉剂涂抹，1 周不浇水，可阻遏该病蔓延。第三，采用链霉素 1000 倍液，石硫合剂或波尔多液 500 倍液，每周喷洒 1 次。

② 红蜘蛛　个体极小，常聚生在叶背吸食汁液，造成表面银白色或白色斑点。严重时叶背可发现丝网。红蜘蛛在高温干旱的环境下较易发生，气温高于 24℃时，进入快速繁殖期，一般杀虫剂无法杀死，必须使用杀螨剂。防治方法：第一，夏秋季高温干旱期经常观察植株叶背，发现红蜘蛛危害时立即消灭。第二，使用三氯杀螨醇 1000 倍液，或杀螨利果 2000 倍液，或速灭螨 1500 倍液，每周喷施 1 次，连续使用 3～4 次。

**5）采收、加工及贮藏**

（1）掌裂叶秋海棠作为鲜切花材料栽培的，于 9 月花蕾期或初花期采切茎叶花序，一天中以清晨采切最佳，采后立即插入保鲜液容器中，并进行花束包装和保湿冷藏。

（2）掌裂叶秋海棠作为药用花卉栽培的，秋季采挖根茎，晒干贮藏。

## 9. 虾脊兰

**1）形态特征**（见彩图 3-11）

虾脊兰（*Calanthe discolor* Lindl.）又名钩距虾脊兰、剑叶虾脊兰、铜锤草等，为兰科多年生宿根落叶草本植物。根状茎不甚明显。假鳞茎粗短，近圆锥形，粗约 1cm，具 3～4 枚鞘和 3 枚叶。假茎长 6～10cm，粗达 2cm。叶在花期全部未展开，倒卵状长圆形至椭圆状长圆形，长达 15～25cm，宽 4～9cm，先端急尖或锐尖，基部收狭为长 4～9cm 的柄，背面密被短毛。花葶从假茎上端的叶间抽出，长 18～30cm，密被短毛；总状花序长 6～8cm，疏生约 10 朵花；花苞片宿存，膜质，卵状披针形，长 4～7mm，先端渐尖或急尖，近无毛；花梗和子房长 6～13mm，弧曲，密被短毛，子房棒状；萼片和花瓣褐紫色；中萼片稍斜的椭圆形，长 11～13mm，中部宽 6～7mm，先端急尖，具 5 条脉，背面中部以下被短毛；侧萼片相似于中萼片；花瓣近长圆形或倒披针形，与萼片等长，或有时稍短，中部宽 3.5～5mm，先端稍钝，基部渐狭，具 3 条脉，两侧的 2 条常分支，无毛；唇瓣白色，轮廓为扇形，与整个蕊柱翅合生，约等长于萼片，3 深裂；侧裂片镰状倒卵形或楔状倒卵形，比中裂片大，先端向中裂片弯曲，基部约 1/2 合生在蕊柱翅的外侧边缘；中裂片倒卵状楔形，先端深凹缺，前端边缘有时具不整齐的齿；唇盘上具 3 条膜片状褶片；褶片平直，全缘，延伸到中裂片的中部，前端呈三角形隆起；距圆筒形，伸直或稍弯曲，长 5～10mm，向末端变狭，外面疏被短毛；蕊柱长约 4mm，上端扩大，蕊柱翅下延到唇瓣基部；蕊喙 2 裂；裂片牙齿状三角形，长约 0.6mm，先端急尖；药帽在前端渐狭，先端近截形；花粉团棒状，长约 1.8mm。花期 3～4 月，果期 5～7 月。

**2）生态习性**

虾脊兰一般野生于海拔 1000m 以下的林荫下、灌丛中。喜温暖湿润和散射光环境，夏季宜凉爽，要求疏松肥沃和排水良好的腐叶土或泥炭苔藓上生长；较耐寒、耐半阴，不耐干旱和高温。

**3）观赏价值及药用功效**

虾脊兰为观花、观叶植物。花色艳丽，可在林荫下作地被植物栽培或盆栽，也可作为庭园观赏植物，用于阳台、窗台和居室内布置都有很好的效果，同时也是切花的好材料。全草入药，性寒、味辛、苦；具有滋阴润肺、活血祛瘀、止咳等功效；可用于治疗咽喉肿痛、痔疮、脱肛、风湿痹痛、跌打损伤等病症。

**4）栽培技术**

（1）繁殖技术

常采用块茎进行分生繁殖。选当年生具有老秆和嫩芽的块茎作种苗，随挖随栽。块茎贮藏方法：虾脊兰块茎挖回后置通风干燥处晾数日，然后将 1 份种茎与 2～3 倍的清洁稍干的细河沙混合贮藏于通风、阴凉、干燥的屋内一角，少数种茎可与细沙混合后装入木箱内贮藏，箱顶不要加盖，注意经常检查，发现霉变及时处理。

（2）选地整地

选择毛竹林、杉木林、阔叶林、针阔混交林的中龄林、近熟林及盛产期经济林进行套种，郁闭度以 0.4～0.5 为宜，要求地势平坦、腐殖质层较厚、有机质含量较高、疏松肥沃的壤土或轻壤土，切忌选择贫瘠易板结的土壤种植。选好种植地后进行林地清理，伐除杂灌杂草，水平条带状堆积。按行距30cm 开挖深 8～12cm、宽 15～20cm 的水平种植沟。

（3）栽植技术

① **秋季栽植**　栽时，先在种植沟内施入钙镁磷肥作基肥，按株距 25cm放入种茎 3 块，将芽嘴相向处呈三角形错开，平摆于沟底，栽后，覆细土与畦面平齐。

② **春季栽植**　多用于盆栽。每年 5 月花后，将假鳞茎从盆中取出，剪掉老根和残枝，分成单块，贮藏在干燥、冷凉处，待新芽长到 5cm 时再栽。

（4）管理技术

① **除草、松土、施肥**　栽后视杂草生长状况，及时除草、松土。生长季节共施复合肥 3～4 次，当花葶从叶丛中抽出时，增施 1～2 次复合肥。

② **防旱排涝**　生长季节须保持土壤湿润，但 3～5 月开花期间需略干燥，遇天旱及时浇水，7～9 月早晚各浇 1 次水。虾脊兰怕涝，雨季或每次大雨后要及时排除多余的积水，防烂根；冬季落叶后停止浇水。

③ **越冬管理**　在南方林下冬季地上部分枯萎后，盖上干草可安全越冬。

（5）病虫害防治

① **花叶病毒病**　传染途径：寄主范围极狭，从虾脊兰病株接触过程中传染，但是危害却很严重，容易造成毁灭性伤害，很难根除。防治方法：以健康株分株；为防治机械传染，最好对刀具消毒。对发病株隔离、销毁。

② **炭疽病**　病症：种植过密、通风不良、水分失调或机械损伤等都易感病。初期叶片产生褐色凹陷小点，以后扩大呈圆形或不规则病斑，严重时病斑中央有坏疽现象。防治方法：第一，调节密度，增加光照，改善通风条件；第二，培养壮苗，不要经常搬动植株，以免人为损伤感病；第三，切去病叶片，用百菌清或多菌灵 1000 倍液涂抹植株叶片伤口；第四，每周喷施1 次甲基托布津或多菌灵 1000 倍液。

③ **软腐病**　病症：春夏季高温多湿，通风不良，过量施用氮肥时较易发生此病害。初期由细菌侵入叶片或心叶产生水渍状病斑，迅速扩大，含水多，后期发生恶臭，病叶变黄而脱落，全株软腐而死。该病传染极迅速，必须尽快防治。防治方法：第一，改善生长条件，增加通风，降低温度和湿度；第二，切除感病部位，用抗生素粉剂涂抹，1 周不浇水，可阻遏该病蔓延；第三，采用链霉素 1000 倍液，石硫合剂或波尔多液 500 倍液，每周喷洒 1 次。

④ **叶枯病**　病症：叶梢产生黑色小斑点，逐渐扩大成不规则病斑，病斑周缘形成黑褐色，中间呈淡灰褐色，严重时蔓延整个叶片，最后枯萎落叶。防治方法：第一，切除病叶，喷施甲基托布津或好生灵 1000 倍液；第二，

感病植株应遮蔽雨水或暂停淋水，防止病情加重；第三，每周喷施 1 次好生灵 1000 倍液，预防染病。

⑤ 介壳虫　一类为黑褐色硬壳种，另一类为白粉状种。常附着于茎或叶片背面吸食汁液，致使生长受阻，叶绿素被破坏，产生大量微凹的淡黄色斑点，严重时导致落叶，全株枯萎死亡。防治方法：第一，初期量少时用手或毛刷刷除，注意不要伤及植株；第二，每周喷施 1 次 1000 倍液速灭松等药液；第三，盆内使用地蜜（也叫得灭克）亦可长期防治。

⑥ 红蜘蛛　个体极小，常聚生在叶背吸食汁液，造成表面银白色或白色斑点。严重时叶背可发现丝网。红蜘蛛在高温干旱的环境下较易产生，气温高于 24℃ 时，进入快速繁殖期，一般杀虫剂无法杀死，必须使用杀螨剂。防治方法：第一，夏秋季高温干旱期经常观察植株叶背，发现红蜘蛛危害时立即消灭；第二，使用三氯杀螨醇 1000 倍液，或杀螨利果 2000 倍液，或速灭螨 1500 倍液，每周喷施 1 次，连续使用 3～4 次。

⑦ 蜗牛、蛞蝓　蜗牛有壳，蛞蝓无壳，均为杂食性软体动物。喜食幼嫩组织，如嫩叶、新芽、根端、花蕾、花瓣等，造成不规则的伤痕。二者爬过的地方，通常都留有光亮而透明的黏液痕迹，发现时应及时防治。防治方法：第一，清理栽培环境，除去堆积物如杂草、砾石、树木枝叶等，减少荫蔽物和潮湿度，杜绝生长繁殖场所；第二，使用螺粉、杀蜗剂加以诱杀；第三，用 6% 聚乙醛粉剂散施在蜗牛、蛞蝓出没的地方，二者爬过触及即死亡。

⑧ 蓟马　主要咬食花芽、叶芽。幼虫期主要出现在栽培介质中，此阶段不咬食植物，所以很难被发现。防治方法：第一，充分消毒栽培介质和环境，消灭传染源，一旦出现蓟马，应全面彻底喷药，所有植株及周围地面、铁架等都要喷药。第二，用 2.5% 多杀菌素（菜喜）悬浮剂 1000～1500 倍液或 1.8% 阿维菌素乳油 3000 倍液每隔 5～7d 喷施 1 次，连喷 3 次可获得良好防治效果；重点喷洒花、嫩叶等幼嫩组织。

**5）采收、加工及贮藏**

（1）虾脊兰作为鲜切花材料栽培的，于 3～4 月花蕾期或初花期采切茎叶花序，一天中以清晨采切最佳，采后立即插入保鲜液容器中，并进行花束包装和保湿冷藏。

（2）虾脊兰作为药用花卉栽培的，秋季采全草晒干贮藏。

## 10. 鸢尾

**1）形态特征**（见彩图 3-12）

鸢尾（*Iris tectorum* Maxim.）又名蝴蝶花、扁竹、土黄姜等，为鸢尾科多年生宿根草本植物。植株基部围有老叶残留的膜质叶鞘及纤维。根状茎粗壮，二歧分枝，直径约 1cm，斜伸；须根较细而短。叶基生，黄绿色，稍弯曲，中部略宽，宽剑形，长 15～50cm，宽 1.5～3.5cm，顶端渐尖或短渐尖，基部鞘状，有数条不明显的纵脉。花茎光滑，高 20～40cm，顶部常有 1～2 个短侧枝，中、下部有 1～2 枚茎生叶；苞片 2～3 枚，绿色，草质，边缘膜质，色淡，披针形或长卵圆形，长 5～7.5cm，宽 2～2.5cm，顶端渐尖或长渐尖，内包含有 1～2 朵花；花蓝紫色，直径约 10cm；花梗甚短；花被管细长，长约 3cm，上端膨大成喇叭形，外花被裂片圆形或宽卵形，长 5～6cm，宽约 4cm，顶端微凹，爪部狭楔形，中脉上有不规则的鸡冠状附属物，成不整齐的缝状裂，内花被裂片椭圆形，长 4.5～5cm，宽约 3cm，花盛开时向外平展，爪部突然变细；雄蕊长约 2.5cm，花药鲜黄色，花丝细长，白色；花柱分枝扁平，淡蓝色，长约 3.5cm，顶端裂片近四方形，有疏齿，子房纺锤状圆柱形，长 1.8～2cm。蒴果长椭圆形或倒卵形，长 4.5～6cm，直径 2～2.5cm，有 6 条明显的肋，成熟时自上而下 3 瓣裂；种子黑褐色，梨形，无附属物。花期 3～4 月，果期 4～8 月。

**2）生态习性**

鸢尾一般野生于海拔 1000m 以下的的林荫下、灌丛中、林缘及水边湿地。耐寒性较强，耐半阴环境，在湿润、排水良好、富含腐殖质、略带碱性的黏性土壤上生长良好。

**3）观赏价值及药用功效**

① 观赏价值　鸢尾为观花、观叶植物。花似蝴蝶，色艳彩丽，叶片碧绿青翠，可在林荫下作地被植物栽培或盆栽，也可作为庭园观赏植物，用于阳台、窗台和居室内布置都有很好的效果，同时也是切花的好材料。

② 药用功效　全草有毒，以根茎和种子较毒，尤以新鲜的根茎更甚。根茎入药，具有活血祛瘀、祛风利湿、解毒、消积等功效；可用于治疗跌打损伤、风湿疼痛、咽喉肿痛、食积腹胀、疟疾等；外用治痈疖肿毒、外伤出血等病症。

**4）栽培技术**

（1）繁殖技术

① 分株繁殖　春季花后或秋季进行均可，一般种植 2～4 年后分株 1 次；分割根茎时，注意每块应具有 2～3 个不定芽。

② 种子繁殖　种子成熟后应立即播种，鸢尾是小粒种子，多采用条播。行距 20～30cm，覆土 2～3cm。播种量每亩需种子 12.5～20kg。实生苗需要 2～3 年才能开花。

（2）选地整地

选择毛竹林、杉木林、阔叶林、针阔混交林的中龄林、近熟林及盛产期经济林进行套种，郁闭度以 0.3～0.5 为宜，要求地势平坦、腐殖质层较厚、有机质含量较高、疏松肥沃的壤土或轻壤土，切忌选择贫瘠易板结的土壤种植。选好种植地后进行林地清理，伐除杂灌杂草，水平条带状堆积。依地形地势走向，按行距 30cm 开挖深 8～12cm、宽 15～20cm 的水平种植沟。

（3）栽植技术

秋至春季种植。栽植时在种植穴中放入少量钙镁磷肥，按株距 25cm 放入种苗，盖土。栽植深度以根茎顶部低于地面 3cm 为宜。种植前土壤需打松并使其稍微湿润，再用拇指轻轻压每一个根茎，直到根茎大部分都没入土中，这种方法称作"指压法"。

（4）管理技术

① 除草、松土、施肥 栽后视杂草生长状况，及时除草、松土，要注意不要伤到鸢尾的根系；还应根据鸢尾生长情况，酌情追施适量的复合肥，当花茎从叶丛中抽出时，增施 1～2 次复合肥。

② 防旱排涝 生长季节须保持土壤湿润，雨季或每次大雨后要及时排除多余的积水，防烂根。

③ 支撑 在生长期内当植株高度超过 60cm 时，为植株设置支撑物，避免植株倒伏，随着植株的生长，支撑物也相应升高。

④ 越冬管理 鸢尾在南方林下冬季地上部分枯萎后，盖上干草可安全越冬。

（5）病虫害防治

① 病害 主要有锈病和软腐病。锈病发病初期可用 25%粉锈宁 400 倍液防治，软腐病可用 1：1：100 波尔多液防治。

② 虫害 主要有蚀夜蛾、蛴螬、地老虎等。蚀夜蛾可用 90%敌百虫 1200 倍液灌根防治；蛴螬、地老虎等用 50%辛硫磷乳油 1000～1500 倍液浇淋根部 20～30cm 范围的土壤，以每亩 0.25kg 用量为宜，或用 48%毒死蜱 2000 倍液地表喷雾。有条件的地方，每年 5～8 月可设置黑光灯诱杀成虫，减少次年发生量。

**5）采收、加工及贮藏**

（1）鸢尾作为鲜切花材料栽培的，于秋天，当花葶以下 3cm 着色时便可采收。采收后，将花朵立即扎成捆，放入冷藏室内。

（2）鸢尾作为药用花卉栽培的，秋季采挖根茎，晒干贮藏。

# 任务 2　灌木类观赏植物栽培

## 1. 黄花倒水莲

### 1）形态特征（见彩图 3-13）

黄花倒水莲（*Polygala fallax* Hemsl.）又名倒吊黄、观音串、黄花参等，为远志科落叶灌木。高 1～2cm。根粗壮，多分枝，表皮淡黄色。枝灰绿色，密被长而平展的短柔毛。单叶互生，叶片膜质，披针形至椭圆状披针形，长 8～17（～20）cm，宽 4～6.5cm，先端渐尖，基部楔形至钝圆，全缘，叶面深绿色，背面淡绿色，两面均被短柔毛，主脉上面凹陷，背面隆起，侧脉 8～9 对，背面突起，于边缘网结，细脉网状，明显；叶柄长 9～14mm，上面具槽，被短柔毛。总状花序顶生或腋生，长 10～15cm，直立，花后延长达 30cm，下垂，被短柔毛；花梗基部具线状长圆形小苞片，早落；萼片 5，早落，具缘毛，外面 3 枚小，不等大，上面 1 枚盔状，长 6～7mm，其余 2 枚卵形至椭圆形，长 3mm，里面 2 枚大，花瓣状，斜倒卵形，长 1.5cm，宽 7～8mm，先端圆形，基部渐狭；花瓣正黄色，3 枚，侧生花瓣长圆形，长约 10mm，2/3 以上与龙骨瓣合生，先端几截形，基部向上盔状延长，内侧无毛，龙骨瓣盔状，长约 12mm，鸡冠状附属物具柄，流苏状，长约 3mm；雄蕊 8，长 10～11mm，花丝 2，基部连合成鞘，花药卵形；子房圆形，稍扁，径 3～4mm，具缘毛，基部具环状花盘，花柱细，长 8～9mm，先端略呈 2 浅裂的喇叭形，柱头具短柄。蒴果阔倒心形至圆形，绿黄色，径 10～14mm，具半同心圆状凸起的棱，无翅及缘毛，顶端具喙状短尖头，具短柄。种子圆形，径约 4mm，棕黑色至黑色，密被白色短柔毛，种阜盔状，顶端突起。花期 5～9 月，果期 8～10 月。

### 2）生态习性

黄花倒水莲生长于海拔 300～1000m 的山谷林下、水旁阴湿处。喜亚热带温暖湿润气候，忌干旱及强光；土壤以土层深厚，质地潮湿疏松、腐殖质丰富的壤土为宜。

### 3）观赏价值及药用功效

黄花倒水莲为观花、观果植物，可盆栽或作地被植物栽培。花期从夏至秋，长达 2～3 个月，花序倒垂，鲜黄色，长 20～30cm，奇特美丽，可作为药用、观赏植物开发利用。可用于公园、绿地片植、布置花境等。此外，黄花倒水莲以根入药。性平、味甘、微苦；具有补益气血、健脾利湿、活血调经等功效；可用于治疗病后体虚、腰膝酸痛、跌打损伤、黄疸型肝炎、肾炎水肿、子宫脱垂、白带、月经不调等病症。

**4）栽培技术**

（1）繁殖技术

① 播种繁殖 苗圃地宜选在山边阴凉、土层深厚、质地潮湿疏松、腐殖质丰富的壤土地块。种子放通风处晾干表面水分后，装入密闭容器置于冰箱冷藏。翌年 1～2 月在整好的苗床上进行点播，行距 10cm，株距 5cm，覆土 1cm 并盖碎草，浇水，保持土壤湿润。幼苗出土后至整个生长期，及时除草、施肥、防旱排涝等。

② 扦插繁殖 苗圃地选择同播种繁殖。在春季，选取健壮植株上 1～2 年生枝条，剪成长 6～10cm 的插穗，采用林地表土或河沙为基质，基质用多菌灵 500 倍液消毒 24h，插穗用 ABT1 号生根剂 200mg/kg 浸泡 0.5h，插后在苗床上搭盖遮阳网＋塑料小拱棚，塑料小拱棚内空气湿度控制在 80%左右，白天棚内温度超过 30℃时打开塑料小拱棚两端透气，并及时喷水降温保持空气湿度。插穗生根后，及时除草、施肥、防旱排涝等。

（2）选地整地

选择海拔 300～800m 长坡中下部的毛竹林、杉木林、阔叶林的中龄林、近熟林及盛产期经济林进行套种，郁闭度以 0.2～0.5 为宜，要求地势平坦、腐殖质层较厚、有机质含量较高、疏松肥沃的壤土或轻壤土，切忌选择贫瘠易板结的土壤种植。选好种植地后进行林地清理，伐除部分影响黄花倒水莲生长的杂灌杂草，水平条带状堆积。依地形地势走向，按株行距 0.5m×1.0m 开挖长×宽×深为 40cm×40cm×30cm 的种植穴。

（3）栽植技术

于立春后萌芽前栽植最佳。栽植时，在种植穴内放入种苗并施入少量钙镁磷肥后栽植，要求苗正、根舒、浅栽、芽朝上，覆土高出地面 5cm，稍压实。亩植 1000 株左右。

（4）管理技术

① 除草、松土 每年 3～8 月人工松土除草 3～4 次，深度 8～10cm，培土 8～10cm。

② 施肥 生长季节结合人工锄草施肥 1～2 次，以复合肥为主，用量 50～100g/株。施肥方法采用放射状沟施或雨后撒施，施于植株根际并覆土。

③ 灌溉与排水 定植后要保持土壤湿润，干旱季节，应适当灌水；多雨季节的积水要及时排除，以免引起烂根。

④ 病虫害防治　黄花倒水莲病害少，主要是幼苗猝倒病。防治方法：幼苗出土后，立即用多菌灵 500 倍液喷苗 1 次，以后每隔 3d 喷 1 次，连喷 5 次，以防病菌感染。

⑤ 越冬管理　黄花倒水莲较耐寒，在南方地区冬季落叶后，可在常温下越冬。

**5）采收、加工及贮藏**

黄花倒水莲作为药用花卉栽培的，种植 3 年后可采收。茎、叶春、夏采收，切段晒干。根秋、冬采挖，切片晒干。晒干的根、茎、叶分别包装，置于通风阴凉的室内贮藏。

## 2．朱砂根

**1）形态特征**（见彩图 3-14）

朱砂根（*Ardisia crenata* Sims.）又富贵籽、大罗伞、黄金万两、凉伞遮金珠等，为紫金牛科常绿小灌木。高 0.3～0.8m，有匍匐根状茎。叶坚纸质，狭椭圆形、椭圆形或倒披针形，长 8～15cm，宽 2～3.5cm，急尖或渐尖，边缘皱波状或波状，两面有突起腺点，侧脉 10～20 多对。花序伞形或聚伞状，顶生，长 2～4cm；花长约 6mm；萼片卵形或矩圆形，钝，长 1.5mm 或更短些，有黑腺点；花冠裂片披针状卵形，急尖，有黑腺点；雄蕊短于花冠裂片，花药披针形，背面有黑腺点；雌蕊与花冠裂片几等长。果直径 7～8mm，有稀疏黑腺点。花期 5 月，果期 6～12 月。

**2）生态习性**

朱砂根一般野生于海拔 400～1000m 的山坡、沟谷常绿阔叶林下。喜阴凉环境，忌强光直射和高温干燥。喜腐殖质层深厚、疏松肥沃、微酸性的砂壤土，忌贫瘠、板结、易积水的黏重土壤。

**3）观赏价值及药用功效**

① 观赏价值　朱砂根为观花、观果植物，可盆栽或作地被植物栽培。伞形花序顶生于侧枝上，花白色或粉红色，观赏性好。6～7 月着果，核果球形，簇生枝头，秋冬转红，室内观赏期长达半年以上，具有很高的观赏价值，是近年来开发驯化的观果、观花新型花卉盆景，花卉市场上极受青睐。

② 药用功效　朱砂根以根入药。性平、味苦、辛；具有行血祛风、解毒消肿等功效；可用于治疗上呼吸道感染、咽喉肿痛、扁桃体炎、白喉、支气管炎、风湿性关节炎、腰腿痛、跌打损伤、丹毒等；外用治外伤肿痛、骨折、毒蛇咬伤等病症。

### 4）栽培技术

（1）繁殖技术

① 播种繁殖 于 11～12 月采集当年成熟种子，堆沤后搓去种皮即播种。3 月上旬在苗床上进行播种，播后覆土 0.5cm 左右并盖草。在深秋、早春季或冬季播种后，遇到寒潮低温时，用塑料薄膜覆盖，以利保温保湿。幼苗出土后，及时把薄膜揭开，并在每天 9：30 之前，或者在 15：30 之后让幼苗接受光照，否则幼苗会生长得非常柔弱。大多数的种子出齐后，需要适当地间苗：把有病的、生长不健康的幼苗拔掉，使留下的幼苗相互之间有一定的空间。当大部分的幼苗长出了 3 片或 3 片以上的叶子后即可移栽。

② 扦插繁殖 常于春末秋初用当年生的枝条进行嫩枝扦插，或于早春用去年生的枝条进行硬枝扦插。扦插基质：营养土、河沙、泥炭土等。插条选择：进行嫩枝扦插时，在春末至早秋植株生长旺盛时，选用当年生粗壮枝条作为插穗。把枝条剪下后，选取壮实的部位，剪成 5～15cm 长的一段，每段要带 3 个以上的叶节，上剪口距芽 1cm 平剪，下剪口 0.5cm 斜剪。进行硬枝扦插时，在早春气温回升后，选取去年的健壮枝条作插穗。每段插穗通常保留 3～4 个节，剪取的方法同嫩枝扦插。插后的管理：温度控制在 20～30℃之间，空气相对湿度控制在 75%～85%之间，遮阴度控制在 50%～80%之间，待根系长出后，再逐步揭去遮阳网：晴天时每天 16:00 揭去遮阳网，翌日 9:00 前盖上遮阳网。

③ 压条繁殖 选取健壮的枝条，从顶梢以下 15～30cm 处把树皮剥掉一圈，剥后的伤口宽度在 1cm 左右，深度以刚刚把表皮剥掉为限。剪取一块长 10～20cm、宽 5～8cm 的薄膜，上面放些淋湿的园土，像裹伤口一样把环剥的部位包扎起来，薄膜的上下两端扎紧，中间鼓起。约 4～6 周后生根，生根后，把枝条连根系一起剪下，就成了一棵新的植株。

（2）选地整地

选择毛竹林、杉木林、阔叶林、针阔混交林的中龄林或近熟林进行套种。林分要求稀密适当，林分的郁闭度以 0.4～0.6 为宜，分布要均匀，不宜有太大的天窗。地形不宜在山顶上，以山沟、谷地、山麓为宜，坡度在 20° 以下。林地土壤要求深厚肥沃、疏松、不积水、透性好。选好种植地后进行林地清理，伐除部分影响朱砂根生长的杂灌杂草，水平条带状堆积。依地形地势走向，按株行距 0.5m×0.5m 开挖长×宽×深为 40cm×40cm×30cm 的种植穴。

（3）栽植技术

于立春后萌芽前栽植最佳。选阴雨天气移植，在种植穴内施入少量钙镁磷肥后栽植，要求苗正、根舒、浅栽、芽朝上，覆土高出地面 5cm，稍压实。

（4）管理技术

① 除草、松土　生长季节进行除草、松土，使根部萌条露出地面。促使萌芽长梢。一般一年最少要锄草培土 2 次，对新栽植的要做到浅锄、勤锄，一般深度 5～10cm，中耕时视朱砂根生长和林地草杂情况而定。为了促其多萌芽、高生长，新栽植的要量少次多进行追肥。以氮磷为主，追肥时间在朱砂根抽梢前 7d 进行，效果最好。

② 施肥　朱砂根喜肥，春季萌发期至开花前可施入稀薄的复合肥液 1～2 次，可使花香苗壮。秋季果期前后应再施肥 1 次。盆栽植株，定期以适量的磷酸二氢钾进行叶面喷施，叶色会更加亮丽。一般每年春、夏两季各追肥1 次，每亩施用复合肥 6～7kg，氯化钾 2～3kg，对水浇施。冬季结合培土，施 1 次农家肥，将栏肥或沤肥施于植株根际，提沟边泥土覆盖肥料，既可保温防寒，又可促进翌春植株早生快长。

③ 修剪　朱砂根生长健旺，如作为观赏培育应适时修剪，有利于其株形美观、多开花结果。修剪在冬季植株进入休眠或半休眠期，要把瘦弱、病虫、枯死、过密等枝条剪掉。也可结合扦插对枝条进行整理。

④ 越冬管理　朱砂根较耐寒，南方林下无须防护措施可安全越冬。

（5）病虫害防治

朱砂根刚从野生转为家种，抗病虫能力较强，目前尚未发现危害较重的病虫害，一般病虫害可用常规方法防治。

**5）采收、加工及贮藏**

朱砂根作为药用花卉栽培的，秋冬季采挖根茎，晒干贮藏。

**3. 鸭脚茶**

**1）形态特征**（见彩图 3-15）

鸭脚茶 [*Bredia sinensis*（Diels）H. L. Li.] 又名中华野海棠、山落茄、九节兰等，为野牡丹科常绿小灌木。高 40～100cm，茎圆柱形，分枝多，小枝略四棱形，幼时被星状毛，以后无毛或被疏微柔毛。叶片坚纸质，披针形至卵形或椭圆形，顶端渐尖、钝，基部楔形或极钝，长 5～11cm，宽2～5cm，稀长 13cm，宽 6cm，近全缘或具疏浅锯齿，5 基出脉，幼时两面被星状毛，以后几无毛，上面基出脉微凹，侧脉不明显，下面基出脉隆起，侧脉、细脉均不明显；叶柄长 5～16（～20）mm，几无毛。聚伞花序，顶生，有花（5～）20 朵，长和宽 4～6cm，几无毛或节上被星状毛；苞片早落，花梗长 5～8mm，多少被微柔毛；花萼钟状漏斗形，长约 6mm，具 4 棱，有时被少量星状毛，裂片极浅，圆齿状，顶端点尖；花瓣粉红色至紫色，长圆形，顶端急尖，1 侧偏斜，长约 1cm，宽 6mm；雄蕊 4 长 4 短，长的约 16mm；花药披针形，长约 1cm，药隔下延呈短柄，短的长约 1cm，花药长约 7mm，基部具小瘤，药隔下延呈短距；子房半下位，卵状球形，顶端被微柔毛。蒴果近球形，为宿存萼所包；宿存萼钟状漏斗形，具 4 棱，顶端平截，冠以宿存萼片，萼片有时被星状毛，长和直径约 7mm。花期 6～7 月，果期 8～11 月。

**2）生态习性**

鸭脚茶一般野生于海拔 400～1200m 的山坡林下、山谷、阴湿的路边、沟旁草丛中或岩石积土上。喜阴凉环境，忌强光直射和高温干燥；喜腐殖质层深厚、疏松肥沃、微酸性的砂壤土，忌贫瘠、板结、易积水的黏重土壤。

**3）观赏价值及药用功效**

鸭脚茶为观花、观果植物，叶形独特，花朵粉红艳丽，可盆栽或作地被植物栽培。全株入药。性平，味辛；功效主治：发表，感冒；叶治感冒，根可治头痛等。

**4）栽培技术**

（1）繁殖技术

① 播种繁殖　11～12 月采集种子，藏至翌春播种。3 月上旬在苗床上进行播种，播后覆土 0.5cm 左右并盖草。在早春播种后，遇到寒潮低温时，用塑料薄膜覆盖，以利保温保湿；幼苗出土后，及时把薄膜揭开接受光照，否则幼苗生长柔弱；大多数的种子出齐后，需要适当地间苗；把有病的、生长不健康的幼苗拔掉，使留下的幼苗相互之间有一定的空间；当大部分的幼苗长出了 3 片或 3 片以上的叶子后就可以移栽。

② 扦插繁殖　常于春末秋初用当年生的枝条进行嫩枝扦插，或于早春用去年生的枝条进行硬枝扦插。扦插基质：营养土、河沙、泥炭土等。插后的管理：温度控制在 20～30℃，空气相对湿度控制在 75%～85%，遮阴度控制在 50%～80%，待根系长出后，再逐步揭去遮阳网；晴天时每天 16：00 揭去遮阳网，翌日 9：00 前盖上遮阳网。

（2）选地整地

选择毛竹林、杉木林、阔叶林、针阔混交林的中龄林或近熟林进行套种。林分要求稀密适当，林分的郁闭度以 0.4～0.6 为宜，分布要均匀，不宜有太大的天窗。地形不宜在山坡或山顶上，以山沟、谷地、山麓为宜，坡度在 20°以下为好。林地土壤要求深厚肥沃、疏松、不积水、透性好。选好种植地后进行林地清理,伐除部分影响鸭脚茶生长的杂灌杂草,水平条带状堆积。依地形地势走向,按株行距 0.5m×0.5m 开挖长×宽×深为 40cm×40cm×30cm 的种植穴。

（3）栽植技术

于立春后萌芽前栽植最佳。选阴雨天气移植,在种植穴内施入少量钙镁磷肥后栽植,要求苗正、根舒、浅栽、芽朝上,覆土高出地面 5cm,稍压实。

（4）管理技术

① 除草、松土、施肥  利用林地种植鸭脚茶,一般一年最少要锄草培土 2 次,对新栽植的要做到浅锄、勤锄,一般深度 5～10cm。每年春、夏两季各追肥 1 次,每亩施复合肥 25～50kg。

② 修剪  适时修剪,有利于其株形美观、多开花结果。修剪在冬季植株进入休眠或半休眠期,要把瘦弱、病虫、枯死、过密等枝条剪掉,也可结合扦插对枝条进行整理。

③ 越冬管理  鸭脚茶较耐寒,南方林下无须防护措施可安全越冬。

（5）病虫害防治

鸭脚茶刚从野生转为家种,抗病虫能力较强,目前尚未发现危害较重的病虫害,一般病虫害可用常规方法防治。

**5）采收、加工及贮藏**

鸭脚茶作为鲜切花材料栽培的,于 6～7 月花蕾期或初花期采切茎叶花序,一天中以清晨采切最佳,采后立即插入保鲜液容器中,并进行花束包装和保湿冷藏。如作为药用花卉栽培,夏、秋季采收全株或叶,鲜用或晒干贮藏。

# 任务 3  藤本类观赏植物栽培

## 1. 凌霄

**1）形态特征**（见彩图 3-16）

凌霄［*Campsis grandiflora*（Thunb.）Schum.］又名紫葳、女藏花、凌霄花等,为紫葳科落叶木质藤本。其茎借气根攀附。叶对生,单数羽状;小叶 7～9（～11）枚,卵形至卵状披针形,长 4～6cm,边缘有齿缺,两面无毛。花序圆锥状,顶生;花大;花萼钟状,5 裂不等,裂至筒之中部;花冠漏斗状钟形,裂片 5,橘红色;雄蕊 4 枚,2 长 2 短;子房 2 室。蒴果长如豆荚,2 瓣裂。种子多数,扁平,有透明的翅。花期 7～9 月,果期 9～10 月。

**2）生态习性**

凌霄一般野生于山谷、小河边、林缘及疏林下等地。适应性较强，喜充足阳光，也耐半阴；耐寒、耐旱、耐瘠薄。适宜在排水良好、疏松的中性土壤生长，忌酸性土；忌积涝、湿热。

**3）观赏价值及药用功效**

凌霄为观花、观藤植物。生性强健，枝繁叶茂，入夏后朵朵红花缀于绿叶中次第开放，十分美丽，是理想的垂直绿化品种，可用于棚架、假山、花廊、墙垣绿化。其茎、叶、花均可入药，性微寒，味酸；具有清热凉血、化瘀散结、祛风止痒等功效；可用于治疗月经不调、经闭癥瘕、产后乳肿、风疹发红、皮肤瘙痒、痤疮等病症。

**4）栽培技术**

（1）繁殖技术

① 扦插繁殖  于春季选择健壮、无病虫害枝条，剪成 10～15cm 小段插入土中，20d 左右即可生根。

② 压条繁殖  凌霄茎上生有气生根，压条繁殖法比较简单，春、夏、秋皆可进行，经 50d 左右生根成活后即可剪下移栽。

（2）选地整地

选择经济林边坡或林缘地进行套种，郁闭度以 0.3～0.5 为宜，要求地势平坦、腐殖质层较厚、有机质含量较高、疏松肥沃的壤土或轻壤土，切忌选择贫瘠易板结的土壤种植。于入冬前深翻 30cm 以上，让其充分风化。依地形地势走向，按行距 50cm 开挖深 15～20cm、宽 15～20cm 的水平种植沟。

（3）栽植技术

3～5 月萌芽前栽植。栽植时，先在水平种植沟内施入少量钙镁磷肥，按株距 50cm 放入种苗。要求苗正、根舒、芽朝上，覆土高出地面 5cm，浇定根水。

（4）管理技术

① 除草、追肥  幼苗期应勤除草，做到有草即除。搭架以后就不能入内除草。开花之前施一些复合肥、堆肥，并进行适当灌溉，使植株生长旺盛、开花茂密；夏季现蕾后及时疏花，并施一次液肥，使花大而鲜丽。但不要施肥过多，否则影响开花。

② 搭架  当幼苗长到 30cm 以上时，用竹或树枝搭成"人"字形、高约 1.5m 的支架，并将藤引到支架上，使其向上伸长，以增加植株光合作用面积，提高通风透光度。

③ 修剪  每年发芽前可进行适当疏剪，去掉枯枝和过密枝，使树形合理，利于生长。

④ 越冬管理　凌霄落叶后在南方林下无须防护措施可安全越冬。

（5）病虫害防治。

① 叶斑病和白粉病　用 50% 多菌灵可湿性粉剂 1500 倍液喷洒。

② 粉虱和介壳虫　常在生长期发生，可用 40% 氧化乐果乳油 1200 倍液喷杀蚜虫、介壳虫；在春秋干旱和高温高湿期间，易遭危害，发现后应及时喷施 40% 乐果 500～800 倍液进行防治。

**5）采收、加工及贮藏**

凌霄作为药用栽培的，7～9 月间采收，选择晴天摘下刚开放的花朵，晒干贮藏。

## 2．南五味子

**1）形态特征**（见彩图 3-17）

南五味子（*Kadsura longipedunculata* Finet et Gagnep.）又名冷饭团、过山龙藤、紫根藤、大叶南五味等，为五味子科常绿攀缘藤本。叶长圆状披针形、倒卵状披针形或卵状长圆形，长 5～13cm，宽 2～6cm，先端渐尖或尖，基部狭楔形或宽楔形，边有疏齿，侧脉每边 5～7 条；上面具淡褐色透明腺点；叶柄长 0.6～2.5cm。花单生于叶腋，雌雄异株；雄花：花被片白色或淡黄色，8～17 片，中轮最大 1 片，椭圆形，长 8～13mm，宽 4～10mm；花托椭圆体形，顶端伸长圆柱状，不凸出雄蕊群外；雄蕊群球形，直径 8～9mm，具雄蕊 30～70 枚；雄蕊长 1～2mm，药隔与花丝连成扁四方形，药隔顶端横长圆形，药室几与雄蕊等长，花丝极短；花梗长 0.7～4.5cm；雌花：花被片与雄花相似，雌蕊群椭圆体形或球形，直径约 10mm，具雌蕊 40～60 枚；子房宽卵圆形，花柱具盾状心形的柱头冠，胚珠 3～5 叠生于腹缝线上；花梗长 3～13cm。聚合果球形，径 1.5～3.5cm；小浆果倒卵圆形，长 8～14mm，外果皮薄革质，干时显出种子。种子 2～3，稀 4～5，肾形或肾状椭圆体形，长 4～6mm，宽 3～5mm。花期 7～9 月，果期 9～11 月。

**2）生态习性**

南五味子常生于海拔 300～1000m 的山地疏林中，常缠绕于大树上。对环境的适应性极强，不择土壤，粗生易长，但以中性或微酸的沙质土壤种植为好；喜光而又耐阴，好温暖而又耐寒，成年藤能耐 40℃以上高温和 -20℃严寒。

**3）观赏价值及食用、药用功效**

① 观赏价值　南五味子为观花、观果植物，可作垂直绿化植物栽培。

四季常绿，缠绕多姿，红花、红果挂到冬季；叶大而翠绿，具绿架、香花、彩果三大特色。

② 食用价值　南五味子富含丰富的维生素 C、维生素 E 及多种微量元素，是色、香、味俱佳的果品。

③ 药用价值　南五味子全株可入药。性温，味酸、甘；具有收敛固涩、益气生津、补肾宁心等功效；可用于久咳虚喘、梦遗滑精、遗尿尿频、久泻不止、自汗、盗汗、津伤口渴、短气脉虚、内热消渴、心悸失眠等病症。

**4）栽培技术**

（1）繁殖技术

① 种子繁殖　11～12 月采收果实，待果皮稍软，取出种子以草木灰拌种擦去果肉，干藏过冬。翌年 2 月上旬，选择土壤肥沃，排水良好的苗圃地，开穴播种，穴距 30cm×40cm，每穴播种子 2～3 粒，播后覆土 0.5～1.0cm，5 月中旬出苗，当有真叶 2 片时每穴留苗 1 株，待蔓长至 50cm 时插引杆。

② 扦插繁殖　多在春季、秋季进行，成活率高。方法是选择健壮、无病虫害枝条，剪成 10～15cm 小段，用生根剂处理后插入苗床，30d 左右即可生根。

（2）选地整地

选择果林、经济林边坡、山谷、林缘等地或房前屋后树林之下种植，既可借用果树枝干作缠附棚架，又不影响果树的产量。在选好的种植地开挖长、宽各 50cm，深 40cm 的种植穴，株行距 1m×2m，穴中施足基肥。

（3）栽植技术

在 2 月下旬至 3 月上旬定植，栽植时，先在种植穴内施入少量钙镁磷肥，放入种苗，放入穴的深度以根茎部原土痕以上 5cm 为宜，稍压实，浇水。

（4）管理技术

① 除草、松土、施肥　栽后视杂草生长状况及时除草、松土、施肥。追肥时，要薄肥勤施，最好施发酵腐烂的饼肥和农家肥；未挂果幼苗以施氮肥为主；挂果后施磷、钾肥为主。

② 雌雄搭配　南五味子属雌雄异株植物，栽培时，要按雌株与雄株 9∶1 的比例配栽，有利于异花授粉，也可在花期进行人工授粉，提高产量。

③ 修剪　修剪一般在冬季进行。主要是修剪多余枝条，控制树型、提高产量。

④ 越冬管理　冬季-10℃以上的地区，均可露地栽培，南方林下无须防护措施可安全越冬。

（5）病虫害防治

① 白蚁　在栽植前，在定植穴中撒施石灰、草木灰等防治。

② 尺蠖　可在树冠上喷洒20%的杀灭菊酯2000～3000倍液防治。

### 5）采收、加工及贮藏

南五味子作为药用栽培的，秋季果实成熟为紫红色尚未脱落时采摘，可鲜食或晒干或烘干供药用。烘干时，开始时室温在60℃左右达0.5h将温度降到40～50℃，达到八成干时挪到室外日晒至全干，搓去果柄，挑出黑粒即可入库贮藏。以根、根皮和茎入药的全年可采、晒干或烘干，置通风干燥处贮藏。

## 3. 常春藤

### 1）形态特征（见彩图3-18）

常春藤［*Hedera nepalensis* var. *sinensis*（Tobl.）Rehd.］又名爬树藤、爬墙虎、百角蜈蚣等，为五加科常绿木质藤本。借气生根攀附，藤长3～20m。茎灰棕色或黑棕色，光滑。幼枝被鳞片状柔毛，鳞片通常有10～20条辐射肋。单叶互生；叶柄长2～9cm，有鳞片；无托叶；叶二型；藤茎上的叶为三角状卵形或戟形，长5～12cm，宽3～10cm，全缘或三裂；花枝上的叶椭圆状披针形、条椭圆状卵形或披针形，稀卵形或圆卵形，全缘；先端长尖或渐尖，基部楔形、宽圆形、心形；叶上表面深绿色，有光泽，下面淡绿色或淡黄绿色，无毛或疏生鳞片；侧脉和网脉两面均明显。伞形花序单个顶生，或2～7个总状排列或伞房状排列成圆锥花序，径1.5～2.5cm，有花5～40朵；花萼密生棕色鳞片，长约2mm，边缘近全缘；花瓣5，三角状卵形，长3～3.5mm，淡黄白色或淡绿白色，外面有鳞片；雄蕊5，花丝长2～3mm，花药紫色；子房下位，5室，花柱全部合生成柱状；花盘隆起，黄色。果实圆球形，直径7～13mm，红色或黄色，宿存花柱长1～1.5mm。花期9～11月，果期12月至翌年3～5月。

### 2）生态习性

常春藤一般附生于阔叶林中树干或沟谷阴湿的岩壁上。为耐阴藤本植物，也能生长在全光照的环境中，在温暖湿润的气候条件下生长良好；耐寒力较强，对土壤要求不严，喜湿润、疏松、肥沃的土壤，不耐盐碱。

### 3）观赏价值及药用功效

① 观赏价值　常春藤为观叶、观藤植物，可作垂直绿化植物栽培，也

可盆栽供室内绿化观赏用，可以吸收由家具及装修散发出的苯、甲醛等有害气体，是园林绿化中用得最多的藤本植物之一。

② 药用功效 常春藤果实、种子和叶子均有毒。全株入药，性温，味苦、辛；具有祛风利湿、活血消肿、平肝、解毒等功效；可用于治疗风湿关节痛、腰痛、跌打损伤、肝炎、头晕、口眼㖞斜、衄血、目翳、急性结膜炎，肾炎水肿，闭经、痈疽肿毒、荨麻疹、湿疹等病症。

**4）栽培技术**

（1）繁殖技术

① 扦插繁殖 在温室栽培条件下，全年均可扦插。一般以春季 4～5 月和秋季 8～9 月扦插为宜。扦插时选用疏松、通气、排水良好的砂质土作基质。

春季硬枝扦插 从植株上剪取木质化的健壮枝条，截成 15～20cm 长的插条，上端留 2～3 片叶。扦插后保持土壤湿润，置于侧方遮阴条件下，很快就可以生根。

秋季嫩枝扦插 选用半木质化的嫩枝，截成 15～20cm 长、含 3～4 节带气根的插条。扦插后进行遮阴，并经常保持土壤湿润，一般插后 20～30d 即可生根成活。

② 压条繁殖 将茎蔓埋入土中，或用石块将茎蔓压在潮湿的土面上，待其节部生长出新根后，按 3～5 节一段截断，促进叶腋发出新的茎蔓。再经过 30d 培养，即可移栽上盆。

（2）选地整地

选择阔叶林、毛竹林、杉木林、经济林边坡或林缘地进行套种，郁闭度以 0.4～0.6 为宜，要求地势平坦、腐殖质层较厚、有机质含量较高、疏松肥沃的壤土或轻壤土，切忌选择贫瘠易板结的土壤种植。于入冬前深翻 30cm 以上，让其充分风化。按行距 30cm 开挖深 15～20cm、宽 15～20cm 的水平种植沟。

（3）栽植技术

在茎蔓停止生长期均可进行栽植。但以春末夏初萌芽前栽植最好。在种植沟内施入钙镁磷肥后按株距 30cm 栽植，栽植深度约 15cm，要求苗正、根舒、浅栽、芽朝上，覆土高出地面 5cm。栽植后浇定根水。

（4）管理技术

① 除草、追肥 栽后视杂草生长状况，及时除草、松土，并结合中耕除草进行追肥，每年进行 3～4 次。

② 搭架引蔓 当幼苗长到 30cm 以上时，用竹或树枝搭成"人"字形、

高约 1.5m 的支架，并将藤引到支架上，使其向上伸长提高通风透光度。

③ 修剪　新栽的植株，待春季萌芽后应进行摘心，促进分枝；对生长多年的植株，要强修剪，疏除过密的细弱枝、枯死枝，防止枝蔓过多，引起造型紊乱。

④ 越冬管理　常春藤在南方林下或露地无须防护措施可安全越冬。

（5）病虫害防治

① 叶斑病　用 50%多菌灵可湿性粉剂 1500 倍液喷洒。

② 灰霉病　病症：在叶边缘产生水渍状褐色或黑色病斑，严重时病斑可占叶大部分或全叶，潮湿时生出灰霉层。防治方法：用无病新土栽培，控制浇水，氮肥不宜多施。及时摘除病叶，并烧毁。发病时，喷施 75%百菌清 500 倍液，10d 1 次，连续 2～3 次。

③ 介壳虫　常在生长期发生，在春秋干旱和高温高湿期间，易遭危害，发现后应及时喷施 40%乐果 500～800 倍液进行防治。

**5）采收、加工及贮藏**

常春藤作为药用栽培的全年可采藤茎，切段，晒干贮藏。

# 项目四

## 林下经济植物栽培模式——林菌模式

林菌模式即根据林间光照强弱及各种菌类植物的不同需光特性选择较耐阴的菌类经济植物在林下进行套种的模式（见彩图 4-1）。主要套种忌高温、怕强光的菌类经济植物。

# 任务 1　药用菌类植物栽培

## 1. 灵芝

### 1）形态特征（见彩图 4-2）

灵芝 ［*Ganoderma lucidum*（Curtis）P. Karst.］又称灵芝草、神芝、芝草、仙草等，是多孔菌科植物。野生灵芝菌盖木栓质，形态各异，长在一起的雄雌 2 株形态相似，香味浓。灵芝未成熟时菌盖边沿有一圈嫩黄白色生长圈，成熟后消失并喷出孢子粉。野生赤芝并不是都有菌柄，有柄或近无柄或无柄；紫芝有柄，极少数无柄或近无柄。灵芝菌柄红褐色至黑色，都有漆样光泽，坚硬。灵芝生长中的光线过低就只长菌柄、不开片，如鹿角芝、灵芝草类。野生赤芝的菌盖少数有天然漆样光泽，经洗净烘烤干后，菌盖会溢出漆样光泽的灵芝油，有环状棱纹和辐射状皱纹。野生灵芝大小和形态变化较大。菌背面，有无数细小管孔，管口呈白色或淡褐色，灵芝生长初期菌背面一眼看去就一片白色，每毫米内有 4～5 个管孔，管口圆形，内壁为子实层。灵芝种子（孢子），卵圆形，壁两层，针尖大小，褐色，粉末状。

**2）生态习性**

灵芝一般生长在湿度高且光线昏暗的山林中，主要生长在腐树或是其树木的根部。

（1）营养

灵芝是以死亡倒木为生的木腐性真菌，对木质素、纤维素、半纤维素等复杂的有机物质具有较强的分解和吸收能力，主要依靠灵芝本身含有许多酶类，如纤维素酶、半纤维素酶及糖酶、氧化酶等，能把复杂的有机物质分解为自身可以吸收利用的简单营养物质，如木屑和一些农作物秸秆、棉籽壳、甘蔗渣、玉米芯等，都可以栽培灵芝。

（2）温度

灵芝属高温型菌类，菌丝生长温度范围为 $15\sim35℃$，适宜温度为 $25\sim30℃$，菌丝体能忍受 $0℃$ 以下的低温和 $38℃$ 的高温，子实体原基形成和生长发育的温度是 $10\sim32℃$，最适宜温度是 $25\sim28℃$。实验证明，在这个温度条件下子实体发育正常，长出的灵芝质地紧密，皮壳层良好，色泽光亮，高于 $30℃$ 中培养的子实体生长较快，个体发育周期短，质地较松，皮壳及色泽较差；低于 $25℃$ 时子实体生长缓慢，皮壳及色泽也差；低于 $20℃$ 时，在培养基表面，菌丝易出现黄色，子实体生长也会受到抑制；高于 $38℃$ 时，菌丝即将死亡。

（3）水分

水分是灵芝生长发育的主要条件之一，在子实体生长时，需要较高的水分，但不同生长发育阶段对水分要求不同，在菌丝生长阶段要求培养基中的含水量为 65%，空气相对湿度在 65%～70%，在子实体生长发育阶段，空气相对湿度应控制在 85%～95%，若低于 60%，$2\sim3d$ 刚刚生长的幼嫩子实体就会由白色变为灰色而死亡。

（4）空气

灵芝属好气性真菌，空气中 $CO_2$ 含量对它生长发育有很大影响，如果通气不良 $CO_2$ 积累过多，影响子实体的正常发育：当空气中 $CO_2$ 含量增至 0.1% 时，有促进菌柄生长和抑制菌伞生长；当 $CO_2$ 含量达到 0.1%～1% 时；虽子实体生长，但多形成分枝的鹿角状，当 $CO_2$ 含量超过 1% 时，子实体发育极不正常，无任何组织分化，不形成皮壳，所以在生产中，为了避免畸形灵芝的出现，栽培室要经常开门开窗通风换气，但是在制作灵芝盆景时，可以通过对 $CO_2$ 含量的控制，以培养出不同形状的灵芝盆景。

（5）光照

灵芝在生长发育过程中对光照非常敏感，光照对菌丝体生长有抑制作用，实践证明，当光照为 0 时，平均每天的生长速度为 9.8mm；在光照度为 50lx 时为 9.7mm；而当光照度为 3000lx 时，则只有 4.7mm，因此强光具有明显抑制菌丝生长作用。菌丝体在黑暗中生长最快，虽然光照对菌丝体发育有明显的抑制作用，但是对灵芝子实体生长发育有促进作用，子实体若无光照难以形成，即使形成生长速度也非常缓慢，容易变为畸形灵芝。菌柄和菌盖的生长对光照也十分敏感，20～100lx，只产生类似菌柄的突起物，不产生菌盖；300～1000lx，菌柄细长，并向光源方向强烈弯曲，菌盖瘦小；3000～10 000lx 菌柄和菌盖正常，以人工栽培灵芝时，可以人为地控制光照强度，进行定向和定型培养出不同形状的商品药用灵芝和盆景灵芝。

（6）土壤酸碱度

灵芝喜欢在偏酸的环境中生长，要求 pH 值范围 3～7.5，pH 4.4～6 最适。

当然，在灵芝生长发育过程中所需的各种营养和环境条件是综合性的，各种因素之间存在着相互促进和制约的关系，某一因素变化就会影响其他因素，在灵芝栽培中，必须掌握好这些因素以提高产品的质量。

**3）药用部位及功效**

全株（子实体）入药。性平、味甘；具有强精、消炎、镇痛、抗菌、免疫、解毒、利尿、净血等功效；可用于治疗虚劳、咳嗽、气喘、失眠、消化不良、恶性肿瘤（肺癌）、脑溢血、心脏病、肠胃病、白血病、神经衰弱、慢性支气管炎等病症。

**4）栽培技术**

（1）品种选择

灵芝主要有赤芝、紫芝、薄盖灵芝 3 个品种，生产栽培以赤芝、紫芝为主。

（2）选地整地

选择海拔 600～1000m 山区的干燥、向阳山坡上的阔叶树林分培育灵芝，郁闭度以 0.4～0.6 为宜，要求地势平坦、腐殖质层较厚、有机质含量较高、疏松肥沃的壤土或轻壤土，切忌选择贫瘠易板结的土壤作芝场。清除部分杂灌、杂草。

（3）培育技术

目前灵芝人工栽培有椴木栽培和袋料栽培 2 种方法。

① 椴木栽培　采用适生树种截成段栽培灵芝的方法称为椴木栽培。常见的有长椴木生料栽培、短椴木生料栽培、短椴木熟料栽培、树桩栽培以及枝束

栽培等。熟料栽培虽然比生料栽培工序复杂，耗能大，技术要求严格等，但熟料栽培具有发菌速度快，菌丝在椴木内分布面积广，营养积累多，生产周期短，生产较稳定以及易获得优质高产等优点。目前以短椴木熟料栽培为主。

第一，时间安排及材料准备。

**栽培时间**　椴木组织致密，一般不外加营养源，发菌时间比袋料缓慢，接种时间应比袋料栽培提前，一般安排在 12 月初到翌年 1 月下旬。这段时期气温低，少雨，接种成活率高，同时经过较长一段时间发菌，菌丝积累养分多，为子实体正常生育提供了物资保证。至清明前后，气温稳定在 20℃以上时即可埋土使原基慢慢发生，年内可收获 1～2 潮芝。

**树种选伐**　一般来说凡是适于香菇、木耳椴木栽培的树种，也可用于灵芝椴木栽培。其中，以壳斗科树种较理想，青冈属、栲属和栎属树种最好。除此，杜英科、金缕梅科等树种也很适合灵芝栽培。实践证明：供灵芝栽培的树种约 77 种，分属 20 科 42 属。栽培效果较理想的树种，其木材学特征是：树皮较厚，形成层发达，不易与木质部剥离；木材容重比较大，材质较硬实；边材发达或不显心材，早材率高；木射线发达或具宽木射线；导管丰富或为大型导管材。树木直径要求 6～20cm，长 30cm 为宜，芝树的砍伐期一般安排在生产前半个月，也可边砍伐，边截断，边装袋灭菌，水分不足将抑制子实体发生。

生产中几个理论参数：根据实践，对椴木的用量、栽培场所的面积、需菌种数、产芝量等做了以下统计，它对灵芝规模化生产中的策划、设计、布局等具有较好的指导意义，各地生产中可以借鉴。1m³ 椴木约 850 段（直径 10cm，长 15cm）；每亩可埋 25～28m³ 椴木；1t 干灵芝相当于 70m³ 椴木的产量（按 1m³ 椴木当年可产干灵芝 15kg，依椴木大小分别可出芝 2～3 年）；1kg 鲜灵芝可晒（烘）干灵芝 0.3～0.5kg；1m³ 椴木包成 54 袋灭菌（65cm×85cm）；1m³ 椴木 54 袋需要菌种量 80～100 瓶。随着灵芝生产的发展，工艺不断完善，各地的栽培方法不尽相同。诸如袋的大小，椴木的长短，接种方法，埋土方式等有所差别。因此。此参数只能作为生产中参考。

第二，培育技术。

**打空装袋**　新鲜原木截成 30cm 长的短椴木，用刮刀修光断面周围残留的针刺状物，以免刺破袋膜，然后用电转或台转打 3 个直径 1.8cm、深 3cm 的孔穴，修光穴空，装入折径 20～30cm、厚 0.005cm 的低压聚乙烯袋内，孔穴朝袋壁，每袋 2～4 段，松紧适中，收拢袋口用绳扎紧，直径过粗的椴木劈成两半，打空装袋。椴木偏干时采用浸水或袋内加水方法增加含水量。

**灭菌**　叠放后用蒸汽炉通入蒸汽灭菌，菌袋叠放时每二三层需留出空隙或采用一层横排一层竖排即"井"字形叠放。当温度达到100℃后保持10h不中断。中途若需要加水，最好备好开水。整个过程做到开始大火使温度很快上升至100℃，最后1～2h用旺火攻尾，使之彻底。灭菌结束，闷3～5h，等灶内温度降至70℃以下，才逐渐开灶门，取出放入冷却室内用消毒药物熏蒸冷却。搬移、叠放菌袋时采用合适的塑料筐，做到轻拿轻放，切忌袋膜破坏。若用高压灭菌装袋时用聚丙烯袋分装，0.137MPa保持1.5～2h，自然降落。

**接种**　将冷却后的料袋放入接种箱或接种室、接种罩内，再次用杀菌剂熏蒸或氧原子环境消毒器消毒灭菌。然后双人操作，一人用45W电烙铁在椴木孔穴位置烫破袋膜，另一人用长镊子夹取成块菌种填入孔穴内，再转交给烫空人封贴专用胶布。若栽培种用塑料袋扩制培养，接种时可戴上无菌指套从袋底切口直接掰取菌块填入孔穴内，这样速度快，平实，效果好。菌块要求新鲜，菌龄25d以内。

**发菌管理**　发菌室事先经过严格消毒，杀虫后，将菌袋摆放在层架上，或纵横分层堆叠在具垫板或泡沫塑料板的地面上，控温25℃左右，使菌丝很快定植，蔓延。菌丝在椴木中生长速度以轴向最快，横向次之，切向最慢，三者长速比大致为4∶1∶0.5。因此，接种后应在适温下培养，促进菌丝很快从轴向横向长满整个椴木表面以及向韧皮部、形成层、维管束等延伸。室内保持空气新鲜，每天中午开窗，通风换气，空气相对湿度控制在70%以下，每周微喷3%来苏水1次，以防杂菌滋生。随着生长菌丝量增加，菌袋内氧气减少，袋壁水珠增多，当菌丝在断面上形成菌被时，结合室内喷雾消毒，微开袋口，排除水气，增氧，保持椴木表面少干状态，促进菌丝伸入木质部向纵向生长蔓延，积累更多营养。这种排湿、增氧、促生管理，每10d进行1次。若袋底积水，可用消毒的注射器将积水抽出，并用透明胶带封贴针孔。

**搭棚埋棒**　整地搭棚：选地势开阔，通风良好，排灌方便，土地肥沃的微酸性林荫地作芝场。土地经深翻暴晒，按东西走向整畦，畦宽1.5m，高20cm，畦间走道30cm，四周开20cm的排灌沟，并撒灭虫药，防虫危害，每3畦搭1个塑料大棚，棚高2m，离棚顶20cm再架平棚。菌材排放：菌袋内菌丝长满椴木，断面出现红褐色菌被，菌材表面有弹性感和少量菌材出现原基突起，选晴天将菌材从袋中取出，畦上开浅沟，将菌材横放入沟中，接种穴朝上，每行4段，行距8～10cm，填土过菌材2cm，稍压平实，浇水使土壤含水量达60%左右，保持湿润状态，但忌积水。

**出芝管理**

前期。菌材埋土后气温较低，以保温为主，白天拉稀棚顶的覆盖物，接受光照，增加地温。保持棚内温度在22℃以上。约半个月原基即露出土表，注意通风换气，每2～3d选晴天中午通风1次，空气相对湿度控制在85%左右。

中期。气温上升，温差较大，白天注意降温，棚顶增厚覆盖物，控温28℃左右。这时子实体生长较快，应增加通气量，可将四周棚膜往上卷起，离畦面6～10cm，防止$CO_2$积累而产生畸形。相对湿度控制在90%～95%，常向空中喷雾保湿。晚间应放下薄膜减少昼夜温差。每潮芝采收后挺水2d，促使菌丝恢复生长和原基再次发生。

后期。气温逐渐下降，空气也趋干燥，着重保温，白天拉稀覆盖物增加棚内温度，增加喷雾次数。通气时，东南方向通风，防止西北方向袭击。通过精心管理，争取多产芝，产好芝。

采收  一般接种后2个月能长出菌蕾，子实体成熟需50～60d，从接种到采收需4个月左右。当灵芝菌盖以充分展开，边缘的浅白色或淡黄色基本消失，菌盖开始革质化，呈现棕色，开始弹射孢子，经7d套袋搜集孢子后（孢子收集方法下文有介绍）就应及时采收；此时如果不采收，则影响第2茬灵芝子实体的形成。采收时用锋利的小刀，在菌柄0.5～1cm处割取，千万不可连菌皮一起拔掉，以免引进虫害病害蔓延，同时第2茬灵芝子实体也难以形成。采收后的培养料，经过数天修养后，喷施一次豆浆水，数天后就会长出第2茬灵芝子实体。将采收的灵芝清洗干净，放在塑料布或竹帘上晒干或使用烘干机烘干。

② 袋料栽培

以木屑、棉籽壳、甘蔗渣、农作物秸秆等农林下脚料栽培灵芝的方法称为袋料栽培。

第一，培养料配方：63%杂木屑＋27%五节芒粉＋8%麸皮＋1%红糖＋1%石膏粉（培养料含水量65%～70%）。

但应注意：料∶水＝1∶（1.2～1.5）为宜，否则在出芝期培养料极易干缩失水，影响产量和质量。要吃透水，拌好后要堆闷1～2h，然后在翻一次堆，用手捏从指缝中有4～6滴水即含水量65%。为防止灭菌不彻底，引起杂菌污染后患，在拌料时可以加入0.2%冰醋酸溶液，闷堆24h后，再用石灰调节pH值达到5.0～6.0，则可大大降低污染率。

第二，堆料。

将拌好的培养料堆积在撒过石灰的地面上，堆成规格高1.2m、宽1.5m和长度自定的长方形堆体，然后覆盖塑料布，当料温达到40～50℃时，便可进行第一次翻堆。当料温在达到40～50℃时在维持1～2d，培养料内杂菌休眠体就几乎全部萌发为营养体，此时堆料基本结束。

第三，装袋。

常压灭菌可以用低压聚乙烯（15～17）cm×（30～33）cm的袋子，高压灭菌需要用高压聚丙烯袋子，可以手工装袋也可以使用机器装袋以提高工作效率，需要注意两点：一是两头不要装的太满要留出接种的空间；二是两头要清洁干净，以免杂菌感染。

第四，灭菌。

灭菌彻底与否是栽培灵芝成败的关键。装好袋要及时灭菌，灭菌码袋时要袋与袋之间留有空隙，高压灭菌要放净冷空气，以免造成假压，灭菌不彻底，常压灭菌待温度升到100℃时维持10～12h，自然冷却，高压灭菌是当压力达到0.137MPa压力保持1.5～2h，自然降落。将灭菌的培养料出锅送入接种室冷却，待冷却到30℃以下便可接种。

第五，接种。

4人一组，1人负责放种，3人负责解口、系口，密切合作。

第六，发菌管。

在灵芝栽培中，培养强壮的菌丝体是获得高产的保证，将接了种的菌袋转入培养室，横放于发菌架上，如果室温超过28℃和料温超过30℃，需通过增加通风降温次数，使温度稳定在25～28℃之间。此外，室内保持黑暗，因为强光可严重抑制灵芝菌丝的生长，当两端菌丝向料内生长到6cm以上时，可将扎口绳剪下，直径1cm左右，以促进发菌和菌蕾形成，从接种到长出菌蕾一般需要25d左右。

第七，出芝管理。

目前灵芝生产中主要有菌墙式和地畦试两种（地畦式和椴木栽培方法相似，这里不再介绍本文主要介绍菌墙式）。菌墙栽培法具有投料多、占地少、空间利用率高、管理集中、温湿度好控制等优点，灵芝袋养菌满袋后，按90～100cm为一行摆好，高为6～7层，南北行，开始打眼开口，开口以1角硬币大小为适。开口后大棚马上封严，此时温度控制在27～30℃（不要低于25℃，高于35℃）增加湿度，光线以散射光线为好，上面的草帘刚对头，每个草帘都有散射光下射为好，也就是三分阳七分阴。2～3d以后，空气相对湿度为85%～90%，通风逐渐增大，温度27～30℃，出芝时温度一直保持27～30℃（不小于25℃不大于35℃），水分从开口到放孢子粉一直明水，从形成叶片到放孢子粉需要20d左右。

### 5）采收、加工及贮藏

（1）采收、加工

当灵芝菌盖以充分展开，边缘的浅白色或淡黄色基本消失，菌盖开始革质化，呈现棕色，开始弹射孢子，经7d套袋收集孢子后（孢子收集方法下文有介绍）就应及时采收。此时如果不采收，则影响第2茬灵芝子实体的形成。采收时用锋利的小刀，在菌柄 0.5～1cm 处割取，千万不可连菌皮一起拔掉，以免引进虫害病害蔓延，同时第 2 茬灵芝子实体也难以形成。采收后的培养料，经过数天休养后，喷施一次豆浆水，数天后就会长出第 2 茬灵芝子实体。将采收的灵芝清洗干净，放在塑料布或竹帘上晒干，或用烘干机烘干。

（2）贮藏

新鲜的灵芝可以直接食用，但保存期很短。灵芝采收后，去掉表面的泥沙及灰尘，自然晾干或烘干，水分控制在 13% 以下，然后用密封的袋子包装，放在阴凉干燥处保存，防霉，防蛀。

### 2．茯苓

**1）形态特征**（见彩图 4-3）

茯苓 [*Wolfiporia extensa*（Peck）Ginns.] 俗称云苓、松苓、茯灵等，为拟层孔菌科植物。茯苓常见者为其菌核体，多为不规则的块状、球形、扁形、长圆形或长椭圆形等，大小不一，小者如拳，大者直径达 20～30cm，或更大。表皮淡灰棕色或黑褐色，呈瘤状皱缩，内部白色稍带粉红，由无数菌丝组成。子实体伞形，直径 0.5～2mm，口缘稍有齿；有性世代不易见到，蜂窝状，通常附菌核的外皮而生，初白色，后逐渐转变为淡棕色，孔作多角形，担子棒状，担孢子椭圆形至圆柱形，稍屈曲，一端尖，平滑，无色。

**2）生态习性**

茯苓一般寄生于海拔 600～1000m 山区的干燥、向阳山坡上的马尾松、黄山松、赤松、云南松、黑松等树种的根际，深入地下 20～30cm。孢子 22～28℃萌发，菌丝 18～35℃生长，于 25～30℃生长迅速，子实体 18～26℃分化生长并能产生孢子。在昼夜温差大的条件下有利于茯苓的生长。段木含水量以 50%～60%、土壤以含水量 20%、pH 3～7、坡度 10°～35° 的山地砂性土较适宜生长。茯苓为兼性寄生菌，有特殊臭气。

**3）药用部位及功效**

茯苓以干燥菌核入药。性平、味甘；具有渗湿利水、健脾和胃、宁心安神、抗癌、增强免疫力、抗肿瘤以及镇静、降血糖等功效；可用于治疗小便不利、水肿胀满、痰饮咳逆、呕逆、恶阻、泄泻、遗精、淋浊、惊悸、健忘等症等病症。

**4）栽培技术**

（1）品种选择

经广西药用植物园对国内 13 个茯苓品种进行筛选，产量及转化率较高的推广品种有 7 号（BO）、12 号（茯 21）和 13 号（BL）3 个品种。其菌丝在松材上半贴生、半气生，生长十分旺盛，上菌快，抗杂菌力强，结苓早，成熟快，菌核圆大，肉质白净结实，商品性极佳。

（2）选地整地

选择海拔 600～1000m 山区的干燥、向阳山坡上的马尾松、黄山松、赤松、云南松、黑松等树种林地培育茯苓，要求郁闭度 0.4～0.6、土壤含水量 20%、pH 3～7、坡度 10°～35° 的山地砂性土。

（3）培育技术

茯苓可用椴木、树蔸及松针栽培，但目前仍以椴木栽培为主。选直径 10～45cm 的中龄松树，砍伐后每隔 3～7cm 相间纵削 3cm 宽的树皮，深入木质部 0.5cm，称为"剥皮留筋"。当松木断口停止排脂，敲之有声时锯料，截成长 65～85cm 的节段，放通风向阳处，按"井"字形堆垛备用。选背风向阳、微酸偏沙的缓坡地，挖直径 90cm、深 50～65cm 的窖，窖距上下为 33cm，左右 17cm，四周挖好排水沟。取木段 3～5 根，粗细搭配，分层放置于窖中。菌种也称引子，有菌丝引、肉引、木引 3 种，现多用菌丝引。用 PDA 培养基从菌核组织中分离出纯菌种，栽培种培养基用 76% 松木屑、22% 麸皮、石膏和蔗糖各 1%，含水量 65%，装入广口瓶，灭菌后接入纯菌种，在 25～28℃ 条件下培养半月，翻转瓶在 22～24℃ 下再培养半月，即为菌丝引。肉引在接种前半月内采挖鲜菌核为引。木引是在接种前两个月选直径 4～10cm 的梢部无节筒木，锯成长 50cm 的木段，每 5 根为一堆，分两层堆叠，将新鲜菌核 250g 贴在木段上靠皮处，覆土 3cm，60d 左右菌丝可长满筒木。早春 3～4 月接种，用菌丝引接种，宜选晴天将窖中细木段削尖，插入栽培瓶中，粗木段靠在周围，覆土厚 3cm。肉引接种时用刀剖开苓种，将苓肉面贴在料筒的上端截面或侧面，苓皮朝外。木引可锯成 5～6cm 长，靠在料筒的上端截面或将引木锯成 2 段、3 段，夹在料筒中间。

（4）管理技术

① 补土填缝　结苓期常在地面出现裂缝，应及时补土填缝。

② 苓生长状况检查　在野外生有茯苓的地面，一般具有以下特征：一是松林中树桩周围地面有裂隙，敲之发出空响；二是松树附近地面有白色菌丝（呈粉白膜或粉白灰状）；三是树桩头烂后，有黑红色的横线裂口；四是小雨后树桩周围干燥得快，或有不长草的地方。

③ 病虫害防治　黑翅白蚁常蛀食松木段，防治方法：选苓场时应避开蚁源，挖地时注意清除腐烂树根，或在苓场周围设诱杀坑，埋入松木或蔗渣，诱白蚁集中于坑中，即可捕杀。同时可引进白蚁天敌——蚀蚁菌，蚁群只

要有一只染病，全巢无一幸免，灭蚁率达 100%。

**5）采收、加工及贮藏**

（1）采收

通常栽后 8～10 个月茯苓成熟，其成熟标志为苓场再次出现龟裂纹，扒开观察菌核表皮颜色呈黄褐色，未出现白色裂缝，即可收获。选晴天挖出后去泥沙，堆在室内盖稻草发汗，等水汽干后，苓皮起皱后削去外皮，干燥。

（2）加工及贮藏

茯苓出土后洗净泥土，堆置于屋角不通风处，亦可贮放于瓦缸内，下面先铺衬松针或稻草一层，并将茯苓与稻草逐层铺叠，最上盖以厚麻袋，使其"发汗"，析出水分。然后取出，将水珠擦去，摊放阴凉处，待表面干燥后再行发汗。如此反复 3～4 次，至表面皱缩，皮色变为褐色，再置阴凉干燥处晾至全干，即为"茯苓干"。切制：于发汗后趁湿切制，亦可取干燥茯苓以水浸润后切制。将茯苓菌核内部的白色部分切成薄片或小方块，即为白茯苓；削下来的黑色外皮部即为茯苓皮；茯苓皮层下的赤色部分，即为赤茯苓；带有松根的白色部分，切成正方形的薄片，即为茯神。切制后的各种成品，均需阴干，不可暴晒，并宜放置阴凉处，不能过于干燥或通风，以免失去黏性或发生裂隙。临床应用则分为茯苓皮、带皮苓、赤茯苓、白茯苓、茯神 5 个品种，主要是它们的功效主治有所不同。

# 任务 2　食用菌类植物栽培

## 1. 竹荪

### 1）形态特征（见彩图 4-4）

竹荪（*Dictyophora indusiata auct. brit.*）又名竹参、面纱菌、雪裙仙子等，为鬼笔科著名的食用真菌。完整的竹荪子实体由菌盖、菌裙、菌柄、菌托四部分组成，一般高 10～20cm，最高的可达 30cm 以上。菌盖形如吊钟，高 3cm 左右，下端宽 5cm 左右，具有明显的网状结构，上面一般生有青褐色的孢体，孢体味道微臭，用手触摸，有黏滑感。菌盖顶端较平，并有穿孔。菌裙大多为黄白色，菌裙的长度是分类学上区别长裙竹荪和短裙竹荪的重要标志。长裙竹荪的裙长一般为 8.0～12cm，短裙竹荪的裙长一般为 3～6cm。菌裙为疏松的格孔状网条，格孔呈椭圆形或多边形，格孔长径 0.5～1cm，短径 0.1～0.5cm，网条偏圆形，直径 0.1～0.5cm。菌柄乳白色，中空，纺锤或圆筒状，中部粗约 3cm，壁海绵状。菌托呈碗形，包在菌柄的基部，上面带有灰白色或粉红色的斑块，高 4.0～5.0cm，直径 3.0～5.0cm，由内膜、外膜以及膜间胶状物质组成。

**2）生态习性**

野生竹荪多生于老竹和腐竹的根部以及腐竹叶上，多数单生，也有少量为群生。自然生长季节为初夏到中秋，竹荪成熟后，墨绿色的孢子自溶流入酸性土壤中，萌发成白色、纤细的菌丝，在腐竹、竹根及竹叶的腐殖质生长，经过一段时期，绒毛状菌丝分化形成线状菌索，并向基质表面蔓延，后在菌索末端分化成白色的瘤状突起，即为原基或称为菌蕾。菌蕾发育膨大露出地面，由粉白色渐转为粉红、紫红或红褐色。形状也由圆形至椭圆形，再至顶端如桃尖状突出。接着菌盖和菌柄突破包膜迅速生长，整个包膜留在菌柄基部形成菌托。随之白色的菌裙放下，孢子成熟自溶下滴，不久整个子实体便开始萎缩。竹荪从孢子至长成子实体，在自然界大约需要 1 年的时间。而其菌丝体是多年生的，能在地下越冬。竹荪对生长条件要求苛刻。

① 营养 竹荪在自然界多见于竹林内。但是竹林并不是竹荪的唯一生境，现已发现在多种阔叶树上能生长。竹荪也是一种腐生菌，其营养来自竹类或其他树木的根、叶腐烂后形成的腐殖质和其他有机物质。

② 温度 菌丝在 4～28℃均能生长，15～22℃为最适温度，26℃以上生长缓慢，菌丝对低温有较强的抵抗力。子实体在 10～15℃分化，15～28℃生长，气温达 22～25℃时子实体大量成熟。28℃时菌蕾发育缓慢，35℃时停止发育。

③ 湿度 竹荪是喜湿性菌类，通常只有当空气相对湿度达 95%以上时，菌裙才能达到最大的张开度。

④ 酸碱度 在自然界里，竹荪生长处的土壤 pH 值多在 6.5 以下，在竹荪生长发育过程中，都需要微酸性的环境。

⑤ 光线 菌丝生长不仅不需要光线，而且光对其菌丝生长有一定的抑制作用。自然界里，竹荪处于竹林、草丛的荫蔽之下，若将它暴晒在阳光之下，很快就会萎缩。

**3）食用部位及功效**

竹荪的食用部分为整个子实体，含蛋白质、粗脂肪、碳水化合物、氨基酸、维生素及多种微量元素等营养物质。性凉，味平；具有补气养阴、润肺止咳，清热利湿等功效；在抗肿瘤、抗凝血、抗炎症、刺激免疫以及降血糖方面都有一定的疗效。此外，竹荪对食品防腐有奇效，在煮熟的菜肴中加入竹荪，便可保存较长时间而不致腐败变质。

**4）栽培技术**

（1）品种选择

主要品种有'长裙'竹荪、'短裙'竹荪、'红托'竹荪、'黄裙'竹荪等，以'长裙'竹荪质量最好，栽培较广。'长裙'竹荪产于福建、湖南、广东、广西、四川、云南、贵州等少数山区的竹林中。

（2）选地整地

选择竹林地进行栽培，郁闭度以 0.7～0.9 为宜，要求地势平坦、腐殖质层较厚、有机质含量较高、疏松肥沃的壤土或轻壤土。选好种植地后进行林地清理，伐除部分杂灌杂草，水平条带状堆积，整畦作床。

（3）培育技术

① 制作菌种

第一，母种制作。

**培养基配方**

| | |
|---|---|
| 马铃薯 | 250g |
| 丁维葡萄糖 | 20g |
| 琼脂 | 23g |
| 鲜松针 | 150g |
| 水 | 1000L |
| pH 值 | 5.5～6 |

**培养基制作**　同一般斜面培养基制作方法。

**母种分离**　采用菌蕾组织分离、孢子分离及基内菌分离 3 种方法，以 7～8 成熟的菌蕾组织分离较好。

**母种培养**　竹荪母种分离后应立即放入恒温箱或室中，保持全黑暗，温度 21～25℃培养，当纯菌丝长满斜面时择优转管，每支母种通常可转 8～12 支管，培养 25～32d，菌丝即可长满斜面。

第二，原种制作。

**培养基配方**

| | |
|---|---|
| 阔杂木屑 | 36kg |
| 麦麸 | 6.5kg |
| 米糠 | 6.0kg |
| 石膏 | 0.5kg |
| 红糖 | 0.75kg |
| 鲜松针 | 5.0kg |
| 石膏 | 0.5kg |
| pH 值 | 5.5～6 |

**制作培养基**　先将阔杂木屑、麦麸、米糠、石膏粉混合拌匀，把红糖加适量水溶解与鲜松针液混合后倒入混合料中搅拌均匀，当基料含水量保持在

60%左右时就可装瓶，并经高温、高压灭菌1h，冷却后接种。

**接种与培养**　接种应在无菌条件下操作，少损伤种块菌丝，母种不宜太老，以母种菌丝长满斜面就接种原种。接种后立即置于黑暗的恒温室里，保持温度21～25℃培养，菌丝长满瓶时，在棉瓶外面包上防水纸保存待用。

第三，栽培种制作。

**培养基配方**

| | |
|---|---|
| 阔杂木屑 | 20kg |
| 碎竹屑 | 15kg |
| 麦麸 | 6.5kg |
| 米糠 | 6.0kg |
| 红糖 | 0.75kg |
| 石膏 | 0.5kg |
| 大豆（磨浆） | 1.25kg |
| pH值 | 5.5～6 |

**培养基制作**　把碎竹屑用红糖水煮或浸至含水量55%左右，把杂木屑、麦麸、米糠、石膏粉拌匀，将碎竹屑倒入料中拌匀，再与豆浆、糖水混合倒入料中，继续搅拌至含水量60%后装瓶，装瓶后经高温、高压灭菌1h。

**接种与培养**　在无菌操作条件下接种，每瓶原种30～40瓶栽培种，培养方法同原种。

② 培育方法

目前竹荪培育方法有纯菌种压块栽培、填料栽培和竹山培育3种。

第一，纯菌种压块栽培。

**栽培工艺流程**　挖种压块—菌丝愈合—排块覆土—栽培整理—采收加工。

**培育方法**

压块与菌丝愈合：2月下旬至4月上旬，将适宜的纯菌种挖出压成30cm$^2$的栽培块，每块12～13瓶菌种，覆膜使菌丝愈合，菌丝愈合期间保持室温15～25℃，在黑暗条件下培养。菌丝愈合后就可覆土栽培。

选择多云或阴天细整场地，顺坡作宽1m、长度不限的栽培畦：畦底留10cm厚松土把栽培块顺坡排列于畦内，覆盖松土8～10cm，表面撒一层竹叶，四周开好排水沟。

第二，填料培育。

把干竹锯成70cm左右长，劈成片。播种前细整场地作畦，畦底留10cm厚松土，铺一层竹片，撒一层竹叶，播上菌种，用量9～18/m$^2$瓶菌种，覆土8～10cm，再撒一层竹叶。播种后，3个月左右即能形成菌蕾。

第三，竹山培育。

**选择山场**　选择毛竹林或竹木混交林郁闭度 0.7～0.9，稍阴暗潮湿；竹鞭、竹根、竹蔸丰富，土壤肥沃疏松，有机质含量高，pH4.5～8.5；坡度平缓，有水源而不积水的中、下坡；无白蚁危害、无人畜活动、管理方便的竹山作为栽竹荪的山场。

**利用旧竹蔸就地接菌法**　在选好的竹林内选择砍伐 2 年以内的旧竹蔸，在其上坡位置挖 15cm×15cm、深 20～25cm 的穴栽植，穴底填腐竹碎片、叶等，播一层竹荪栽植种，再填一层切碎竹根、碎块、叶 10cm 厚，再播一层菌种，覆土 5cm，轻轻踩实。若土壤干燥，可适当浇水，上盖枝叶遮阳挡雨，保温保湿，一瓶栽培种可栽培 20～30 穴。

**整畦栽培法**　适用于平坦的竹林地栽培，播前平整场地，除草根、石块、翻土 15～30cm，顺坡整畦宽 50～70m，长度不限。先在畦底撒茶子饼 100g/m$^2$，或用 0.1%锌硫磷水溶液拌湿木屑，防地下害虫，然后铺一层 5cm 厚切碎竹块、竹根、叶等基质，播一层菌种，如此播 2～3 层后，盖土 5cm，再覆盖一层竹叶，并适当浇淋水，一般每平方米播 2 瓶接种栽培种。

③ 栽培管理

**菌丝阶段的管理**　菌丝生长的合适温度为 21～25℃，土壤含水量 20%～25%。3～4 月上旬栽培的，因气温低和雨水多，以保温保湿为主，雨季则应及时疏沟排水。

**菌蕾阶段管理**　菌蕾生长发育的最佳温度为 22～26℃，湿度以 75%～90%为宜。随着菌蕾的渐渐长大，相对湿度也应逐渐增加至 95%。

**开伞阶段的管理**　菌蕾开伞阶段要求温度为 22～25℃，以土壤潮湿而不积水为度，空气相对湿度保持 94%以上，竹林地栽培的也可适当淋水保湿。

**越冬管理**　竹荪菌丝体是多年生的，能在地下越冬。

④ 病虫害防治

**病害防治**　主要病害有青霉、绿色木霉、亚木霉、多孢小霉、根霉、毛霉、曲霉、墨汁鬼伞、长根鬼伞等。防治方法：选择向阳避风、荫蔽度 70%～80%，排水良好，含沙量约 50%，偏酸性的土壤场地栽培；杜绝病虫来源：清除场内杂草和污物，严格挑选纯菌种，选择新鲜无霉变的栽培料等；药物防治：病害杂菌用多菌灵 500～800 倍液进行局部喷雾防治。

**虫害防治**　主要虫害有白蚁、线虫（蘑菇菌丝线虫）、长粉螨、菇疣跳虫、蛞蝓、蝼蛄、铜绿丽金龟、蜗牛等。虫害白蚁用灭蚁灵，螨类、跳虫等用 0.5%敌敌畏药液防治。菌蕾生长后期及子实体生长阶段，慎用农药，以免残毒影响健康。

**5）采收、加工及贮藏**

**（1）采收**

菌蕾破壳开伞至成熟为 2.5～7h，一般 12～48h 即倒地死亡。因此，当竹荪开伞待菌裙下延伸至菌托、孢子胶质将开始自溶时（子实体成熟）即可采收。采摘时用手指握住菌托，将子实体轻轻扭动拔起，小心地放进篮子，切勿损坏菌裙，影响商品质量。

**（2）加工**

竹荪子实体采回后，随即除去菌盖和菌托，不使黑褐色的孢子胶质液污染柄、裙。然后，将洁白的竹荪子实体一只只地插到晒架的竹签上进行日晒或烘烤。商品要求完整、洁白、干燥。竹荪可进行深加工系列产品开发，目前已开发出竹荪酒、饮料、罐头、面条等食品，同时还有多糖口服液、天然防腐剂、化妆品之类的产品。

## 2. 香菇

**1）形态特征**（见彩图 4-5）

香菇［*Lentinula edodes*（Berk.）Pegler.］又名香覃、香菌、冬菇等，为侧耳科真菌类植物。香菇由菌丝体和子实体组成，人们食用的部分是香菇的子实体。子实体分为菌盖、菌褶、菌柄 3 个部分。菌盖位于实体的顶部，其颜色和形状随着菇龄的大小、受光强弱不同而异，低温时为暗褐色，高温时为浅褐色；菌盖幼时由菌膜包着，呈半球形，成熟后展开为伞状，边缘向下内卷；成熟的菌盖直径一般为 4～8cm，肉质；菌盖上面呈星点状分布的淡色鳞片，是菌膜残留物。菌褶浅白色，位于菌盖下面，刀片状，宽 0.3～0.4cm，辐射状排列；片状两面为子实层，上面着生许多担子，每个担子着生 4 个担孢子，担孢子为卵圆形。菌柄浅褐色，位于菌盖和菌褶中心下方，实心圆柱形，柄长 2～10cm，径 0.5～5cm。此外，菌柄中上部有菌环，是菌膜残留物，成熟后逐渐消失。

**2）生态习性**

**（1）营养**

营养是香菇整个生命过程的能源，也是产生大量子实体的物质基础。香菇是一种木腐菌，主要营养成分是碳水化合物和含氮化合物，也需要少量的无机盐、维生素，香菇生长发育所需要的营养，主要依靠分解吸收菇木或培养料中的养分。

① 碳源　香菇能利用相当广泛的碳源，包括单糖类、双糖类、多糖类。

② 氮源　以有机氮为好（蛋白质、氨基酸），麸皮和纤维中都含有较多

的蛋白质，可以满足香菇生长的需要。

③ **矿物质**　即无机盐，无机盐主要种类是磷、镁、钙、硫、铁、钾、锰、锌、铜等，这些无机盐有的参与香菇体内营养代谢，有的直接参与构成细胞的成分，有的能保持细胞浸透的平衡，促进新陈代谢的正常进行。

④ **维生素类**　香菇菌丝的发育需要较多的 B 族维生素，麸皮和米糠含 B 族维生素较高，能满足香菇生长需要。

（2）温度

温度对香菇的整个生长发育有着重要的影响，但在不同的生长发育阶段，所需要的温度也不一样。

① 孢子萌芽适宜温度为 15～28℃，以 22～26℃最适宜。在这个阶段不耐低温，在 0℃以下经 24h，其萌发率就降低 1/2 左右。

② 菌丝生长适宜的温度范围较广，一般为 5～32℃，其中以 24～27℃最适宜。这个阶段比较耐低温，在-8℃的条件下一个月也不死亡；但不耐高温；超 33℃停止发育，40℃以上就全部死亡。

③ 子实体生长阶段要求温度 5～24℃之间，以 12～15℃最为适宜。子实体发生时，要求温度较低，发生之后适应性较强，即使处于较高或较低的温度下也能发育。在低温下子实体生长慢，肉质紧密，分量重，优质菇比例大，厚菇和花菇多是在偏低温条件下形成的，所以有些人把低温中形成的菇叫作冬菇。

（3）湿度与水分

香菇菌丝在生长发育期间，培养基中的含水量以 50%～55%为宜。湿度低于 20%，菌丝停止生长甚至死亡，出菇期间培养基含水量长期低于 30%，子实体生长缓慢，甚至停止发育，子实体全发育期空气相对湿度以 55%～70%为最好，这样很容易形成花菇，子实体在较干燥的环境中发育，虽然从表面上看子实体小，但质量好，比重大，干品产量高。

（4）空气

香菇属于需氧生物，好气性菌类。如果环境空气不流通，氧气不足，二氧化碳积聚过多就会抑制菌丝和子实体的生长。空气中二氧化碳的含量为 2%尚为正常，若二氧化碳高达 4%，菇就不能生长。在菌种瓶中，瓶塞密封成不通气的缺氧状态，菌丝就不会生长。因此，香菇的栽培场所需要通风良好，保持空气新鲜。

（5）光照

香菇属需光线类型的菌类。菌丝生长阶段，在黑暗的条件下，虽能很好地生长，但不能形成很好的子实体。如果光线不足，则出菇少、菇柄长、朵形小、色淡、质量差。早秋、春末、初夏的光线过度强烈，对香菇生长发育也是不利的，它会抑制甚至晒死菌丝和子实体。因此，栽培香菇，早秋、春、夏季节要进行遮阴，以防止菌丝和子实体晒死。

（6）酸碱度（pH 值）

香菇菌丝生长要求偏酸性的环境，pH 3～7 之间能生长，以 pH 5～6.0 较为适宜。在栽培中，基料很容易变酸，为防过酸，在配料时要调整、检查 pH 值。

（7）生活史

香菇的完整生活史，是从孢子萌发开始，到再形成孢子而结束。在这个过程中，有性生殖和无性生殖有机地结合起来，共同完成生活史。香菇的孢子成熟后，得到适宜的温、湿条件就会萌发生成菌丝。由孢子萌发生长的菌丝称为单核菌丝。单核菌丝无论怎样生长，也不会长出子实体来。只有当不同性别的单核菌丝相结合形成双核菌丝后，在基质内部蔓延繁殖而形成菌丝体。菌丝体经过一定的生长发育阶段，积累了充足的养料，并达到生理成熟，在适宜条件下，才能形成子实体原基，并不断发育增大成菇蕾、子实体来繁殖下一代。

### 3）食用部位及功效

食用部位为香菇的子实体，含有蛋白质、氨基酸、脂肪、粗纤维、维生素 $B_1$、维生素 $B_2$、维生素 C、钙、磷、铁、香菇素、胆碱、亚油酸、香菇多糖等营养成分。性平，味甘；无毒；具有扶正补虚、健脾开胃、祛风透疹、化痰理气、解毒、抗癌等功效；主治神倦乏力、纳呆、消化不良、贫血、佝偻病、高血压、高血脂等病症，特别是对增进食欲，促进发育，增强记忆，促进儿童智力的发展和延缓老人智力的衰退有着特殊的功能。

### 4）栽培技术

（1）选地搭棚

林地香菇种植地块的选择和菇棚的搭建是栽培成功与否的关键。

① 菇场选择　林地栽培香菇首先要求选择水源充足、排水方便的地方。因为水分是香菇生命活动的首要条件，出菇时菌棒含水量应在 60%左右，空气相对湿度应保持 85%～90%。所以充足的水源可保证香菇出菇时的正常需要。选择菇场时第二要考虑的是林地郁闭度要在 0.8 以上，香菇的出菇期需要散射光，直射光对香菇子实体的发育有害。

② 菇棚搭建　在菇棚搭建前用旋耕机将树间空地中的土壤旋松，这样做既可以清除杂草，又可以减少病虫、杂菌源，然后做出宽 1.6～1.8m 的畦，畦的中间要稍高，这样可以防止畦面积水。拱棚一般采用南北走向，宽 1.6～1.8m，长 20～30m，高 1m，每隔 1.2m 设置一拱架；在拱棚内搭设 7 排棒架，

棒架用铁丝制成，离地 20cm，架间距离 22～25cm；在拱棚顶端还要架设一根粗铁丝，一是可对拱架起到加固作用，二是可在铁丝上安装喷淋设施。小拱棚使用前要在畦面上撒石灰进行消毒。

（2）栽培袋制作

① 栽培料配制　香菇的菌丝是接种在栽培料上的，因此生产前要进行栽培料的配制。栽培料的配方为木屑 78%、麸皮 20%、石膏 1%、糖 1%，另加尿素 0.3%。要特别指出的是，木屑指的是阔叶树的木屑，也就是硬杂木木屑；松、杉以及含芳香类物质较多的楠木、樟木等不能用于香菇的栽培料。栽培料的含水量在 55%～60%。另外，香菇菌丝生长发育要求微酸性的环境，培养料的 pH 3～7 之间香菇都能生长，但 pH 5 时最适宜生长。在生产中蒸汽灭菌会使培养料的 pH 值下降 0.3～0.5，菌丝生长中所产生的有机酸还会使栽培料的 pH 值下降 1 左右，因此栽培料的 pH 值应在 6.5 左右。一般栽培料的酸碱度都会低于这个数值，可以用在栽培料中添加碳酸钙的方法进行调节。

② 装袋　栽培袋要求厚薄均匀，无沙眼，封口要结实不漏气。用装袋机进行装袋，将塑料袋套在出料筒上，一手轻轻握住袋口，一手用力顶住袋底部，尽量把袋装紧，越紧越好，然后把料袋扎口，扎口时一定要把袋口扎紧扎严。装好料的袋称为料袋。装袋时要集中人力快装，一般要求从开始装袋到装锅灭菌的时间不能超过 6h，否则料会变酸变臭。

③ 灭菌　料袋要经过蒸汽灭菌后才能接种。蒸汽灭菌系统是由一个锅炉和一个灭菌室组成的，锅炉通过管道与灭菌室相连，灭菌时锅炉中的水蒸气通过管道输送到装有料袋的灭菌室中，从而达到对料袋的高温消毒作用。将料袋码放在灭菌室内，料袋的码放要有一定的空隙，这样便于空气流通，灭菌时不易出现死角。码放好后，关上门就可灭菌了。开始加热升温时，火要旺要猛，从生火到灭菌室内温度达到 100℃的时间最好不要超过 4h，否则会把料蒸酸蒸臭。当温度到 100℃后，要用中火维持 8～10h，中间不能降温，最后用旺火猛攻 10min，再停火 8h 就可出锅。

④ 接种　林地香菇的菌棒接种是在塑料大帐中进行的。在棚中用塑料薄膜隔出一块空间，然后用空气消毒剂熏蒸对隔离区进行消毒。把灭菌后的料袋运到消过毒的帐内，一行一行、一层一层地垒排起来。接种用的菌种要到专业的生产厂家去购买，在接种前要将菌种外层的菌皮剥掉，否则会影响发菌。接种采用的是侧面打穴接种的方法，侧面打穴接种一般每棒接 3 穴。全部料袋排好后，用（直径 3cm 的尖）木棒在料袋侧面均匀打 3 个穴。把菌种分成大枣般大小的菌种块迅速填入穴中，菌种要把接种穴填满，并略高

于穴口。上面的一层接种后，移开再接下面的一层。按照这个方法将帐中所有的料袋都接好种后，再把塑料大帐撤下，在料袋堆上覆盖塑料薄膜，压严四周即可进行发菌。林地香菇的菌棒接种是 1～2 月，这时气温较低，空气中杂菌较少，菌棒成品率较高。

（3）管理技术

① 发菌管理　这是指从接完种到香菇菌丝长满料袋并达到生理成熟这段时间内的管理。发菌场地的环境要暗，强光和直射光对菌丝有抑制和杀死的作用。开始 7～10d 内不要翻动菌袋，第 13～15 天进行第一次翻袋，这时每个接种穴的菌丝体呈放射状生长，直径在 8～10cm 时生长量增加，呼吸强度加大，这时由于菌丝生长产生的热量增加，要加强通风降温，最好把发菌场地的温度控制在 25℃以下。为了降低温度，白天加厚遮盖物，晚上揭去遮盖物；菌袋培养到 30d 左右再翻一次袋。一般要培养 45～60d 菌丝才能长满料袋。这时还要继续培养，待菌袋内壁四周菌丝体出现膨胀，有皱褶和隆起的瘤状物，且逐渐增加，占整个袋面的 2/3，手捏菌袋瘤状物有弹性松软感，接种穴周围稍微有些棕褐色时，表明香菇菌丝生理成熟，就可转入菇场转色出菇。

② 转色管理　将发菌完成的菌棒移入林地菇场，摆放在小拱棚内。菌棒的摆放要与地面成 70°～80° 角斜靠在棒架上，并且两排相邻的菌棒要交叉放置，这样可减少对棒架的压力过大。当所有的菌棒都摆满后在拱棚上覆盖塑料膜，塑料膜的周围要压严实，保湿保温。这时就进入了转色管理阶段，此时的菌棒要防止日晒和风吹，拱棚中的光线要暗些，前 3～5d 尽量不要揭开塑料膜，这时畦内的相对湿度应在 85%～90%，塑料膜上最好能有凝结水珠，使菌丝在一个温暖潮湿的稳定环境中继续生长。应注意在此期间如果气温高、湿度过大，每天要在早、晚气温低时揭开畦上的薄膜通风 20min。菌棒进入拱棚 5～7d 时，要加强揭膜通风的次数，每天 2～3 次，每次 20～30min，增加氧气、光照，拉大菌棒表面的干湿差，限制菌丝生长，促其转色。香菇菌丝生长发育进入生理成熟期，表面白色菌丝在一定条件下，逐渐变成棕褐色的菌膜，这个过程叫作菌丝转色；转色的深浅、菌膜的薄厚，直接影响到香菇原基的发生和发育，对香菇的产量和质量关系很大，因此，转色是香菇出菇管理前最重要的环节。香菇是好气性菌类，在香菇的生长环境中，由于通气不良、二氧化碳积累过多、氧气不足，菌丝生长和子实体发育都会受到明显的抑制，这就加速了菌丝的老化，子实体易产生畸形，也有利于杂菌的滋生。所以新鲜的空气是保证香菇正常生长发育的必要条件。这时还要用钉板对菌棒进行扎孔，扎孔的目的也是为了增加袋中的氧气，扎孔用

的钉板上有 10 个铁钉，扎孔时用钉板在菌棒上均匀地扎 20～40 个小孔，也就是每个菌棒要用钉板拍打 2～4 下；孔一定不要扎的太多，如果打孔太多袋中的水分会过分蒸发，使袋料失水过多，影响菌丝的生长。7～8d 后，当菌棒开始转色时，可加大通风，每次通风 1h。这个阶段的一个重要工作就是每天都要检查菌棒，检查时如发现长有杂菌的菌棒要及时剔除，以防止感染到其他菌棒。生有杂菌的菌棒挑出后要集中放置于一个棚中统一管理，每隔一天用 50% 多菌灵可湿性粉剂 800 倍液喷洒菌棒进行消毒；经过 3 次消毒，菌棒上的绿霉菌一般都可被消除。检查的另一项内容是发现菌棒上有过早生出的菇蕾要及时用手指将它掐坏阻止其继续生长，否则会出现出菇不齐的现象，给管理和采收带来麻烦。一般经 10～12d 菌棒转色就完成了，此时就要脱袋了。用刀将塑料袋划破将菌棒拿出。对于有绿霉菌的菌棒，在脱袋时可以将长有绿霉菌处的塑料袋留在菌棒上，其余的部分去掉；这是由于从脱袋到集中处理绿霉菌还要有一段的时间，这样做的好处是可以防止在这段时间内接触空气过多使绿霉菌快速生长。所有的菌棒脱袋完成后，就可以处理绿霉菌了。一般可以采用 pH 8～10 的石灰水洗净菌棒上的霉菌，改变酸碱度，抑制霉菌生长；若霉菌严重，已伸入料内，可把霉菌挖干净。霉菌特别严重的，可用清水把霉菌冲洗干净，晾干 2～3d 后，再喷洒 0.5% 过氧乙酸。

③ 出菇管理　香菇菌棒转色后，菌丝体完全成熟，并积累了丰富的营养，在一定条件的刺激下，迅速由营养生长进入生殖生长，发生子实体原基分化和生长发育，也就是进入了出菇期。林地香菇的出菇期从 5 月开始一直可持续到 9 月，在整个出菇期中可出 4 潮菇，每潮菇都要经过催蕾、子实体生长发育、采收和养菌几个阶段。从催蕾到采收大约需要 15d 的时间，养菌大约要经过 10d 时间。林地香菇的生长要经过春夏秋 3 个季节，由于各个季节的温度和湿度存在着不同，根据林地香菇出菇的时间，把出菇期的管理分为 3 个阶段，也就是春夏期管理、越夏期管理和早秋期管理。

**春夏期出菇管理**　5～6 月正处于林地香菇的春夏期，这个季节的气候特征为白天气温高、晚上气温较低、湿度低、干燥。摆棒完成后要采取温差、湿差刺激菇蕾的发生，白天将薄膜覆在小拱棚上，造成高温、缺氧的条件，傍晚掀开薄膜，结合喷水降低温度，将日夜温差拉大，经过 3～5d 的连续刺激，菌棒表面就会形成白色花裂痕，继而发育成菇蕾，菇蕾形成后，须对菇形不完整、丛生的菇蕾尽量剔除。由于气温高，水分蒸发量大，所以要适时喷水、通风降温，每天根据天气情况喷水，晴天喷水 2～3 次，阴天 1～2 次，同时进行通风降温。此时气温逐渐升高，采菇要及时，宜早不宜迟。

**越夏期管理**　7 月林地香菇就进入了越夏管理阶段，此时大部分地区气温最高可达 35℃，越夏管理的重点是降低棚温，减少菌棒含水量，加强通风，预防霉菌。具体做法：气温特别高时，中午朝小拱棚膜上喷水，降低菇床的温度。春夏期的晴天喷水 2～3 次，阴天喷水 1 次；每天早晨和傍晚各通风 1 次，每次通风时间为 2h。这个时期是霉菌高发季节，有少量霉菌感染菌棒，可采用生石灰粉覆盖发病部位，以防霉菌蔓延。出现霉菌面积较大的要及时挖去感染部位，喷 800～1000 倍液多菌灵。整个一潮菇全部采收完后，要大通风一次，晴天气候干燥时，可通风 2h；阴天或者湿度大时可通风 4h，使菌棒表面干燥，然后停止喷水 5～7d，让菌丝充分复壮生长；待采菇留下的凹点处菌丝发白时，就要给菌棒补水，注水所用的工具是注水枪，注水枪的前端是一个与菌棒长短相当的空心铁针，在铁针上开有很多小孔，将注水枪的进水口与水管相连，打开开关，水就会从注水枪上的小孔喷出。注水时将注水枪的头部从菌棒顶端沿菌棒纵向插入，深度以没过铁针为宜。注水量要适中，不能太多也不能太少，太少菌棒水分不足，太多容易造成菌棒腐烂，都会影响出菇。最好是菌棒重量略低于出菇前的重量。补水后，将菌棒重新排放在畦里，重复前面的催蕾出菇的管理方法，准备出第二潮菇。

**早秋期出菇管理**　8～9 月是林地香菇的早秋管理阶段，早秋期的特点是气温由高到低，温度一般在 20～30℃，非常适合高温香菇的发生。早秋降雨少，空气湿度小，此时要增加空气湿度，做好补水保湿工作。每天早、中、晚各喷水 1 次，早晚结合喷水各通风 1h，促进子实体的发育。另外，经过越夏，菌棒含水量有所下降，菌棒发生收缩；在秋季采菇后要用小铁钉刺孔结合拍打催蕾，然后通过喷水，补充菌棒含水量，拉大温差、湿差刺激菇蕾的发生，3～4d 后，菇蕾就会形成。

（4）病虫害防治

① **病毒性病害**　症状：菌丝退化，生长不良，逐渐腐烂，子实体感染后引起畸形菇发生。防治方法：在感染处注射 1∶500 苯来特 50%可湿性粉剂，并用代森锌粉剂 500 倍水溶液喷洒菇场，防止扩大传染。

② **褐腐病**　症状：病原菌为荧光假单孢杆菌，在香菇的组织细胞间隙中繁殖，使受害子实体停止生长，菌盖、菌柄和菌褶变褐色，最后腐烂发臭。防治方法：做好菇场及工具的消毒，及早清除病变的菇体，然后用链霉素 1∶50 倍液喷洒菌袋，杀灭蕴藏在菌袋中的病菌，防止第二茬复发。

③ **细菌斑点病**　又称褐斑病。症状：病原菌为托兰假单孢杆菌，菌落形状大小各异，一般呈灰色。当病菌侵染子实体时，会使菇体畸形、腐烂，菇盖产生褐色斑点，纵向凹陷形成凹斑。若培养基受到侵染，基料会发勃变臭。防治方法：将侵染子实体立即摘除，并喷施 600 倍液次氯酸钙（漂白粉）

进行消毒。

④ **绿霉菌**  是香菇生产中危害最大的竞争性杂菌。症状：初期菌丝为白斑，逐渐生成浅绿色，菌落中央为深绿，边缘呈白色，后期变为深绿色，严重时可使菌袋全部变成墨绿色。防治方法：用 2%甲醛和石炭酸混合液或用克霉灵、除霉剂注射受害部位；亦可用"厌氧发菌"法防治：将感染严重的菌袋单层平放，上覆盖潮细土 3～5cm，待香菇菌丝布满菌袋后取出，此期间须遮阴，常检查，防高温；也可利用温差进行控制，根据香菇菌丝和绿霉菌丝所需温度不同，把感染后的菌袋处理后运出培养室，置于 20℃以下阴凉通风的环境中，可抑制绿霉的扩散，香菇菌丝亦能正常生长。

⑤ **脉孢霉**  又称链孢霉、红色面包霉。症状：在无性阶段初为白色粉粒菌落，后呈粉红色，主要靠分生孢子传播，是高温季节 7～8 月发生的重要杂菌，来势猛，蔓延快，危害大。该菌一旦发生，菌种、栽培袋将成批报废。防治方法：第一，脉孢菌喜高温潮湿，因此首先避免高温湿环境；第二，在培养料中加入占干料重量 0.2%的 25%多菌灵或 0.1%的 70%甲基托布津，可抑制培养料中残存的或发菌期侵入的病原分生孢子；第三，菌袋发菌初期受害，应用 500 倍甲醛稀释液或用煤柴油滴在未完全形成的病原菌落上；发菌后期受害，可将菌袋埋入 30～40cm 透气性差的土中，经 10～20d 缺氧处理后可有效减轻病害，菌袋仍可出菇。

⑥ **青霉**  症状：菌丝前期多为白色，与香菇菌丝很难区分，后期转为绿色、蓝色、灰色、肝色，在 20～25℃酸性环境中生长迅速，与香菇菌丝争夺养分，破坏菌丝生长，影响子实体形成。防治方法：第一，加强通风降温，保持清洁，定期消毒。第二，局部发生可用防霉 1 号、2 号消毒液注射菌落，亦可用甲醛注射，进行封闭。

⑦ **曲霉**  症状：初期为白色，后期为黑、棕、红等颜色，菌丝粗短。香菇菌丝受感染后，很快萎缩并发出一股刺鼻的臭气，致使香菇菌丝死亡。防治方法：第一，加强通风控制喷水，降低温度和湿度。第二，严重时可用 500 倍液托布津或防霉 1 号、2 号消毒液处理病处。

⑧ **螨类**  又名红蜘蛛，无触角、无翅、无复眼，身体不分节。症状：潜藏在厩肥、饼粉、饲料、培养料内，取食香菇菌丝、幼菇、成熟菇、贮藏干菇，还给栽培者和消费者身体健康带来危害。防治方法：第一，一旦发现螨害的菌种马上捡除，并进行高温药物处理，发生螨害的菌种不能继续用作繁殖的栽培种。第二，对发生过螨害的菌种培养室用敌敌畏、磷化铝、磷化钙进行熏杀；菌种放置前用 20%三氯杀螨矾可湿性粉 0.25kg 加 40%乐果

0.25kg 或可湿性硫黄 1～2.5kg，再兑水 250kg 喷洒菇棚。第三，当温度低于 25℃时，改用 20%的三氯杀螨矾可湿性粉 0.25kg、加 25%菊乐合醋 0.25kg，再兑水 250kg 喷雾即可。第四，菌种培养期间，用 500g 药粉处理 200 瓶菌种或 20m² 培养场，每 25～30d 处理 1 次；轻微螨害的栽培种在使用前 1～2d 可用蘸有少许 50%敌敌畏的棉花球塞入种瓶内以熏杀螨虫；螨害较重的菌种应在报废的同时及时用杀螨剂进行喷杀。

⑨ 线虫 是一种粉红色线状蠕虫，体长 1mm 左右，繁殖很快。症状：蛀食香菇子实体，并带细菌造成烂菇，致使小菇蕾萎缩和死亡。防治方法：线虫发生时用 1%生石灰与 1%食盐水浸泡菌袋 12h 即可杀灭。

⑩ 跳虫 又叫香灰虫、米灰虫。症状：幼虫白色。成虫灰蓝色，弹跳如蚤，繁殖很快，常聚集在接种穴周围或菌柄和菌褶交界处，危害菌丝，致使菇蕾和菇体枯萎死亡。防治方法：若发现跳虫，可用除虫菊醋类药物杀灭。

⑪ 蜻蝓 俗称勃豁虫，成虫体长 5～8cm，虫体呈灰白色，头尾稍尖，腹部能分泌液体，爬行后呈白色薄层液迹。症状：白天潜伏在阴暗潮湿处，夜间出来咬食菌伞、菌褶，有时还藏在菌褶中蛀食。防治方法：发现虫害后，可用 1%菜饼液或用 5%食盐液喷洒；在蜻蝓经常活动的地方撒生石灰或白碱，沾在蜻蝓体上即死，也可人工捕杀。

⑫ 香菇蛾 幼虫体白色头黑色，长 7～8mm，成虫长 0.5～0.6cm，前翅暗褐，后翅黄褐，触角丝状，躯干黄乳白色。症状：香菇蛾一年可繁殖 4 代，其幼虫可成年轮番生息在菇木内，造成死穴增多，影响菌丝蔓延，使菇木利用率下降，产量减少。成虫在干香菇上产卵，如遇干菇含水量较高，卵即孵化为成虫，初期多居于菌褶内或香菇碎屑中，侵害香菇盖面，使香菇失去商品价值。防治方法：第一，防止干香菇被侵食比较困难，最重要的是将香菇含水量保持在 13%以下。香菇烘干后及时套入 2 层塑料袋装进铝膜纸箱，包装箱密封前，最好放进一些氯化钙等吸湿剂，可以长期保存香菇不受侵害。梅雨季节应定期检查，一旦发现返潮，应及时烘烤。第二，如干香菇已受到香菇蛾的侵害，可用二硫化碳熏蒸或氯化苦，每 15kg 干菇内放入 5mL 的二硫化碳，即可杀灭香菇蛾的幼虫或成虫。二硫化碳易燃，熏蒸时应注意防火。氯化苦有强烈刺激臭味，渗透性很强，具有较强的杀虫力。

⑬ 甲虫类 大多属于鞘翅目昆虫，常见的有赤拟谷盗、脊胸露尾虫。症状：这两种甲虫的幼虫均咬食菌伞、菌褶，影响香菇品质，成虫潜伏于菌褶内产卵。防治方法：同香菇蛾。一旦发生大量虫害，可将香菇置于 60℃烘干室 2～3h，即可杀死害虫。

**5）采收、加工及贮藏**

**（1）采收**

香菇采收的标准以七八成熟为宜，即在菇盖尚未完全张开，菌盖边缘稍内卷时采收。采收过早，产量较低；过迟则质量不佳。最好是边熟边采，采大留小，及时加工。采菇时用拇指和食指按住菇柄基部，左右旋转，轻轻拧下。不要碰伤周围的小菇，也不要将菇脚残留在出菇处，以防腐烂后感染病虫害，影响以后的出菇。采下的菇要轻拿轻放，小心装运，防止挤压破损，影响香菇质量。一天采收 2～3 次，采完一批菇后，要进行养菌，降低菌棒的含水量。3～5d 后，采用喷低温的凉水进行催蕾，每天 2～4 次，菇蕾形成后按常规进行出菇管理。采菇最好在晴天进行，因为晴天采的菇水分少，颜色好；雨天采的菇水分多，难以干燥，且在烘烤过程中颜色容易变黑，加工质量难以保证。室内用袋料栽培的香菇，采收前菌棒（块）最好不要直接喷水。冬季气温低，香菇生长缓慢，采下的菇肉肥厚、香气浓、质量好。秋、春季节因气温较高，长成的菇肉薄、菇柄长，产量虽高，但质量不如冬菇。

**（2）加工、贮藏**

香菇采收后，应力争做到当天采摘，当天加工、干燥，以免引起菇体发黑变质和腐烂。香菇主要进行干制加工，干制后香味更加浓郁。加工干燥的方法主要有日晒干燥和烘烤干燥两种。

① 日晒干燥法　香菇干燥以日晒最方便易行，且晒干的菇中维生素 D 的含量较高。方法是把采回的香菇及时摊放在水泥晒场或其他晒台上（九成以上干）。在太阳下晒时，先把香菇菇盖向上，一个个摆开，晒至半干后，将菇盖朝下，晒至九成以上干。如遇阴雨天，再补用火力烘干。

② 烘烤干燥法　香菇采下后应装在小型筐篓内，不要装得太多，以免挤压，并在当天进行烘烤。一般做法是将香菇摊放在烤筛上，然后送入烘房。开始温度不超过 40℃，以后每隔 3～4h 升温 5℃，最高不超过 65℃。烘房应有排气设施，边烤边排气，否则香菇的菌褶会变黑而影响质量。烤至八成干后，即取出摊晾数小时，再复烤 3～4h，至含水量在 13% 以下，这样香菇烘干一致、色泽好、香味浓。干制后的香菇应及时进行分级处理，分级后迅速密封包装，置干燥、阴凉处贮藏。

## 3．平菇

**1）形态特征**（见彩图 4-6）

平菇 [*Pleurotus ostreatus*（Jacq.）P.Kumm.] 又名秀珍菇、糙皮侧耳、黑牡丹菇等，为侧耳科真菌类植物。菌盖直径 5～21cm，灰白色、浅灰色、瓦灰色、青灰色、灰色至深灰色，菌盖边缘较圆整。菌柄较短，长1～3cm，粗1～2cm，基部常有绒毛。菌盖和菌柄都较柔软。孢子印白色，有的品种略带藕荷色。子实体常丛生甚至叠生。

**2）生态习性**

平菇适宜在湿润和温度相对恒定的林荫下生长。

① 营养　平菇是腐生性极强的食用菌，对纤维素、半纤维素、木质素、淀粉、糖都可以利用，也可以利用各种有机氮。以稻草、蔗渣、木屑和棉籽壳等作培养料，都能满足平菇对养分的需要。

② 温度　菌丝在15～35℃条件下都能生长，最适温度为22～27℃，在适温条件下，菌丝生长健壮、旺盛。子实体发生的温度范围是8～25℃，以15～20℃最好，在适温范围内，温度偏低，菇体大，生长慢；温度偏高，生长快，菇体小。

③ 湿度　培养料含水量以65%（废棉类）或70%～72%（稻草类）为最适宜，有利于菌丝体的生长。空气相对湿度80%～90%有利于子实体的正常发生，低于80%发育慢。

④ 光线　菌丝体的生长不需要光线，子实体发育需要微弱的光线，散射光可诱导原基形成和分化，长期处于黑暗条件下，子实体难以发生，光照条件下的子实体颜色较深。

⑤ 空气　菌丝生长阶段需有一定的空气，如培养料含水量过高，通气不良，则菌丝生长细弱或不生长。子实体发生阶段对空气要求更严格，如通风换气不好，则柄细长，畸形菇多。

⑥ 酸碱度　菌丝在pH 5.8～6.2时生长良好，pH 7～8时生长仍正常，pH 9以上时，则菌丝几乎停止生长。

**3）食用部位及功效**

食用部位为平菇的子实体，含粗蛋白、碳水化合物、纤维、硫胺素、核黄素、钙、铁、钾、钠、磷等多种营养成分。性温，味甘；具有补脾益气、润燥化痰、追风散寒、舒筋活络等功效；可用于治疗腰腿疼痛、手足麻木、筋络不通等病症，能提高人体免疫功能，降低胆固醇、防癌、抗癌等。

**4）栽培技术**

（1）选地整地

选择郁闭林分，最好是常绿林分，南北行向，林相整齐，郁闭度在0.5～0.9，林内全天平均光照620lx以下，地势平坦，水源清洁、无污染，排水方便。畦床规格根据林况及地势等具体情况而定，原则上是地势低洼采用高畦。一般宽1m，深0.3～0.35m，长度不限。用土在畦的北沿筑50cm高的矮墙，南沿筑 10cm 左右高的土埂，南北墙上每隔 40cm 左右架一竹棍，以便覆盖塑料薄膜及草帘。挖畦时要把畦底夯实，畦内四周拍打平整。无论畦的高低和走向，都要在适当的位置挖好排水沟，避免雨季畦床进水。

（2）栽植技术

① 菌种培养

第一，母种培养。

**培养基制备**　用于平菇的培养基有几种，可根据具体情况而定，常用种类有：除 PDA 培养基和马铃薯综合培养基外，还可采用高粱粉培养基，其配方是：高粱粉 30g，琼脂 10g，水 1000mL，琼脂在水中加热溶化后，加入高粱粉拌匀。

**接种**　取健康肥大的子实体，用酒精表面消毒后，从中间撕开，在菌盖和菌柄连接处，切取一小块菌体组织，置于斜面培养基面上。接种后在 25℃恒温下培养，经 7d 左右菌丝在斜面上长满。优良母种菌丝密集洁白、粗壮，呈匍匐型束状菌丝，气生菌丝爬壁，说明菌种生活力强。用新长满的母种接种原种，效果最好。母种置 2～4℃冰箱内保存，每 3 个月移植 1 次。

第二，原种、栽培种培养。

**培养基制备**　用于平菇的培养基配方有以下几种：棉壳培养基，在棉壳内加 $CaCO_3$ 1%～3%或石灰粉 0.5%；木屑麦麸培养基；高粱壳麦麸培养基，高粱壳 80%、麦麸 20%，另加总重量的 1% $CaCO_3$；麦粒培养基：麦粒 48%、木屑 29%、麦麸 19%、$CaCO_3$ 1%、石膏粉 3%。

**接种**　培养基配制好后，装瓶、灭菌，以备接种。在接种箱内，把试管中的母种接种到瓶中，每支母种接 5～8 瓶原种。随后在 25℃条件下培养，25～30d 在瓶内长满，制成了平菇原种。每瓶原种接种 50～80 瓶栽培种，15～18d 菌丝在瓶内长满。这样，一支母种最后可以接 300～400 瓶栽培种。

② 栽培季节　适时栽培，正确掌握栽培季节，是播种成败的首要问题。根据平菇的生态习性，理想的播种时间是：在播种后的 20d 左右内气温能满足菌丝生长的要求；进入出菇阶段，自然温度以不高于 22℃为适宜。早春或冬季栽培，应选背风向阳的地方，阳畦栽培，池宜深一些；畦底可铺些牛粪、麦草，泼水后让其发热而提高床温。秋季宜早一点播种，以免后季温度低而不出菇。

③ 原料选择和处理　选用新鲜、金黄色、无霉变的稻草，尽可能选择晚稻草。处理时，先打掉穗轴上的残留的谷粒，以免发菌时发生霉变，再将稻草在日光下摊晒 1～3d，然后将稻草铡成 10～15cm 长的小段。将稻草完全浸入 0.5%石灰水（pH 12 以上）中过夜，一般不超过 24h。捞出后，反复用清水冲洗，直到洗出液的 pH 7～7.5，然后淋出水。以手拧稻草有少许水

滴出为度，此时含水量 65%~70%，即可上床播种。用石灰水浸泡法处理稻草方法简单，不耗费燃料，成本低，溶解蜡质、软化纤维的效果好，并能杀死部分有害生物。

④ 播种 为了防止杂菌污染和病虫害，在畦的四周铺上塑料薄膜。把培养料均匀地铺在畦内，培养料的厚度为 15cm，再在培养料上均匀播上 1cm 厚的菌种。随后，再在上面铺上一层 15cm 厚的培养料和 1cm 厚的菌种，然后将料面拍平压实，形成两层培养料两层菌种。最后，再在上面先后盖上塑料薄膜和草帘，以遮阴保湿。

⑤ 管理 播种后 20d，白色菌丝长满菌床，可抽掉垫在畦周围的薄膜，在床面上撒 1cm 厚的土，可保温、保湿和防止菌丝过早衰老。覆土 3~7d，床面有平菇小子实体的分化，再过 3~4d，平菇就成熟即可采收。播种后若薄膜上水珠过多，要随时揭开抖掉，防止因温度过高而产生杂菌。播种后 15~20d 的时候要注意通风透气，加大空气湿度，适当增加散射光，加大昼夜温差，以便子实体形成。每天傍晚将塑料薄膜揭开，到第 2 天清晨日出前重新盖上薄膜和草帘即可。这样昼夜自然温差可达 10~15℃，夜间露水打到畦床料面上，增加空气湿度，经过 7~8d 即有小菇蕾出现，此时要加大通风量，每天喷水雾 2~3 次，勤喷细喷，以免菇面和床面积水。

⑥ 病虫害防治

**霉菌** 生长于培养料表面，与平菇争夺营养、水分，有的还分泌出有碍平菇生长的物质。菇房内高温、高湿、通气不良是造成霉菌发展的原因。所以，菇房要注意通风换气，调节房内的温湿度，保持空气新鲜。一旦产生霉菌，可用镊子夹除长有霉菌的培养料，也可用石灰粉薄薄撒在霉菌上，以杀灭霉菌。

**鬼伞菌** 当培养料质量差、pH 值偏高，通气不良，湿度偏高时都容易产生鬼伞菌。所以要针对以上原因加强防范。一旦产生应马上拔除。

**菇蝇** 危害平菇的主要是它的幼虫——蝇蛆。蝇蛆先侵入菌柄，然后逐渐向菌盖转移，把子实体蛀成无数小孔。蝇蛆发生时，可适当停水，让床面干燥，使幼虫因缺水而死亡。对成虫可用味精 5g、白糖 25g、敌敌畏 125mL、水 1000mL 混合后诱杀。

**螨类** 螨类多以菌丝为食，危害很大。如发现螨类可用 1000 倍的三氯杀螨矾或 800 倍杀螨矾溶液喷雾杀灭。

**预防措施** 环境方面：菇房和床架事先要经过严格的灭菌杀虫，种菇期间尽可能做好保温保湿和通风透气工作。原料方面：培养料的质量要符合要求，不能采用被雨淋过的、霉烂的和发酵的原料，在处理原料时，要掌握好培养料的 pH 值。管理方面：在日常管理工作中要认真细致，要多检查、勤观察，及时发现病虫害，并把它消灭在初发阶段。

**5）采收、加工及贮藏**

**（1）采收**

当平菇菌盖充分展开并向上翻卷，但尚未大量放射孢子时为适宜的采收期。此时菇体最重，肉嫩质脆，营养丰富，质量最佳。如不及时采收，子实体放射大量孢子，消耗养分，而且菌柄纤维化。采收时，用小刀沿菌柄基部割下，或用手靠根部扭下，但不要带出培养料。采完第 1 潮菇后，要把菇床上残留的菇脚、死菇清理干净，并轻轻把料面扒松，以刺激新菌丝生长，然后喷少量水，用手或木板把料面轻轻压平，盖上塑料薄膜使菌丝恢复生长，待小菇蕾再次出现时再揭去塑料薄膜，10～15d 又可采收第 2 潮菇。每茬菇可采收 4～5 潮，整个周期约 90d。

**（2）加工及贮藏**

采收的平菇及时晒干或烘干，若遇晴天，2～3d 即可晒干；如遇阴雨天，可用木制的烘箱（分数层，每层相距 15cm，上放铁丝筛子）烘干。烘箱下面放电炉，最下一层筛距电炉 60cm。烘箱上面有通气管，以排除湿空气。将鲜平菇置于铁丝筛上，烘 24～36h 即成干品。干平菇用塑料袋包装后放在干燥处贮藏。

## 4．木耳

**1）形态特征**（见彩图 4-7）

木耳 [*Auricularia auricula-judae*（Bull.）Quél.] 又名木菌、光木耳等，为木耳科真菌类植物。木耳子实体丛生，常覆瓦状叠生。耳状、叶状或近林状，边缘波状，薄，宽 2～6cm，最大者可达 12cm，厚 2mm 左右，以侧生的短柄或狭细的基部固着于基质上。初期为柔软的胶质，黏而富弹性，以后稍带软骨质，干后强烈收缩，变为黑色硬而脆的角质至近革质。背面外面呈弧形，紫褐色至暗青灰色，疏生短绒毛。绒毛基部褐色，向上渐尖，尖端无色，（115～135）μm×（5～6）μm。里面凹入，平滑或稍有脉状皱纹，黑褐色至褐色。菌肉由有锁状联合的菌丝组成，粗 2～3.5μm。子实层生于里面，由担子、担孢子及侧丝组成。担子长 60～70μm，粗约 6μm，横隔明显。孢子肾形，无色，（9～15）μm×（4～7）μm；分生孢子近球形至卵形，（11～15）μm×（4～7）μm，无色，常生于子实层表面。

**2）生态习性**

木耳一般野生于栎、杨、榕、槐等多种阔叶树的腐木上。木耳是一种木腐菌，对营养的要求以碳水化合物和含氮物质为主，碳源如葡萄糖、蔗糖、麦芽糖、淀粉、半纤维素、木质素等。氮源如蛋白质、氨基酸等。还需要少量的无机盐，如钾、镁、磷、钙等。木耳为中温型菌类，对温度的适应范围较广。黑木耳菌丝体在 5～35℃ 之间都能生长，但以 22～28℃ 为适宜。低于 15℃ 或高于 30℃，菌丝的生长便会受到抑制。木耳在不同的生长发育阶段，对水的需要量是不同的，从菌丝的生长发育到形成子实体阶段，需要的水分应由少到多。菌丝体生长发育时期，段木的含水量以 40%～50% 为宜，栽培料的含水量以 60%～70% 为宜。木耳是好气性真菌，在其整个生长发育过程中都需要充足的氧气。因此要保持栽培场地的空气流通清新，以满足菌丝体和子实体对氧气的需要，使其正常生长发育。木耳菌丝体在完全黑暗的条件下可以发育，但充足的散光对菌丝体的发育有促进作用。木耳的菌丝生长的酸碱度，以 pH 5～6.5 之间最为适宜，pH 3 以下和 8 以上则不能生长。

**3）食用部位及功效**

食用部位为木耳子实体，含木耳多糖、氨基酸、碳水化合物、蛋白质、铁、钙、磷、胡萝卜素、维生素等多种营养物质。木耳的药用价值高，性平、味甘；具有补气益智、润肺补脑、活血止血等功效；可用于治疗益气不饥、轻身强志、断谷疗痔等病症。

生长在古槐、桑树上的木耳质量很好，柘树上的其次，其余树上生的木耳尤其是枫木上生的木耳有大毒。采来的木耳如颜色有变，就有毒，夜间发光的木耳也有毒，欲烂而不生虫的也有毒。

**4）栽培技术**

（1）选地整地

选择郁闭林分，最好是常绿林分、南北行向，林相整齐，郁闭度在 0.5～0.9，林内全天平均光照 620 lx 以下，地势平坦，水源清洁无污染，排水方便。

（2）栽植技术

① 栽植时期　在春、秋季进行。春季在 3 月底至 4 月底培育菌袋，5 月初至 6 月初出耳。秋季在 8 月培育菌袋，9 月长耳。林地栽培黑木耳整个生产周期从接种至采耳结束，需 90d 左右。一般培育菌袋需要 40～50d，生长期需 50～60d。

② 菌株选择　筛选木耳优良菌株，根据栽培季节的安排适时制备母种、原种、栽培种。栽培种宜选择菌龄为 30～40d，要求菌丝洁白、纯度高、绒毛壮粗、短、密、齐的菌种。

③ 菌袋制作与发菌管理

**培养料的配制**　为了改进木耳的质量及提高产量，木屑常与其他原料混合使用，其中木屑用量占 1/3～1/2 效果较好。培养料含水量不超过 60%，pH 9～10，加入 0.1%的食用菌洁净剂可有效控制污染。

**装袋灭菌**　可选择 17cm×50cm 的塑料袋进行装料，装好的料袋用打孔器打 4 个孔，打孔处贴胶布，平行堆放进行灭菌。旺火猛攻，4h 内温度达到 100℃，保持 10h 以上，做到灭菌彻底。灭菌后当菌袋温度降到 60℃时趁热出锅，将菌袋送入接种室进行冷却。

**无菌接种**　待料袋降到 30℃以下时接种，接种前做到四消毒，即接种室、菌种袋表面、菌袋和操作。操作时，开启袋口接种穴上的覆盖物，用接种匙取 1～2 勺菌种，接种量为 5～10g，接入后复原穴口上的覆盖物。

**发菌管理**　接种后将菌袋搬入培养室，按"井"字形堆 5～6 层，每层排 4 袋。培养室内避光培养，通风增氧。培养前期，即接种后 15d 内，培养室的温度保持在 20～22℃，使刚接种的菌丝慢慢恢复生长，菌丝粗壮有生命力，能减少杂菌污染。中期，即接种 15d 后，黑木耳菌丝生长已占优势，将温度升高到 25℃左右，加快发菌速度。后期，当菌丝快发满，即培养将结束的 10d 内，将温度降至 18～22℃，菌丝在较低温度下生长健壮，营养分解吸收充分。培养出的菌袋出耳早，分化快、抗病力强、产量高。发菌期间菌袋内的温度必须控制在 32℃以下，温度以上面第 2 层和最下层为准。培养室的湿度保持在 55%～65%。黑木耳在菌丝培养阶段不需要光照，室内保持近黑暗。培养室每天要通风 20～30s，保证有足够的氧气来维持黑木耳菌丝正常的代谢作用。后期要增加通风时间和次数，保持培养室内空气新鲜。

④ **林下露地袋栽管理**　在林地树行间，搭建小拱棚，建菌袋土床，床长 10m，宽 1m，高 0.3m。床间留出步行道。棚顶与菌袋距离 30cm 左右。床上用竹片搭小拱形架，拱棚上覆盖草帘。菌袋菌丝发满后搬入栽培场地，用 0.2%的高锰酸钾溶液或 0.1%托布津擦洗袋面。菌袋消毒后，转入打洞增穴，洞穴成"V"字形，长 1.5～2.0cm；菌袋划穴后，以 10cm 的袋距均匀直立摆在床面上，床面摆袋 22～24 个/m²。开洞增穴后，第 1～5 天，控制温度在 24～26℃，增加散射光和一定的直射光，空间喷雾状水，耳场浇湿，控制湿度 85%～95%，日通风 2 次，每次 30s；第 6～10d，每天喷水 1～2 次，控制温度 23～25℃，控制湿度 90%，日通风 2 次，每次 30s；第 11～20 天，每天喷水 2～3 次，控制温度 20～25℃，控制湿度 90%～95%，日通风 3 次，每次 1h；第 21～25 天，停水 1d，控制温度 23～25℃，控制湿度 85%～90%，日通风 3 次，每次 1h。

（3）病虫害防治

① 耳菌块霉菌　产生原因：栽培管理措施不当；培养基灭菌不彻底；菌种质量不纯或菌种多次传代，降低了菌种生活力；菌袋韧性差。操作管理中被刺破；环境条件差等均能导致霉菌发生。青霉、木霉是木耳菌块上最常见的杂菌。防治方法：选用抗霉能力较强的菌株，选用新鲜无霉变原材料，保持环境清洁。出耳期间，采收第 1 潮耳后，每隔 3～5d 在地面喷 1 次 1%石灰水或 0.1%多菌灵，控制杂菌生长。

② 黑木耳绿霉病　症状：菌袋、菌种瓶及子实体受绿霉感染后，初期培养料或子实体上长白色纤细的菌丝，中期便可形成分生孢子，一旦分生孢子大量形成或成熟后，菌落变为绿色、粉状。防治方法：保持周围环境的清洁卫生；场地必须通风良好、排水便利；出耳后每 3d 喷 1 次 1%石灰水；若绿霉菌刚刚发生在培养料表面，用 pH 10 的石灰水擦洗患处，可控制绿霉菌的生长。

③ 烂耳（又名流耳）　症状：耳片成熟后，耳片变软，耳片甚至耳根自溶腐烂。防治方法：注意采取通风换气，增加光照等措施；耳片接近成熟或已经成熟立即采收。

④ 伪步行虫　危害症状：成虫噬食耳片外层，幼虫危害耳片耳根，或钻入接种穴内噬食耳芽，被害的耳根不再结耳；入库的干耳回潮后，仍可受到危害。幼虫排粪量大，呈黑褐色线条状。成虫寿命长，一般夜间出来活动。防治方法：保持栽培场所的清洁，喷洒 200 倍的敌敌畏药液杀死潜伏的害虫。大量发生时，先摘除耳片，再用 500～800 倍的鱼藤精或 500～800 倍的除虫菊乳剂防治。

⑤ 蓟马　危害症状：从幼虫开始就危害黑木耳，侵入耳片后吮吸汁液，使耳片萎缩，严重时造成流耳。防治方法：可用 1000～1500 倍 50%可湿性敌百虫药液，尽量选用无残留生物农药制剂。

**5）采收、加工及贮藏**

（1）采收

当耳片背后出现白色的孢子，达到八成熟时选择晴天及时采收，不留耳根；若待耳片伸长或向上卷时再采摘就会影响质量和产量。采收时用刀片在耳基处割下，保持耳片的清洁；采耳后及时清除残留在孔口处的耳基，加强通风，停止喷水 34d，让菌丝积累养分，再进行喷水管理，约 10d 后，又现新生耳，一般可收 3～4 潮。

（2）加工及贮藏

采收的木耳要去除耳根处的料，及时晒干或烘干，若遇晴天，2～3d 即可晒干；如遇阴雨天，可用木制的烘箱（分数层，每层相距 15cm，上放铁丝筛子）烘干。烘箱下面放电炉，最下一层筛距电炉 60cm。烘箱上面有通气管，以排除湿空气。将鲜木耳置于铁丝筛上，烘 24～36h 即成干品。干木耳用塑料袋包装后放在干燥处贮藏。

### 5. 银耳

**1）形态特征**（见彩图 4-8）

银耳（*Tremella fuciformis* Berk.）又称白木耳、雪耳、银耳子等，为银耳科食用真菌。银耳由菌丝体和子实体组成，菌丝体纤细有分支及隔膜，灰白色，在基质内蔓延生长，并分解和吸收基质中养分、水分，条件适宜时可形成子实体。子实体白色，间或带黄色，半透明，有平滑柔软的胶质皱壁，呈扁薄多皱的花瓣状，犹如菊花或鸡冠花，用手指触碰，即流出白色或黄色黏液，个体大小不等，直径 5～12cm。子实层覆盖于瓣片的上下表面，由分割成 4 个细胞的担子所组成，每个细胞顶端伸长成一个细长的柄，柄端又产生一个近球形的担孢子，担孢子（12～13）μm×10μm，无色透明近球形，（6～7.5）μm×（4～6）μm。

**2）生态习性**

（1）生活史

银耳成熟的担孢子具有弹射力，借风雨、昆虫或人工传播。在适宜的环境条件萌动成单核菌丝，两种不同性别的单核菌丝经异宗结合形成双核菌丝。菌丝体分解，吸收基质中的养分和水分，不断生长发育，经一定阶段发育后，通过胶质化形成子实体。子实体成熟后又产生担孢子，再繁殖下一代。完成这样 3 个生活史周期，在适宜的环境条件需时 45～60d。

（2）对环境条件的要求

① 营养　银耳是腐生真菌，夏秋季生于阔叶树腐木上，吸收腐朽树木中的单糖、双糖、淀粉、蛋白质及无机盐等养分。对纤维素、木质素的利用能力较差；同时，必须通过伴生菌"香灰"菌丝（亦称羽毛状菌丝）分解纤维素提供营养物质，才能正常生长发育。

② 温度　银耳各生长发育阶段所需温度不一样。孢子萌发温度为 22～25℃，超过 36℃则会死亡；菌丝生长最佳温度为 20～25℃，温度达 30℃断裂成节孢子。温度过低时，生长缓慢，耳木中的菌丝能抵御严寒。子实体在 20～25℃生长最好，耳片厚、产量高、质量优。变温培养或低温刺激，有利于子实体的形成。但长期低于 20℃或高于 28℃对其生长发育不利。

③ 湿度　银耳性喜湿润环境。菌丝生长阶段，要求含水量 40%～50%，

菌丝生长迅速而健壮。出耳阶段，要求段木中的水分充足，空气相对湿度保持在 80%～90%，才能促使不断产生子实体。因此，在干燥时，子实体会干缩，而湿度太大或久雨不晴，也容易出现烂耳。在培育过程中，根据不同发育阶段，控制、调节段木含水量和空气湿度是保证银耳稳产、高产的关键措施之一。

④ 空气　银耳是好气性真菌，需氧量前期少后期多。孢子萌发和菌丝生长发育阶段需氧较少。子实体生长发育阶段需氧量较多，缺氧闷湿，易产生病虫害，造成烂耳现象。

⑤ 光照　银耳生长与光照关系密切。在黑暗条件下不会产生子实体，而强光照射也生长不良。以散射光培育的银耳色白、质优。产区有"三分阳、七分阴、花花阳光照得进"的高产银耳谚语。

⑥ pH 值　银耳孢子萌发和菌丝生长的适宜 pH 为 5.2～5.8，pH 4.5 以下或超过 7.2 则不适于孢子萌发和菌丝生长。混合菌丝（即银耳菌丝和香灰菌丝）在木屑培养基上培育的最佳 pH 为 5～6。

### 3）食用部位及功效

银耳的食用部位为整个子实体，含有蛋白质、脂肪、多种氨基酸、钙、磷、铁、钾、钠、镁、硫等多种营养物质。性平，味甘；无毒；具有滋补生津、润肺养胃等功效；可用于治疗虚劳咳嗽、痰中带血、津少口渴、病后体虚、气短乏力及增强人体免疫力，增强肿瘤患者对放、化疗的耐受力等病症。

### 4）栽培技术

（1）品种选择

银耳主要品种有'古田'银耳、'通江'银耳等。

（2）选地整地

选择青冈栎、米槠、麻栎、银桦皮栎等壳斗科阔叶林分中进行培育，选好种植地后伐除部分杂灌杂草。

（3）培育技术

① 菌种的制作

**分离菌种**　一般采月芽孢子菌种和菌丝体菌种两种方法分离。用马铃薯葡萄糖琼脂培养基：马铃薯（去皮）200g，葡萄糖或白糖 20g，琼脂 20g，水 1000mL。分离扩大培养后母种，接种在木屑麸皮培养基：木屑 3900g、麦麸 1000g、石膏 50g，白糖 50g，水适量、pH 6，经培养鉴定后，才可用在原种和栽培种的生产中。

**制作原种**　原种培养基：木屑 78%、米糠（或麦麸）、蔗糖 20%、石膏粉 1%、水适量。木屑以壳斗科树种为好或一般阔叶树亦可。调节 pH 5.5～6。按常规用 500～750mL 无色广口瓶装料，高压消毒接种培养 1 个月左右，出现子实体原基即为原种。

**制作栽培种**　银耳栽培种有木屑菌种、枝条菌种和木块菌种 3 类。

**枝条和木块栽培种培养基**　木块或枝条 100kg、木屑 18kg、米糠 10kg、蔗糖 1kg、石膏粉 0.5kg、水适量。枝条菌种选用枫、乌桕、桑、栎直径 1～1.2cm、长 1.2～1.5cm 的小段，木块用同样树种，锯成 1.5cm 厚的圆木片，用皮带冲好一个个木块，枝条或木块浸入蔗糖水或淘米水中 12h，充分吸水后捞 2/3 其他配料拌和均匀，加水，含水量与原种培养基相同，从中取出 2/3 与枝条或木块混合均匀，装入菌种瓶内，适度压实，余下配料盖在每瓶表面，压平后，洗瓶外壳干净、塞棉塞、灭菌等备用。接种时，选培养 1 个月已形成原基子实体的原种，用无菌刀挖去子实体及原基，挖出蚕豆大小的菌块接入，每瓶原种可接栽培种 60 瓶左右。接后放在 23～25℃培养室培养至菌丝长到瓶底后，再继续培养 3～5d 就可用于段木接种。判别优质菌种是：菌丝生长粗壮有力，发到瓶底，封面的以银耳菌丝为主，香灰菌丝 35～40d 分布均匀，子实体原基较大，上面有淡黄色或红色水珠，菌龄 35～40d，无杂菌及螨等病虫害。

**菌种保藏**　斜面混合菌种用低温保藏法或石蜡油封藏法，也可把芽孢子菌种和香灰菌种分开保藏，需要时再混合。原种保存在 18～20℃室温下，每隔 1.5 个月移接 1 次，移接次数或温度偏高、过低时，均会引起菌种退化现象，影响出耳率，应采用加入芽孢子的方法进行菌种复壮工作。

② **栽培方法**　银耳栽培方法有段木栽培法、塑料袋栽培法和瓶栽法 3 种。生产中主要以段木栽培法、塑料袋栽培法为主。

第一，段木栽培法。

**段木选择、处理和接种**　适合栽培银耳的树种很多，以疏松、营养丰富、含水量高、边材发达的 6～15 年生、直径 5～18cm 的阔叶树种为好。在秋季落叶进入休眠至翌年萌发前砍伐，此时树体营养丰富，树皮不易脱落。砍伐宜选择晴天无雨时进行。砍树后让其蒸发 4～5d，再去枝叶，不宜刮破树皮，当枝八成干时再截锯成 1～1.2m 的段木，保持干净卫生，勿伤树皮和沾污杂物。然后，把段木按井字形或三角形堆叠于室内或温暖处用塑料薄膜覆盖树干保温保湿，让其发酵。每隔 5～10d 把上下内外段木换堆 1 次。树种、气候等条件不同，发酵时间也不一样，通常经过 10～20d，能闻出段木的酒酸味和刀口变色时即可接种。

**选建耳场**　选择林下坑道栽培，溪沟栽培，山坡地栽培等，无论采用何种方法，均需保持通风、清洁、保湿条件。

**人工接种**  一般在立夏前后，当平均气温达 18℃以上就可接种，接种时，把所用器具消毒干净，菌种用一瓶开一瓶，倒入干净盆内捣散混合均匀。然后用啄斧打眼，眼距 7～10cm，段木径料 10cm 以上啄眼 3～4 行，10cm 以下啄眼 2～3 行，深度 1.5m，每眼装入一镘菌屑种，打一颗种木块，轻敲紧并与段木表皮平整紧接，保持种木块完好无损。

**堆木发汗**  接种后的段木，立即放在耳场内按树种和段木细堆成"井"字形，上面盖一薄层树枝叶，保持合适的温度湿度让其发酵和菌丝生长发育。发汗期间，不宜大量喷水，以免出现"猫耳朵"，每隔 7～10d 上下内外翻堆 1 次，使发汗均匀，以"干不见白，湿不流水"为度，保证出耳整齐一致。堆内保持 20～25℃，不超过 28℃，湿度为 85%左右，堆内温度超过 28℃时，应及时揭膜气，防止"烧堆"。

**散堆排木**  接种后发汗 40d 左右，段木普遍出现耳芽时，就应散堆排放段木。排法多种，可采用一根粗耳木段横在耳杆上，然后在其一侧靠上一排耳木段，第 2 排再横根靠上一排，依次排木。留有 80～100cm 人行道，通风透气和管理采收。

第二，塑料袋栽培法。

**塑料袋制作**  选用耐高温聚乙烯薄膜，灭菌消毒后不变形，透明度大的材料。制成长 40～50cm，宽 15～20cm 的袋备用。

**培养料的制作方法**  干木屑（或棉籽壳）100kg、麦麸 28kg、白糖 2kg、石膏粉 0.9kg、硫酸镁 1.4kg，兑水 110kg，调节 pH 为 5.2～6.2。先将白糖和硫酸镁用少量温水化开，麦麸与石膏及干木屑拌匀，再将白糖、硫酸镁液兑入 110kg 水中，混合干料搅拌均匀后装袋。装料不宜太满，以免灭菌时出现破裂，扎紧袋口，在火焰上封口密闭，滚压成椭圆状袋，用 2cm 的白铁皮卷成的简易打孔器，按等距离和分布均匀的原则在袋上打 4 个孔，深 1.5cm，孔口用胶布密封。

**消毒灭菌**  一般在常压下，当温度达 100℃时算起，保持 6～8h 即可。从拌料装袋至灭菌的时间不超过 6～7h。装锅后，温度要尽快升至 100℃，以防培养料变酸报废。灭菌消毒后立即趁热搬到培养室冷却。

**菌种接种**  当袋料温度降到 30℃以下就可在无菌接种箱或室内接种。消毒后，把种瓶内银耳菌丝与香灰菌丝充分拌匀，但只能用种瓶内上部 1/3 的培养基，因下部是香灰菌丝，全部倒出用完，接种容易出现瞎穴现象。接种时揭开胶布，用接种匙把菌种在酒精灯上方迅速装入孔内，轻压实后把胶布重新密封。接种一段时间，摸试匙温如烫手，应用酒精棉球降温后再用，以免烧死菌种。此法省料、省工、成本低，操作方便。

③ 栽培管理

**温度调节**　子实体生长的最适温度为 20～25℃。偏低时注意防风保温。偏高时，银耳生长快，耳片薄，易烂耳，应加强遮荫、通风、地面及棚顶喷水降温，温度以不超过 28℃为宜。

**湿度控制**　银耳子实体发生时，耳料含水量保持 40%～45%。刚接种后，空气湿度保持 60%～70%，袋栽子实体约蚕大小时，应揭去全部胶布，盖上报纸，每天在报纸上喷水 2～3 次，湿度 75%～80%；以后逐渐增加至每天喷水 3～5 次，报纸保持湿润状态。子实体长到核桃大时，湿度保持 90%～95%，但勿使报纸出现积水现象。这样银耳生长健壮，迅速，朵大，色白。

**通风透光**　出耳期间，应保持室内空气新鲜。气温较高时，在清晨换气通风，气温较低，在中午换气通风；高温多雨节增加通风时间；保证有足够的散射光，使子实体色白，质优。

**越冬管理**　银耳的担孢子在温度过低时，生长缓慢，耳木中的菌丝能抵御严寒，在腐朽树皮中越冬。

（4）病虫害防治

① 烂耳病　也称"流耳"病，发生时耳片稀糊不成朵形，或耳片长白灰，耳根发黑烂掉。由高温高湿或细菌感染而造成，多在秋季发生。防治方法：控制保持正常温湿度，空气新鲜，不积污水；削去已烂掉的耳片，用洁布擦掉黏液，避免感染好耳片。

② 绿霉菌　多在高温高湿环境下发生，大量消耗段木养分，影响银耳生长。常发生在段木发汗及产耳期间。防治方法：发生绿霉菌时，可把带菌段木选出，用清水冲刷干净后暴晒 1～2d。严重的用刀刮去涂上石灰水或 5%硫酸铜溶液，防止传染。

③ 白粉病　发病后，耳片上出现一层白粉状物以致银耳子实体僵化，停止生长，多在高温高湿时发生。防治方法：发现后立即用刀片连根刮掉，涂上 0.5%的碳酸溶液或波美 0.2～0.3°Be 石硫合剂。重者移出烧毁。

④ 线虫　危害耳木，引起烂耳。防治方法：用 0.5%碘液喷耳木，可预防线虫并能刺激银耳生长；或用 1%冰醋酸洗净干燥数日，清除灭绝线虫后，再重新喷水，耳场应进行消毒或铺矿石渣，防止土壤线虫侵入。

⑤ 螨类　也是危害银耳的主要害虫。防治方法：用 40%水胺碱磷 1500 倍液或 20%双甲脒 1000 倍液喷湿耳木防治。

**5）采收、加工及贮藏**

（1）采收

一年中春秋采收 2 次。当子实体瓣片完全展开，没有包心、白色、半透明、手触摸稍有弹性、韧性时，不论朵大或小，应及时采收。采收前 1d 即停止喷水，打开门通风，使银耳量半干后，晴天上午采收，以便摊晒，保证质量。采收时，用竹刀或不锈钢小刀（禁用铁刀），沿段木树皮从耳基部分整朵割下，保留好耳根，让其再生。一般采至秋末，气温降低后就停止出耳。细耳木当年大量出耳后就可以处理掉，粗耳木或出耳不多的耳木堆叠过冬，翌年 5 月重新排木管理，可再采收 1～2 批。干燥后朵形完整、饱满、质优。

（2）加工

采收的银耳应抓紧加工，以免变质，降低品质。采收后及时去杂、漂洗（银耳装于竹箩内，在流动的清水漂洗去黏液及杂质）、干燥（以日晒为好，在纱布上暴晒 1～2d）；此外，也可采用烘烤干燥，保持 50～60℃，多翻动，少破损，烘干为止。

（3）分级

银耳一般分为 4 级：一级：干燥，色白、肉厚、成形、有光泽，无杂质、无带耳脚等。二级：干燥，色白或略黄、肉厚、成形，无杂质，稍带耳脚等。三级：干燥，色白黄，肉略薄，成形，无杂质，稍带耳脚等。四级：干燥，色白或米黄，略带斑点，朵形大小不等，朵带耳脚。无僵块，无杂质。等外：干燥，无杂质，无泥沙，无树皮，无木屑，无烂耳，无异味，有食用价值。

（4）贮藏

成品干燥银耳易吸湿回潮，应及时分级保存。先于塑料袋密封后，再装入纸箱或木箱内保存，箱内放些氧化钙或石灰防湿。贮藏在低温干燥仓库内，定期检查，翻晒，避免受潮变质。

# 参 考 文 献

蔡丹凤,王雪英,林佩瑛,等.松树蔸栽培茯苓新技术[J].中国食用菌,2007,5:29-31.

蔡时可,郑希龙,刘晓津,等.铁皮石斛生产关键技术[J].广东农业科学,2011,S1:115-117.

曹琳秀.草珊瑚不同播种育苗方式效果研究[J].江西林业科技,2010,6:19-21.

查登明.半夏高产栽培技术研究[D].武汉:华中农业大学,2008.

陈璐.不同栽培基质和生长期的灵芝药效品质特异性研究[D].成都:四川农业大学,2008.

陈舜让.巴戟天规范栽培技术[J].广东药学,2003,3:11-12.

陈香,胡雪华,陆耀东,等.中国特有植物血水草开花物候与生殖特性[J].生态学杂志,2011,9:1915-1920.

陈有强,杨太石.中低海拔地区绞股蓝生长特性及高产栽培技术[J].现代农业科技,2011,5:139.

陈宇航.夏枯草规范化种植技术及其药材质量控制[D].南京:南京农业大学,2011.

陈兆贵.金线莲组织培养和移栽技术研究[J].惠州学院学报,2007,6:14-17.

戴小英,许斌,于宏,等.虎耳草及其组培快繁技术[J].江西林业科技,2004,6:13-15,36.

段锦兰,付宝春,康红梅,等.射干的栽培技术与园林应用[J].晋中:山西农业科学,2011,06:562-563.

方文洁.草珊瑚扦插繁殖技术研究[J].安徽农学通报(上半月刊),2010,19:50-51,66.

福建省科学技术委员会《福建植物志》编写组.福建植物志[M].福建:福建科学技术出版社,1995.

谷甫刚.中药材黄精种植技术研究[D].贵阳:贵州大学,2006.

管秀明,汪菊英.野山楂育苗丰产栽培技术[J].安徽林业,2006,01:37.

郭新弧.香薷状香简草一新变型——紫花香简草[J].植物研究,1987,2:137-138.

何碧珠,何官榕,黄铭星,等.福建野生金线莲快速繁育技术[J].农业工程,2013,2:39,72-76.

洪伟,李键,吴承祯,等.雷公藤栽培及利用研究综述[J].福建林学院学报,2007,

1:92-96.

洪震，李根有，马丹丹，等．野生花卉中华野海棠的抗逆性研究［J］．北方园艺，2012，
　　5:62-66.

侯登高，张勤．韶关市柏拉木属植物资源及开发利用前景［J］．广东农业科学，2010，
　　7:35-36.

侯鸣．虾脊兰的观赏与栽培［J］．中国花卉园艺，2008，10:27-29.

胡凤莲．玄参的栽培与管理技术［J］．陕西农业科学，2009，4:210-211.

胡卫滨．中华猕猴桃山地栽培技术［J］．江西果树，1996，4:14-15.

胡小根，雷珍，吴秋花，等．朱砂根仿生栽培研究［J］．防护林科技，2008，2:12-14.

黄放，李炎林，钟军，等．鱼腥草繁殖技术研究进展［J］．现代园艺，2012，11:4，8-9.

黄亮．草珊瑚林间套种栽培研究［J］．闽西职业技术学院学报，2010，3:100-102.

黄苏珍，韩玉林，谢明云，等．中国鸢尾属观赏植物资源的研究与利用［J］．中国野生
　　植物资源，2003，1:4-7.

黄小凤，周志东，杨成，等．珍稀药用植物金线莲及其栽培技术［J］．广东农业科学，
　　2005，5:80-81.

黄宇．雷公藤 GAP 关键技术研究［D］．福州：福建农林大学，2012.

霍可以，杨俊春，吴安相．钩藤施用氮磷钾的肥效试验［J］．农技服务，2013，7:696-697，
　　699.

贾会茹，刘晓杰，王俊山，等．林下高温平菇栽培技术［J］．林业实用技术，2010，1:38-39.

姜泽海，黄志，王力前，等．铁皮石斛规模化种植技术［J］．热带农业工程，2013，3:9-12.

景艳丽．集体林区林下草珊瑚套种模式及其生物量研究［D］．北京：北京林业大学，2013.

康二勇．栝楼的栽培技术［J］．畜牧与饲料科学，2010，1:80-82.

郎中元．野韭个体生长发育集群效应的研究［D］．长春：东北师范大学，2008.

李成东，黄葵．绞股蓝的栽培（综述）［J］．时珍国药研究，1994，3:39-42.

李建军，贾国伦，李军芳，等．金银花优化生产技术规范化操作规程［J］．河南农业科
　　学，2011，11:117-122.

李岩，鲁艳华，张喜印，等．黄花菜高产栽培技术［J］．现代农业科技，2010，11:105-106.

廖新安，董元火，张亮红，等．不同栽培方式对夏枯草产量与品质的影响［J］．江汉大
　　学学报（自然科学版），2013，2:66-69.

林江波，戴艺民，邹晖，等．福建铁皮石斛人工繁育技术研究［J］．福建农业学报，2010，
　　5:606-609.

林仁昌．永定县野生巴戟天资源短缺原因与林下种植思路［J］．现代农业科技，2013，
　　11:218-220，226.

林秀香，陈振东，谢南松，等．叶底红引种试种初报［J］．福建热作科技，2008，2:19-20.

刘海仓，黄志龙，朱永安，等．山莓生物学特性及人工驯化栽培初步研究［J］．湖南林
　　业科技，1999，1:29-34.

柳林，王鑫，周丽洁，等．灵芝优质栽培技术研究初报［J］．食用菌，2010，4:58，72.

龙金花．常春藤的栽培及其在园林上的应用［J］．花木盆景（花卉园艺），2001，1:48-49.

卢隆杰，卢苏，卢毓星．林下何首乌栽培技术［J］．四川农业科技，2007，6：39-40.

罗海羽，兰彬，姚默，等．药用植物藤三七研究概况［J］．安徽农业科学，2012，
　　26:12861-12862.

马建卫．林下栽培石蒜生长研究［D］．南京：南京林业大学，2012.

潘标志，王邦富．虎杖规范化种植操作规程［J］．江西林业科技，2008，6:33-35，38.

潘标志．杉木林冠下虎杖不同栽培方式生长效果分析[J].林业科技开发，2009，3:55-58.

彭明良．毛竹林下套种黄花倒水莲技术［J］．河北林业科技，2013，4:106-107.

沈雪峰，陈勇，黄小武．粉葛标准化栽培与加工技术［J］．现代农业科技，2013，1:94-95.

时国超，李纪华，武琳，等．金银花扦插育苗丰产栽培技术［J］．现代农业科技，2010，
　　11:131，137.

史艳财,邹蓉,韦记青,等.黄花倒水莲种子萌发特性研究[J].北方园艺,2013,19:159-161.

宋喜梅，李国平，何衍彪，等．铁皮石斛人工栽培主要病虫害防治［J］．安徽农业科学，
　　2012，32:15697-15698，15714.

苏德伟，罗海凌，林辉，等．林地套种竹荪高产栽培技术研究［J］．北方园艺，2012，
　　17:149-150.

苏定昌．果园套种覆膜栽培菜用鱼腥草试验［J］．现代农业科技，2010，16:130，136.

孙超．淫羊藿五种植物种质资源保护研究．贵州省，贵州省植物园，2005，6：1.

孙桂琴．凌霄栽培技术［J］．中国花卉园艺，2013，18:46-47.

孙永玉，闫红，段明伦．林下药用植物齿瓣石斛的8种高效种植模式［J］．林业实用技
　　术，2010，3：37.

唐建宁，吴建宏，许强．半夏人工驯化与栽培技术研究进展［J］．农业科学研究，2005，
　　3:74-78.

田启建．贵州黄精规范化种植关键技术研究［D］．贵阳：贵州大学，2006.

童云霞，谭伟，王兴满，等．野外林间袋料栽培竹荪技术研究［J］．西南农业学报，1992，
　　2:55-62.

王邦富．不同林分（地类）虎杖人工栽培生长效果比较[J].林业科技开发，2010，5:122，
　　124.

王红艳，黄群策．蔬菜新秀——土人参的潜在价值研究［J］．中国农学通报，2004，
　　4:203-204，214.

王华磊，李宗豫，赵致，等．不同栽培密度对何首乌块根及其品质的影响［J］．贵州农

业科学，2012，12:52-54.

王珊麒．林下玉竹栽培技术 [J]．农村实用科技信息，2012，5：18.

王树贵．地道"柘荣太子参"的原种性与栽培技术研究 [D]．福州：福建农林大学，2004.

王晓玲．几种山麦冬属植物的耐阴性研究 [D]．兰州：甘肃农业大学，2005.

王跃强．马齿苋的开发价值与人工栽培技术 [J]．现代农业科技，2011，1:141-142.

王运忠，邵明丽，徐清玲，等．优良观果观叶类盆栽花卉朱砂根的繁殖及栽培 [J]．现代农业科技，2007，19:60-61.

魏晓明，李春龙，任利鹏，等．太子参无公害生产技术规程 [J]．农技服务，2011，4:54

吴仁龙．朱砂根不同播种育苗方式效果分析 [J]．江西林业科技，2009，4:23-25，44.

吴智涛．冷饭团特性及其栽培技术 [J]．中国园艺文摘，2012，6:190-192.

伍昭龙，吕江明．中药三叶青的研究现状 [J]．中国民间民族医药杂志，2006，1:15-18.

徐菲，宣继萍，刘永芝，等．秋海棠属植物在南京地区的引种栽培与物候期观察 [J]．中国农学通报，2011，31:205-211.

徐洪海，庄桂仁，李德志．夏季林地套种黑木耳高产栽培技术 [J]．现代农业科技，2007，13:44-45，50.

徐之兰．金银花栽培管理技术 [J]．现代农业科技，2010，20:155+157.

许加艳．桑园套种魔芋栽培技术浅析 [J]．云南农业，2013，6:31-32.

薛媛菲．玄参生物学特性和规范化研究技术研究 [D]．咸阳：西北农林科技大学，2008.

杨国平，钱金栿．天南星研究概述 [J]．中国民族民间医药，2009，3:19-21.

杨文火．闽南山地火力楠林下套种草珊瑚试验研究[J]．安徽农学通报（上半月刊），2012，11:142.

易诚．显齿蛇葡萄繁殖技术及产品加工工艺研究 [D]．长沙：湖南农业大学，2005.

袁娥．石蒜属植物快速繁殖技术研究与综合评价 [D]．南京：南京林业大学，2003.

曾宪森，林坚贞，黄玉清，等．福建银耳螨种类和综合防治研究 [J]．福建省农科院学报，1994，4:60-64.

张昌凡．核桃林下套种魔芋栽培技术 [J]．湖北林业科技，2012，2:74-75.

张德明．蜂斗菜栽培技术 [J]．农村科技开发，2002，09:10.

张海龙．杉阔混交林下套种黄花倒水莲生长效果分析[J].福建林业科技，2013，3:113-116.

张继岩，董玉信．板栗园间作黑木耳高产栽培技术 [J]．食用菌，2006，S1:64.

张雷，邱乾栋，张晓林，等．中国百部属植物的研究进展[J]．北方园艺，2009，4:105-108.

张连平．夏秋银耳反季节高产栽培技术 [J]．现代农业科技，2010，4:177-178.

张伟．七叶一枝花 GAP 林下种植和人工促繁栽培技术研究 [J]．林业调查规划，2011，36（6）：125-129.

张作焕，李林，陶正明．中华野海棠野生苗移栽技术初探 [J]．浙江林业科技，2003，

1:55-56.

章耀. 野生蕨菜高效栽培及采后保鲜技术 [D]. 淄博：山东理工大学，2010.

赵志礼，王峥涛，董辉，等. 山姜属药用植物及生药学研究进展 [J]. 中草药，2001，2:77-79.

赵致，庞玉新，袁媛，等. 药用作物黄精种子繁殖技术研究 [J]. 种子，2005，3:11-13.

郑林森. 杉木林下多花黄精种植试验研究 [J]. 林业勘察设计，2012，1:155-157.

郑小江，向班贵，刘美安，等. 藤茶种植技术规程研究 [J]. 安徽农业科学，2006，34（4）：693，710.

中国科学院中国植物志编辑委员会. 中国植物志 [M]. 北京：科学出版社，2004.

周早弘. 栀子 GAP 规范种植技术 [J]. 安徽农业科学，2006，6:1102-1103.

周照斌，刘庆宇，于辉. 林下香菇栽培技术 [J]. 林业勘查设计，2011，3:104-106.

朱进军. 药用百合栽培技术 [J]. 现代农业科技，2012，7:140+146.

朱业芹，陈家春. 不同栽培条件下湖北麦冬的质量与产量研究 [A]. 中药资源生态专业委员会. 全国第二届中药资源生态学学术研讨会论文集 [C]. 中药资源生态专业委员会：2006:6.

诸发会. 茯苓高产优质菌株的复壮技术研究 [D]. 贵阳：贵州大学，2008.

邹军. 观赏百合栽培技术 [J]. 福建林业科技，2002，S1:27-29，36.

# 附录

## 林下经济植物 GAP 栽培的原则与要求

### 一、GAP 的概念

GAP 是"良好农业规范"（Good Agricultural Practices）的简称，是 1997 年欧洲零售商农产品工作组（EUREP）在零售商的倡导下提出的，2001 年 EUREP 秘书处首次将 EUREPGAP 标准对外公开发布。主要是针对未加工或经简单加工（生的）出售给消费者或加工企业的大多数农林产品的种植、采收、清洗、摆放、包装和运输过程中常见的微生物危害进行控制，其关注的是农林产品的生产和包装，包含从生产场地到餐桌的整个食品链的所有步骤，保证农林产品生产安全的一套规范体系。

2006 年 1 月，国家认监委制定了《良好农业规范认证实施规则（试行）》，并会同有关部门联合制定了良好农业规范系列国家标准，用于指导认证机构开展作物、水果、蔬菜、肉牛、肉羊、奶牛、生猪和家禽等生产的良好规范认证活动，每个标准包含通则、控制点与符合性规范、检查表和基准程序。ChinaGAP 是结合中国国情，根据中国的法律法规，参照 EUREPGAP 的有关标准制定的用来认证安全和可持续发展农业的规范性标准。

### 二、GAP 的原则与要求

#### （一）产地生态环境质量的原则与要求

#### 1. 产地适宜性优化原则与要求

发展种植的经济植物要不仅能在该地生长，而且适宜于在该地的自然环境下大量生产。其表现为不仅经济利用部位生物产量高或具有一定的产量，且更重要的是有效成分含量也高。其中，具有特定产区的经济植物（有的也兼具特定种质）由于其特殊的生物习性，决定了对种植地的特殊要求，包括土壤的质地、酸碱性和氧化还原性、有机质含量（或有效肥力）、土层结构等。

## 2．栽培面积的原则与要求

实际上 GAP 并没有就生产某一植物对其栽培面积作出规定，一定规模的栽培面积是 GAP 的一项隐性要求。但从经济学的角度来讲，若要满足 GAP 的要求进行生产，必然要求栽培面积达到一定规模才是可行（有利可图）的。也就是说 GAP 必然要求规模栽培，但不是指分散栽培地的组合，而是相对集中的环境（土壤、灌溉水、大气）质量基本一致且面积较大的地块。

## 3．环境质量的原则与要求

（1）大气质量标准

大气质量标准制定的科学依据是保证农作物在长期和短期接触情况下能正常生长，不发生急性或慢性伤害的空气质量要求；根据二氧化硫、氯氧化合物、氟化物各自对农作物的毒性大小，选取 NY/T 391—2000（环境空气质量要求）为标准而确定农产品 GAP 生产环境空气质量限值指标，见附表 1。

附表 1　农产品 GAP 生产环境空气中主要污染物含量限值

| 项　　目 | | 浓度限值 | |
|---|---|---|---|
| | | 日平均 | 1h 平均 |
| 总悬浮颗粒（标准状态）/（mg/m³） | ≤ | 0.30 | — |
| 二氧化硫（标准状态）/（mg/m³） | ≤ | 0.15 | 0.50 |
| 二氧化氮（标准状态）/（mg/m³） | ≤ | 0.12 | 0.24 |
| 氟化物/（标准状态） | ≤ | 7μg/m³ | 20μg/m³ |
| | | 1.8μg/（dm²·d） | — |

（2）土壤质量标准

近几年，环境质量评价过程中对土壤中重金属的评价标准大多采用土壤背景值，或监测对照点作为评价标准，但是我国幅员辽阔，各地土壤中重金属的背景值各不相同，高低相差数倍或十余倍之多。原生环境污染会导致当地某些农作物中某些元素含量难以达到 GAP 农产品质量和卫生标准，安全系数相对较小，因此，农产品 GAP 生产中土壤标准以 NY/T 391—2000《土壤中各项污染物的含量限值指标》为基础确定农产品 GAP 生产中不同类型土壤的重金属含量限值指标,见附表 2。

附表 2　农产品 GAP 生产不同类型土壤重金属含量限值　　　mg/kg

| 土壤类型 | | 铜 | 铅 | 镉 | 砷 | 汞 | 铬 |
|---|---|---|---|---|---|---|---|
| 绵土 | ≤ | 23.0 | 16.8 | 0.098 | 10.5 | 0.016 | 57.5 |
| 黑垆土 | ≤ | 20.5 | 18.5 | 0.112 | 12.2 | 0.016 | 61.8 |
| 褐土 | ≤ | 24.3 | 21.3 | 0.100 | 11.6 | 0.040 | 64.8 |
| 灰褐土 | ≤ | 23.6 | 21.2 | 0.139 | 11.4 | 0.024 | 65.1 |
| 黑土 | ≤ | 20.8 | 26.7 | 0.078 | 10.2 | 0.037 | 80.1 |
| 白浆土 | ≤ | 20.1 | 27.7 | 0.106 | 11.1 | 0.036 | 57.9 |
| 黑钙土 | ≤ | 22.1 | 19.6 | 0.110 | 9.8 | 0.026 | 52.2 |
| 灰色森林土 | ≤ | 15.9 | 15.6 | 0.066 | 8.0 | 0.052 | 46.4 |
| 潮土 | ≤ | 24.1 | 21.9 | 0.103 | 9.7 | 0.047 | 66.6 |
| 绿洲土 | ≤ | 26.9 | 21.8 | 0.118 | 12.5 | 0.023 | 56.5 |
| 水稻土 | ≤ | 25.3 | 34.4 | 0.142 | 10.0 | 0.183 | 65.8 |
| 砖红壤 | ≤ | 20.0 | 28.7 | 0.058 | 6.7 | 0.040 | 64.6 |
| 赤红壤 | ≤ | 17.1 | 35.0 | 0.048 | 9.7 | 0.056 | 41.5 |
| 红壤 | ≤ | 24.4 | 29.1 | 0.080 | 12.4 | 0.102 | 55.5 |
| 燥红土 | ≤ | 32.5 | 41.2 | 0.125 | 11.2 | 0.027 | 45.0 |
| 黄棕壤 | ≤ | 23.4 | 29.2 | 0.105 | 11.8 | 0.071 | 66.9 |
| 棕壤 | ≤ | 22.4 | 25.1 | 0.092 | 10.8 | 0.053 | 64.5 |
| 暗棕壤 | ≤ | 17.8 | 23.9 | 0.103 | 6.4 | 0.049 | 54.9 |
| 棕色针叶林土 | ≤ | 13.8 | 20.2 | 0.108 | 5.4 | 0.070 | 46.3 |
| 栗钙土 | ≤ | 18.9 | 21.2 | 0.069 | 10.8 | 0.027 | 54.0 |
| 棕钙土 | ≤ | 21.6 | 22.0 | 0.102 | 10.2 | 0.016 | 47.0 |
| 灰钙土 | ≤ | 20.3 | 18.2 | 0.088 | 11.5 | 0.017 | 59.3 |
| 灰漠土 | ≤ | 20.2 | 19.8 | 0.101 | 8.8 | 0.011 | 47.6 |
| 灰棕漠土 | ≤ | 25.6 | 18.1 | 0.110 | 9.8 | 0.018 | 56.4 |
| 棕漠土 | ≤ | 23.5 | 17.6 | 0.094 | 10.0 | 0.013 | 48.0 |
| 草甸土 | ≤ | 19.8 | 22.0 | 0.08 | 8.8 | 0.039 | 51.1 |
| 沼泽土 | ≤ | 20.8 | 22.1 | 0.092 | 9.6 | 0.041 | 58.3 |
| 盐土 | ≤ | 23.3 | 23.0 | 0.100 | 10.6 | 0.041 | 62.8 |

（续）

| 土壤类型 | | 铜 | 铅 | 镉 | 砷 | 汞 | 铬 |
|---|---|---|---|---|---|---|---|
| 碱土 | ≤ | 18.7 | 17.5 | 0.088 | 10.7 | 0.025 | 53.3 |
| 磷质石灰土 | ≤ | 19.5 | 1.7 | 0.751 | 2.9 | 0.046 | 17.4 |
| 石灰（岩）土 | ≤ | 33.0 | 38.7 | 1.115 | 29.3 | 0.191 | 108.6 |
| 紫色土 | ≤ | 26.3 | 27.7 | 0.094 | 9.4 | 0.047 | 64.8 |
| 风沙土 | ≤ | 8.8 | 13.8 | 0.044 | 4.3 | 0.016 | 24.8 |
| 黑毡土 | ≤ | 27.3 | 31.4 | 0.094 | 17.0 | 0.028 | 71.5 |
| 草毡土 | ≤ | 24.3 | 27.0 | 0.114 | 17.2 | 0.024 | 87.8 |
| 马嘎土 | ≤ | 25.9 | 25.8 | 0.116 | 20.0 | 0.022 | 76.6 |
| 莎嘎土 | ≤ | 20.0 | 25.0 | 0.116 | 20.5 | 0.019 | 80.8 |
| 寒漠土 | ≤ | 24.5 | 37.3 | 0.083 | 17.1 | 0.019 | 80.6 |
| 高山漠土 | ≤ | 26.3 | 23.7 | 0.124 | 16.6 | 0.022 | 55.4 |

（3）灌溉水质量标准

目前我国现行的《农田灌溉水质量标准》是为了防止农作物污染而允许的最低灌溉用水质量标准，其制定的科学依据是保证农作物在长期和短期接触情况下能正常生长，不发生急性或慢性伤害。然而由于某些作物对一些污染物的忍受能力较强，虽能正常生长且并未发生急性或慢性中毒，但其体内（包括花、果实、种子等）污染物含量却已超过了食品卫生标准；显然，它不符合农产品 GAP 生产基地灌溉水质量标准，因此，农业行业标准 NY/ T 391—2000 特制定了《农田灌溉水中各项污染物的浓度限值指标》（附表 3）。

附表 3　灌溉水各项污染物的浓度限值

| 项　　目 | | 浓度限值 | 项　　目 | | 浓度限值 |
|---|---|---|---|---|---|
| pH 值 | | 5.5～8.5 | 铬（六价）/（mg/L） | ≤ | 0.10 |
| 化学需氧量/（mg/L） | ≤ | 150 | 氟化物/（mg/L） | ≤ | 2.0 |
| 总汞/（mg/L） | ≤ | 0.001 | 氰化物/（mg/L） | ≤ | 0.50 |
| 总镉/（mg/L） | ≤ | 0.005 | 石油类/（mg/L） | ≤ | 1.0 |
| 总砷/（mg/L） | ≤ | 0.05 | 大肠菌群/（个/L） | ≤ | 10000 |
| 总铅/（mg/L） | ≤ | 0.10 | | | |

农林产品采后处理用水要求使用高质量的水，推荐采用国家饮用水标准。农产品采后处理用水中各项污染物的浓度限值见附表 4。

附表 4　农产品采后处理用水中各项污染物的浓度限值

| 项　目 | | 浓度限值 | 项　目 | | 浓度限值 |
|---|---|---|---|---|---|
| pH 值 | | 6.5～8.5 | 氟化物/（mg/L） | ≤ | 0.10 |
| 总汞/（mg/L） | ≤ | 0.001 | 氰化物/（mg/L） | ≤ | 0.05 |
| 总镉/（mg/L） | ≤ | 0.005 | 氯化物/（mg/L） | | 250 |
| 总砷/（mg/L） | | 0.05 | 细菌总数/（个/L） | ≤ | 100 |
| 总铅/（mg/L） | ≤ | 0.05 | 大肠杆菌数/（个/L） | ≤ | 3 |
| 铬（六价）/（mg/L） | ≤ | 0.05 | | | |

## （二）种质和繁殖材料的原则与要求

种质和繁殖材料是最基本的生产资料，在农产品 GAP 生产中发挥着重要的作用。通过推广应用新的优良品种，可以极大地提高作物的产量和改善产品的品质，丰富农产品的种类、花色品种，以满足市场的需要，从而为农产品 GAP 生产提供充实的资源。为规范种质和繁殖材料的生产和管理，应遵循以下原则和要求。

（1）选择高产优质、抗病虫或耐病虫的品种栽培，可减少或避免病虫害的发生，也就能减少农药的施用量和污染。不同作物种类和品种都有其适宜的栽培条件，要根据作物的生长特性和栽培区的气候环境等条件选择可获得高产、优质的作物种类和品种。

（2）在不断充实、更新品种的同时，要注意保存原有的地方优良品种，保持遗传多样性。

（3）种子、菌种和繁殖材料在生产、储运过程中应实行检验和检疫制度，以保证质量和防止病虫害及杂草的传播；防止伪劣种子、菌种和繁殖材料的交易与传播。

（4）加速良种繁育，为扩大农产品 GAP 生产提供物质基础。

## （三）农药的使用管理原则与要求

农药是指用于防治农林作物病虫、杂草、鼠害等有害生物及调节植物生长的各种物质，包括提高药剂效力的辅助剂、增白剂等。使用农药作为一项重要的农业技术措施，其特点是作用迅速，效果明显，投入回报高，效益显著，使用方便，便于机械化管理，原料来源广泛，便于工业化生产等；特别对一些暴发性或突发性的有害生物来说，药剂防治是一种不可替代的应急措施。但是，农药使用不当也会带来一些负面影响，主要表现为大量杀伤天敌造成生态平衡失调，引起有害生物的再度猖獗；使病、虫、草、鼠等有害生物产生抗药性，给防治带来困难；易使作物产生药害和引起人、畜中毒；增加生产成本，造成环境污染等。因此，使用农药要遵循以下原则。

（1）坚持"预防为主，综合防治"的原则

所谓预防为主，就是做好病虫害的预测预报工作，准确掌握病情虫情，合理安排用药次数和用药量，并通过农业技术措施，控制病虫害滋生和繁殖的条件，培育和使用抗病抗虫能力强的品种，防止病虫害的侵入与蔓延。总之，一切防治措施必须在病虫害发生前实施，并用其来控制病虫害的发生与发展。

所谓综合防治，就是从农业生产的总体规划和农业生态系统出发，有组织、协调地运用农业、生物、化学、物理等多种防治措施。采用综合防治可控制病虫危害在允许水平下，同时也把有可能产生的有害副作用减小到最低限度。如利用瓢虫、蜘蛛来捕食蚜虫，利用姬蜂、草蛉虫来防治棉铃虫，利用金小蜂防治越冬棉花虹铃虫，利用赤眼蜂防治水稻纵卷叶螟、玉米螟、甘蔗螟等。

（2）坚持少用或不用原则

在 GAP 生产过程中，立足于技术措施进行管理，实施保健栽培，当不防治病虫害会直接影响产品的产量和质量时，实行被迫防治，尽量不用或少用农药。不用或少用农药既防止了产品的污染，又保护了生态环境，为农业资源的持续利用打下了良好的基础。

（3）禁止使用高毒、高残留的农药

GAP 生产中禁止使用的化学农药见附表 5 和附表 6。

附表 5　GAP 生产中所有作物禁止使用的化学农药

| 农药种类 | 农药名称 |
|---|---|
| 有机锡杀菌剂 | 薯瘟锡（三苯基醋酸锡）、三苯基氧化锡、毒菌锡、氯化锡 |
| 有机杂环类 | 敌枯双、毒杀芬 |
| 有机氯杀虫剂 | 滴滴涕、六六六、林丹、艾氏剂、狄氏剂、五氯酚钠、氯丹 |
| 卤代烷类熏蒸杀虫 | 二溴忌乙烷、二溴氯丙烷 |
| 氨基甲酸酯杀虫剂 | 克百威、涕灭威、灭多威 |
| 二甲基甲脒类杀虫杀螨剂 | 杀虫脒 |
| 取代苯类杀虫杀菌剂 | 五氯硝基苯、稻瘟醇（五氯苯甲醇）、苯茵灵（苯莱特） |
| 二苯醚类除草剂 | 除草醚、草枯醚 |
| 其他 | 汞制剂、砷及铅娄、氧制剂、毒鼠强、毒鼠硅 |

附表6　GAP 生产中部分作物禁止使用的化学农药

| 禁用作物 | 农药种类 | 农药名称 |
|---|---|---|
| 水稻 | 有机磷杀菌剂 | 稻瘟净、异稻瘟净 |
| | 拟除虫菊酯类杀虫剂 | 所有拟除虫菊酯类杀虫剂 |
| 果树<br>茶叶<br>中草药 | 有机磷杀虫剂 | 甲拌磷、乙拌磷、久效磷、对硫磷、甲基对硫磷、甲胺磷、甲基异硫磷、特丁硫磷、甲基硫环磷、氧化乐果、治螟磷、灭线磷、地虫硫磷、氯唑磷、苯线磷、蝇毒磷、水胺硫磷、磷胺、内吸磷 |
| 蔬菜 | 有机氯类<br>有机氯杀螨剂<br>有机磷类 | 杀螟威、赛丹、杀螟威、赛丹<br>三氯杀螨醇<br>甲基1605、1059、乙酰甲胺磷、异丙磷、三硫磷、高效磷、蝇毒磷、高渗氧乐果、增效甲胺磷、喹硫磷、高渗喹硫磷、马甲磷、乐胺磷、速胺磷、水胺硫磷、大风雷、治螟磷、叶胺磷、克线丹、磷化锌、氟己酰胺、达甲、敌甲畏、久敌、敌甲治、敌甲 |
| | 氨基甲酸酯类<br>熏蒸剂类<br>其他杀虫剂 | 速无畏、呋喃丹、速扑杀、铁灭克<br>磷化铝、氯化苦<br>砒霜、苏203、益舒宝、速蚧克、氧乐氰、杀螟灭、氢化物、溃疡净、401（抗菌素）、敌枯霜、普特丹、培福朗 |

（4）提倡使用生物农药和高效、低毒、低残留的农药

生物农药不破坏生态平衡，不影响农产品的质量，而且持效时间长。

（5）筛选适宜的农药种类和品种

不同的农药防治不同的病虫害，不同的农药其防治效果和残留状态也不同，必须针对病虫害筛选出适宜的高效、低毒、低残留的农药，才能达到防治效果。筛选的农药首先必须是管理措施中允许使用的农药，符合以下条件：①符合防治病虫的对象；②适合当地土壤条件，有利于土壤自净；③农药的残留期和防治期符合产品的采收和使用特点；④经过权威部门认定和监测。

（6）遵循"严格、准确、适量"的原则

严格控制农药品种，严格执行农药安全间隔期。在选择农药品种时应优先选择低毒、低残留的化学农药。农产品中的农药残留量与最后一次施药离收获期的远近有密切关系，不同农药有不同的安全间隔期。一般允许使用的生物农药为3～5d，有机磷和杀菌剂为7～10d（少数14d以上）。蔬菜和水果生产中限量使用的农药的安全间隔期见附表7和附表8。

防治策略要准确，做到适期防治，对症下药。首先要根据病虫生长规律，

准确选择施药时间；其次根据病虫的分布状况，准确选择施药方式；再次就是要选择准确的浓度和剂量。适量是指在每次施药时，必须从实际出发，通过试验，确定有效的浓度和剂量，不可随意加大浓度和剂量。应该强调的是，采用化学方法防治病虫害仅是综合防治中的补充环节，绝不是首选措施。

附表7　GAP 蔬菜生产中限量使用的化学农药安全间隔期　　　　d

| 农药名称 | 安全间隔期 | 农药名称 | 安全间隔期 |
|---|---|---|---|
| 敌敌畏 | 7 | 除虫脲 | 7 |
| 乐果 | 10 | 来福星 | 3 |
| 马拉硫磷 | 10 | 多来宝 | 7 |
| 倍硫磷 | 14 | 灭扫利 | 3 |
| 敌百虫 | 7 | 农梦特 | 10 |
| 早螨克 | 7 | 可杀得 | 3 |
| 辛硫磷 | 5 | 速克灵 | 1 |
| 氯氰菊酯 | 3 | 特富灵 | 2 |
| 天王星 | 4 | 农利灵 | 4 |
| 抗蚜威 | 11 | 瑞毒霉锰锌 | 1 |
| 溴氰菊酯 | 2 | 杀霉矾 | 3 |
| 氰戊菊酯 | 12 | 百菌清 | 7 |
| 乐斯本 | 7 | 粉锈灵 | 20 |
| 喹硫磷 | 24 | DT | 3 |
| 西维因 | 14 | 抗枯灵 | 40 |
| 功夫菊酯 | 7 | 除草通 | 10 |

附表8　GAP 果品生产中限量使用的化学农药安全间隔期　　　　d

| 农药名称 | 安全间隔期 | 农药名称 | 安全间隔期 |
|---|---|---|---|
| 乐果 | 30 | 双甲脒 | 40 |
| 杀螟硫磷 | 30 | 噻螨酮 | 40 |
| 辛硫磷 | 30 | 克螨特 | 40 |
| 氯氰菊酯 | 30 | 百菌清 | 30 |
| 溴氰菊酯 | 30 | 异菌脲 | 20 |
| 氰戊菊酯 | 30 | 粉锈宁 | 10 |
| 除虫脲 | 30 | | |

## （四）化肥的使用管理原则与要求

根据 GAP 生产特定的生产操作规程及产品质量要求，GAP 生产中通过施肥促进作物生长，提高产量和品质，并有利于改良土壤和提高土壤肥力，但不能造成对作物和环境的污染。

### 1．创造一个农业生态系统的良性养分循环备件

充分开发和利用本区域、本单位的有机肥源，合理循环使用有机物质，创造一个农业生态系统的良性养分循环条件。农业生态系统的养分循环有 3 个基本组成部分，即植物、土壤和动物，应协调和统一好三者的关系创造条件，充分利用植物残余物、动物的粪尿、厩肥、土壤中有益微生物群进行养分转化，不断增加土壤中有机质含量，提高土壤肥力。GAP 生产基地在发展种植业的同时，要有计划地按比例发展畜禽、水产养殖业，综合利用资源，开发肥源，促进养分良性循环。

### 2．经济、合理地施用肥料

农产品 GAP 生产合理施肥就是要按要求，根据气候、土壤条件以及作物生长状态。正确选用肥料种类、品种，确定施肥时间和方法，以求以较低的投入获得最佳的经济效益。施肥是一项技术性很强的农业措施，为了达到经济合理地施肥，GAP 生产基地不仅应不断总结施肥经验，而且有条件的地区和单位应逐步通过土壤、植株营养诊断来科学地指导配方施肥。

### 3．尽可能使有机物质和养分回归土壤

有机肥料是全营养肥料，不仅含有作物所需的大量营养元素和有机质，还含有各种微量元素、氨基酸等；有机肥的吸附量大，被吸附的养分易被作物吸收利用，又不易流失；它还具有改良土壤，提高土壤肥力，改善土壤保肥、保水和通透性能的作用。因此，GAP 生产要以有机肥为基础，作物残体如各种秸秆应直接或间接地与动物粪尿配合制成优质厩肥回归土壤。种植绿肥直接翻压或经堆、沤后施入，尤其是豆科绿肥，可增加生物固氮量，利用经高温处理腐熟的动物粪尿，补充土壤中养分。施用有机肥时，要经无害化处理，如高温堆制、沼气发酵、多次翻捣、过筛去杂物等，以减少有机肥可能出现的副作用。

### 4．充分发挥土壤中有益微生物在提高土壤肥力中的作用

土壤中的有机物质常常要依靠土壤中有益微生物群的活动，分解成可供作物吸收的养分而被利用，因此要通过耕作、栽培管理如翻耕、灌水、中耕等措施，调节土壤中水分、空气、温度等状态，创造一个适合有益微生物群

繁殖、活动的环境，以增加土壤的有效肥力。微生物肥料在我国已悄然兴起，GAP 生产可有目的地施用不同种类的微生物肥料制品，以增加土壤中的有益微生物群，发挥其作用。

### 5. 尽量控制和减少使用化学合成肥料

尽量控制和减少各种氮素化肥的使用，必须使用时，也应与有机肥按氮含量 1∶1 的比例配合施用，最后使用时间必须在作物收获前 30d 施用。

## （五）包装、贮藏和运输的原则与要求

包装材料和正确的包装方法及包装质量，对保障农产品的安全、质量、稳定、有效起着重要作用。有利于保护农产品的质量和卫生，减少原始成分和营养的损失，方便贮运，促进销售，提高货架期和商品价值。GAP 农产品生产的包装材料必须符合安全、卫生标准，不得对农产品及其生产环境造成污染。因此对应用于 GAP 生产的农产品包装材料的化学成分和种类的选择要求较高，除了要达到抗冲击、无毒、避光、不散色、防渗漏、对农产品本身不会产生化学影响外，还要考虑其在保鲜、保质、延长运输和货架寿命等方面的作用。另外，选用的包装材料应尽量避免带来城市垃圾，减少运输贮藏消耗和资源的浪费。

## （六）人员卫生与配套设施的原则与要求

许多病原菌可以通过采摘、包装和加工处理的工人传播到新鲜农产品上，工人的健康和卫生对生产安全的农产品来说是非常重要的。种植者可通过对工人进行有关微生物污染风险的教育、加强洗手间和洗手设施的管理、密切关注工人的身体健康情况、鼓励工人生病时进行报告等简单的措施，来降低病原菌从工人传播到新鲜农产品上的风险。

彩图 1-1　林药模式——林下栽培虎杖

彩图 1-2　七叶一枝花

彩图 1-3　七叶一枝花（药用部位：根茎）

彩图 1-4　金线兰

彩图 1-5　铁皮石斛

彩图 1-6　多花黄精

彩图 1-7　多花黄精（药用部位：根茎）

彩图 1-8 玉 竹

彩图 1-9 玉竹（药用部位：根茎）

彩图 1-10 虎 杖

彩图 1-11 虎杖（药用部位：根茎）

彩图 1-12 孩儿参

彩图 1-13 孩儿参（药用部位：根茎）

彩图 1-14 石 蒜

彩图 1-15 石蒜（药用部位：根茎）

彩图 1-17　山麦冬（药用部位：根茎）

彩图 1-16　山麦冬

彩图 1-18　夏枯草

彩图 1-19　蕺　菜

彩图 1-20　蕺菜（药用部位：全草）

彩图 1-21 山 姜

彩图 1-22 山姜（药用部位：根茎）

彩图 1-23 华山姜

彩图 1-24 华山姜（药用部位：根茎）

彩图 1-25 射 干

彩图 1-26 射干（药用部位：根茎）

彩图 1-27 玄 参

彩图 1-28　玄参（药用部位：根茎）

彩图 1-29　三枝九叶草

彩图 1-30　半　夏

彩图 1-31　半夏（药用部位：根茎）

彩图 1-32　天南星

彩图 1-33　天南星（药用部位：根茎）

彩图 1-34　栀　子

彩图 1-35　栀子（药用部位：果实）

彩图 1-36 草珊瑚

彩图 1-37 天仙果

彩图 1-38 金银忍冬

彩图 1-39 何首乌

彩图 1-40 何首乌（药用部位：根茎）

彩图 1-41 栝 楼

彩图 1-42 绞股蓝

彩图 1-43　巴戟天

彩图 1-44　巴戟天（药用部位：根茎）

彩图 1-45　雷公藤

彩图 1-46　雷公藤（药用部位：根茎）

彩图 1-47　三叶崖爬藤

彩图 1-48　三叶崖爬藤（药用部位：根茎）

彩图 1-49　钩　藤

彩图 1-50　钩藤（药用部位：带钩茎枝）

彩图 1-51　百　部

彩图 1-52　百部（药用部位：根茎）

彩图 1-53　显齿蛇葡萄

彩图 2-1　林菜模式——林下栽培野韭

彩图 2-2　野　韭

彩图 2-3　食　蕨

彩图 2-4　食蕨（食用部位：嫩茎叶）

彩图 2-5　黄花菜

彩图 2-6　土人参

彩图 2-7　马齿苋

彩图 2-8　花蘑芋

彩图 2-9　花蘑芋（药用部位：根茎）

彩图 2-10　蜂斗菜

彩图 2-11　山　莓

彩图 2-12　野山楂

彩图 2-13　中华猕猴桃

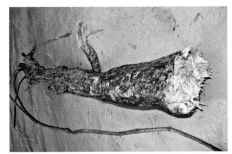

彩图 2-15　野葛（食用部位：根茎）

彩图 2-14　野　葛

彩图 2-16　落葵薯

彩图 2-17　落葵薯（食用部位：根茎）

彩图 3-1　林花模式——林下栽培血水草

彩图 3-2　野百合

彩图 3-3　野百合（药用部位：根茎）

彩图 3-4　香薷状香简草

彩图 3-5　叶底红

彩图 3-6　少花柏拉木

彩图 3-7　短毛熊巴掌

彩图 3-8　虎耳草

彩图 3-9　血水草

彩图 3-10　掌裂叶秋海棠

彩图 3-11　虾脊兰

彩图 3-12　鸢　尾

彩图 3-13　黄花倒水莲

彩图 3-14　朱砂根

彩图 3-15　鸭脚茶

彩图 3-16 凌 霄

彩图 3-17 南五味子

彩图 3-18 常春藤

彩图 4-1 林菌模式——林下栽培竹荪

彩图 4-2 灵 芝

彩图 4-3　茯　苓

彩图 4-4　竹　荪

彩图 4-5　香　菇

彩图 4-6　平　菇

彩图 4-7　木　耳

彩图 4-8　银　耳（引自呢图网）